中国南方牧草志

第二卷

禾本科

中国南方草地牧草资源调查项目组

刘国道　杨虎彪　主编

科 学 出 版 社

北 京

内 容 简 介

本书共收录了禾本科牧草120属285种（含变种和亚种）和80个栽培品种，其中包含了一批国家级珍稀濒危草种资源、特有草种资源（中国特有种和地方特有种）、栽培草种的野生类型和野生近缘种质资源及调查新增的中国饲用植物资源。全书以翔实的数据和精美的图片展示了调查成果，建设性地将南方牧草种类、评价信息、形态特征图片及腊叶标本等结合为一个整体，这是现阶段南方草地牧草资源保护的一项基础性工作。

本书可供种质资源学、植物学或农学等相关专业的科研院所、大专院校的师生参考使用。

图书在版编目（CIP）数据

中国南方牧草志. 第二卷, 禾本科 / 刘国道, 杨虎彪主编. —北京: 科学出版社, 2022.1

ISBN 978-7-03-070761-1

Ⅰ.①中… Ⅱ.①刘…②杨… Ⅲ.①禾本科牧草–概况–南方地区 Ⅳ.①S540.292

中国版本图书馆CIP数据核字（2021）第246475号

责任编辑：罗　静　王　好　田明霞 / 责任校对：郑金红
责任印制：肖　兴 / 书籍设计：北京美光设计制版有限公司

科 学 出 版 社 出版

北京东黄城根北街16号
邮政编码：100717
http://www.sciencep.com

北京汇瑞嘉合文化发展有限公司 印刷

科学出版社发行　各地新华书店经销

*

2022年1月第 一 版　开本：880×1230 1/16
2022年1月第一次印刷　印张：49 1/2
字数：1 676 000

定价：828.00元

丛书序一

　　《中国南方牧草志》即将出版，我应邀为该丛书作序。批阅这些精美的图片和文字，如老友重逢，引发我回想过往旧事，感慨良多。1978 年改革开放的春风骤起，我如一片草叶，被吹送到祖国的南方，至今已四十多年。我奔走、逗留于岭南地区，长江中下游地区，独具特色的四川盆地，云贵高原的喀斯特地区，以及澜沧江流域。陈年往事，历历在目，伴我终生。

　　我国南方能不能发展草地畜牧业，这在 20 世纪 80 年代改革开放初期曾一度争论不休。针对这个问题，1982 年，在农业部和贵州省的支持下，我们考察了除黔东南以外的大半个贵州后，发现贵州的草地植被类似于新西兰，这里正是改变中国传统"耕地农业"为现代草地农业的最佳试验区。此后，我把余年托付给了贵州和南方其他各省的草业事业。我和我的团队首次在南方提出和实践草地农业系统的构想，草地农业系统是指一个能满足现代人的食物结构，并使得生态和生产二者兼顾且能持续发展的现代农业系统，具有多层次性、互补性和开放性的特点，我们先后建立了威宁彝族回族苗族自治县草地绵羊系统、独山县草地肉牛系统和草地奶牛系统，以及曲靖市草地牛羊系统。这应该是我国草地农业系统在农村较为全面的一次组建尝试，在国际上也产生了一定影响。在对南方草地的多年研究中，我对我国的草地畜牧业和草地农业有了比较完整的认识。进入晚年之后，南方草地情景挥之不去，我习惯性地关注南方草业。

　　我国是草地资源大国，草地资源既是经济发展的生产资料，又是生态建国的基础。我国南方草地资源水热贮能远高于北方，潜力可观。进入 21 世纪后，我国以生态文明建设为目标，对我国南方草地资源提出了新的定位。坚持走绿色和谐的可持续发展道路，我国南方草业率先进入这一全新阶段，理应走在全国前列。

　　南方草业研究队伍把握住历史契机，集中精力，完成了中国南方草地牧草资源调查，收集了大量的草种资源信息、种质材料、标本、图片等，汇集为书，《中国南方牧草志》是其硕果之一，其内涵和装帧不但领先国内同类著作，也可比肩世界巨著而无愧色。

　　浏览既往，见成果之辉煌。展望未来更寄予殷切期望。望再接再厉，把计划中的杂类草资源尽快撰写成卷，做出新贡献。

任继周

中国工程院院士

2021 年季春于涵虚草舍

《中国南方牧草志》是中国热带农业科学院刘国道研究员和杨虎彪副研究员主编，诸多学者共同完成的大型学术专著，是国家科技基础资源调查专项"中国南方草地牧草资源调查"项目的重要成果之一。

草地（grassland）包括天然草原（rangeland）、栽培草地（pasture）和观赏草地（amenity grassland 或 turf），是全球最大的陆地生态系统。我国是世界草地大国，按 1988 年全国草原资源普查资料，草地面积占国土面积的 41.7%。最近完成的第三次国土资源调查的结果显示，草地面积仍然占到国土面积的近三分之一。草地在解决人类面临的诸多全球性挑战、践行生态文明思想、实现可持续发展中，发挥着日益重要且不可替代的作用。

南方草地是指淮河—秦岭以南、青藏高原以东广大区域的草地，当地习惯称为草山草坡。这一区域包括 19 个省（自治区、直辖市）的部分或全部区域，横跨 25 个经度（东经 100°～125°），纵跃 18 个纬度（北纬 15°～33°），海拔由南向北、由东到西呈阶梯状抬升，从南部的 0～200 m，到中部和南部的 200～2000 m，再到西部的 2000～5000 m。经度地带性、纬度地带性和海拔地带性的相互交织，构成了纷纭复杂的生态系统多样性。这里有层林尽染、峻岭耸天的山川，阡陌成行、五彩缤纷的沃野，更有烟波浩渺、百舸争流的江河湖泊，构成了一幅大气磅礴的山水画卷，草地是这一雄伟壮阔画卷的底色。这不仅是因为南方草地面积大，占全国草地总面积的 15%，占南方各省区国土面积总和的 30%，更是因为草地在山水林田湖草沙生命共同体中处于基础性的地位，发挥着重要的保障、支撑与调节作用。有了草便有了青山、绿水、良田、茂林，便锁住了肆虐的风沙。如何发挥草地资源在南方经济社会发展中的重要作用，始终是我国政府和学者们关注的领域之一。早在上世纪，已故的卢良恕、张新时和李博等院士，便先后对南方草地进行了考察，分别提出了相关的建议。20 世纪 80 年代初，任继周院士率领团队在南方开展了草地农业的研究，建立了生态与生产兼顾、脱贫致富的示范样板，被国家和地方政府称之为"灼圃模式"和"晴隆模式"，大力推广。近 20 年来，我以较大的精力奔波在广西、云南、贵州、四川等南方省区，推动草地农业的发展，和这里的草业工作者和群众建立了深厚的友谊，对南方草地资源也有了更深刻的了解。与北方草地相比，这里具有得天独厚的水热资源优势，预示着有更大的发展潜力。这里生物多样性丰富，由贾慎修和陈默君主编完成的《中国饲用植物》一书中，所记载的饲用植物种，有三分之二分布在南方。改革开放以来，随着工业化、城镇化等现代化进程，土地利用方式发生了巨大的变化。尤其是南方发达地区，草地面积不断减少，皮之不存毛将焉附，牧草种质资源不断丧失，一些我国特有的植物种已经灭绝或处于濒危状态。另一方面，由于大江、大山的阻隔，有的地区可能尚未开展过系统的牧草资源调查。随着天堑变通途，这些地区的牧草资源可能在我们尚不了解的情况下，便已经丧失。对新形势下南方草地的牧草资源进行调查研究已迫在眉睫。因此，科技部根据国家经济发展的重大需求，下达了"中国南方草地牧草资源调查"项目，主要任务是系统调查我国南方草地重要牧草资源种类，收集草种资源，开展评价和利用研究，建立南方草地牧草资源数据共享平台，并撰写出版《中国南方牧草志》。

牧草是指全部或者部分可以用作家畜饲料的植物，以草本为主，也包括半灌木和灌木。广义而言，还包括可用作饲料的木本植物。牧草是草地资源的主体之一，首先了解和掌握南方草地的牧草资源，不仅可发展草食家畜养殖业，满足人民对美好生活日益增长需求，也是提供多种生态服务功能的基础，只有丰富的生物多样性，才能保证多种的生态系统服务功能。

该项目由中国热带农业科学院热带作物品种资源研究所主持，2017 年启动。我有幸受聘为项目的专家组长，与专家组其他成员一起，为项目的发展提供咨询与建议。在历时 5 年的项目实施过程中，见证了项目的进展。无比欣慰地看到项目组圆满完成了预定的各项任务：收集牧草种质资源 5000 份，制作腊叶标本 9700 余份，并建立了我国南方草地牧草标本馆，拍摄了草地及牧草资源照片 2 万余张，采集的资源基础数据超过 5 万条。呈现在读者面前的《中国南方牧草志》，便是这一项目的部分成果。

《中国南方牧草志》的出版是最近 30 余年来，我国对南方草地牧草资源系统研究的最新成果。草地与牧草资源的监测、收集、保存、评价，始终是重要的科技基础性工作，也是当前我国草业科技领域亟须加强的工作。20 世纪 50 年代，国家组织了大规模的自然资源考察，初步掌握了重点草原牧区和牧草资源的现状。1988 年，在农业部的主持下，开展了历时 10 年的全国草地资源普查，成果之一是基本摸清了我国主要的草地植物资源。2012 年，农业部布置各省开展本省的草原资源清查，为明确新形势下草地与牧草资源的现状提供了重要基础。但由于缺少统一的调查与采集规范和标准，各省所获成果参差不齐，为全国和区域性的资料汇总与应用带来一定的困难。该书的作者们根据统一的规范与标准，对我国南方草地的牧草资源进行了系统的调查。《中国南方牧草志》是该项目的重要成果，本阶段出版的第一卷和第二卷分别收录了豆科和禾本科两大类最重要牧草种质资源的信息，共 227 属 642 种野生草种和 113 个栽培品种，其中包含了我国新记录种 34 个种，国家重点保护野生植物 11 种，中国特有种 30 种，栽培草种的野生类型和野生亲缘种 96 种，是我国南方草地豆科及禾本科牧草的最新成果。对每一个植物种的描述均包括中文名、拉丁名、形态特征、生境与分布、饲用价值、栽培要点及关键识别特征图片，突出了作为饲用植物的特征。该成果将为国家建设与社会经济发展，以及草业科学学科建设提供重要的支撑和基础。

《中国南方牧草志》的出版是我国南方草业科技工作者大力协同、联合攻关的集中体现。在项目主持单位中国热带农业科学院热带作物品种研究所的主持下，联合全国 12 家从中央到地方的科研院所和高等院校，组织百余人开展了研究。主编刘国道研究员因其他任务，不能担任项目主持，但他不计个人得失，以高度的责任心，丰富的学术积累和出色的协调能力，积极组织推动，为项目的顺利实施做出了重要贡献。项目主持人白昌军研究员，全力以赴投入到相关工作中，但在项目实施一年后，赴国外开展牧草资源调查的工作中，突发心脏病辞世，将51岁的生命，永远定格在牧草种质资源调查的实践中。他的英年早逝为项目的执行和我国牧草种质资源研究带来了不可估量的损失。青年科技人员杨虎彪临危受命，担当起了项目重任，在刘国道研究员的指导与帮助下，带领大家圆满完成了各项任务。项目组谱写了一首团结一致、协同创新的凯歌。

中国热带农业科学院热带作物品种资源研究所坚持服务国家需求，坚持南方牧草资源调查、评价与利用研究，形成了明显的优势与特色。在项目执行的5年期间，完成广大区域的资源收集、保存、评价并建立数据库，撰写了《中国南方牧草志》。任务十分艰巨，但项目组依靠多年的积累与优势，克服了时间紧、任务重等种种困难，按时完成了各项任务。他们之所以有这样的实力，完全取决于多年的积累。海不择细流，故能成其大；山不拒细壤，方能就其高。正是有了这种日积月累、积沙成塔、集腋成裘的精神，才获得了这样的成果。这也是推动草业科学发展的重要需求。

该著作的出版也体现了编者们与时俱进、不断进取的精神。饲用植物的著作多以文字描述，辅以生物描图，以帮助读者了解植物的形态特征。而《中国南方牧草志》收录了作者们拍摄的高质量的植物形态特征照片，创造性地将牧草种、评价信息、形态特征、高质量的照片及腊叶标本有机地整合为一个整体，更有利于读者的理解，也为将来数字化奠定了重要的基础。

《中国南方牧草志》是我国南方牧草种质资源研究的一项重大成果。本阶段完成了豆科和禾本科两卷，我希望项目组能够继续总结，将其他重要科植物也编写成册、陆续出版，并希望国家有关部门对这项工作继续给予支持，使其发挥更大的作用。我期待着南方的草业得到更大的发展，山川更加秀美，人民更加富裕，山水画卷更加壮丽。

谨以此为序！

南志标

中国工程院院士

兰州大学教授

2021 年 12 月

丛书序三

"国以民为本，民以食为天"，这是中国古老的智慧，言简意赅，高度强调了粮食是国之根基。新中国成立以来，如何养活我们自己，一直是国家领导和各级政府首要关切的问题，习近平总书记在2013年中央经济工作会议上就强调"中国人的饭碗任何时候都要牢牢端在自己手上，我们的饭碗应该主要装中国粮"。粮食问题，终究是种业问题，粮食安全的保障必须寄托于自主知识的种业创新。

种质资源是培育优良作物品种的基础材料，是保障国家粮食安全的重要物质基础，乃国之重器。历史上发生过多次生物和粮食安全事件，充分证明一个物种可以左右一个地区的经济命脉，甚至可以影响到国家的兴衰。随着经济发展和自然科学的进步，种质资源保护的巨大优势以及对人类社会可持续发展的重大作用逐渐被全球所认知，至今全球有各类作物种质资源库达1750座，最著名的有美国国家植物种质资源体系、瓦维洛夫种子库、斯瓦尔巴全球种子库、英国的千年种子库和日本理化研究所种子库。我国的作物种质资源收集保护事业从1950年开始，截至2020年长期保存的作物种质资源量达52万份，目前我和我的团队还在推进第三次全国作物种质资源普查工作，我国总体上已经步入作物种质资源保存量世界前列的门槛，然而作物种质资源科技创新力度仍落后于发达国家。

我国是世界上生物多样性最丰富的国家之一，维管植物种类排全球第三，很多古老的作物资源也起源于我国，如稻、黍、稷、菽等，另有很多特色水果、蔬菜资源亦起源于我国，西方国家的"植物猎人"早在18世纪末就大量在我国猎取资源，为其所用，最为世人熟悉的有猕猴桃、大豆、山茶花、牡丹、芍药资源，不胜枚举。然而，我国的作物种子进口量逐年增长也是不争的事实，种业创新力度离发达国家还有距离。2020年中央经济工作会议再次强调，保障粮食安全，关键在于落实藏粮于地、藏粮于技战略。要加强种质资源保护和利用，加强种子库建设。要尊重科学、严格监管，有序推进生物育种产业化应用。要开展种源"卡脖子"技术攻关，立志打一场种业翻身仗。足可见，我们的作物种质资源收集保护不能停下脚步，种业创新任重道远。

草地畜牧业是我国大农业的重要单元，它在农牧民脱贫致富、实施乡村振兴战略中发挥着不可估量的作用。健康饲料资源是这个产业发展的重要保障，尤其在习近平总书记生态文明发展理念指导下，既要保护好草地生态，又要保证农牧民增产增收，还要维护好市场稳定供给，唯有依靠草业科技的发展壮大。我国牧草资源研究起步稍晚于大作物，但两者是联动的关系，粮食、蔬菜、花卉等作物的野生种或近缘种很多属于草类饲用植物，尤其是禾本科家族。因此，很多研究工作是相互渗透、相辅相成、共同推进的，如董玉琛先生和我担任总主编的《中国作物及其野生近缘植物·饲用及绿肥作物卷》就是由我国牧草遗传资源研究领域的开拓者蒋尤泉研究员负责完成的。经过几代人的努力，发展至今，牧草资源保护体系也趋于完整，设有中期库、备份库等，但我们仍面临一个共同的挑战，即如何突破种业科技"卡脖子"的问题。根据中国种子贸易协会的数据，2019 年中国农作物种子进口量前十大作物中有 5 个属于草类，分别是白三叶、紫苜蓿、草地早熟禾、羊茅和黑麦草，改变这些现状，刻不容缓，重点是继续抓好草种资源建设工作。

加强作物种质资源普查、收集工作是开展评价利用研究的基础保障。南方草业研究队伍针对我国南方草地的生态保护和草种资源的持续性发展利用开展了这么大区域的调查，这是一项充满挑战和具有划时代意义的基础研究工作，不仅有来自南海岛礁的调查材料，也有来自川、滇、藏高海拔区域的资源，这是庞大的调查任务，调查成果对于未来草种科技创新具有战略性的意义。《中国南方牧草志》是其调查成果之一，涵盖了南方重要的草种资源，其信息量庞大，且每一份资源都以精美的图片展示其特性，这是很难得的工作，值得作物种质资源研究者参考学习。

最后，衷心祝愿《中国南方牧草志》顺利出版，祝愿南方草业研究更加辉煌！

中国工程院院士

中国农业科学院作物科学研究所研究员

2021 年 3 月

中国南方草地为秦岭—淮河以南、青藏高原以东广大地区的所有草地，行政区域包含甘肃南部、河南南部、江苏南部、上海、安徽、浙江、福建、江西、湖南、湖北、四川、重庆、云南、贵州、广西、广东、海南、台湾及西藏东南部，共19个省（自治区、直辖市）。中国南方地域广阔，地理、气候梯度变化明显，形成了植被各异的草地类型，从南至北分布有干热稀树灌草丛、热性灌草丛、热性草丛、暖性灌草丛、暖性草丛、山地草甸及高寒草甸等。南方地区水热资源丰富，这是发展草地农业的独特优势，丰富的水热条件也孕育着多样性丰富的牧草资源，因此关于南方草地畜牧业发展前景广阔的学术共鸣由来已久。

据统计，中国南方草山草坡的总面积约占区域土地面积的30%，这是发展草地畜牧业的一个可观数字。南方草地与北方草原有极大区别，在地理格局上，整个南方地势西高东低，地形为平原、盆地、高原和丘陵复杂交错。东部平原面积广大，河流纵横交错，湖泊星罗棋布；南部低山和丘陵交互密布；西部以高原和盆地为主。复杂的地理地貌造就了南方草地的基本特点：以零星化、片段化和隐域性为主要特点；而面积稍大的山地草甸往往分布于高原或山巅，并长期受到交通阻隔而鲜被深入调查研究。新中国成立至20世纪末，相关部门针对南方草地资源断断续续开展了若干调查，基本掌握了分布格局。然而，改革开放之后在以粮为纲的农业发展思路和城市化建设浪潮的驱动下，土地资源迎来了全面的结构性调整，大量草地资源被开发为旱地、水田、果园、林地或建设用地，华南、华东沿海区域最为突出，原记录的干热稀树灌草丛、热性草丛、热性灌草丛等被开垦为水稻田、香蕉地、甘蔗地，或改植为木麻黄林、桉树林、松树林等，这阶段南方草地迎来了退化萎缩的整体变局。总体而言，南方的草地资源一是受地理格局的影响而缺少深入跟踪调查，二是受社会发展的冲击影响显著而局部发生了实质性的改变。

南方发展草地畜牧业的优势在于牧草资源的多样性。根据中国饲用植物的区系特点，2/3以上的饲用植物重点属分布于南方，尤其是一些大型的高产优等牧草的野生祖先集中分布于南方，如栽培杂交狼尾草系列品种的原始亲本象草（*Pennisetum purpureum*）、狼尾草（*P. alopecuroides*）、牧地狼尾草（*P. polystachion*）等均分布于该区。由此可见，南方草牧业的发展优势与丰富的牧草资源多样性息息相关，丰富的草种资源是实现种业创新的战略性物质基础，这是打赢牧草种业翻身仗的关键，这在种业创新"卡脖子"攻关中已经上升到空前的高度。天然草地包含了土壤、水分、矿物质、微生物等重要生态因子，是牧草种质资源形成的重要载体，牧草种质资源是天然草地的主体，两者密不可分，前者是后者演化形成的基本条件，后者所表现的资源特性是前者综合属性的体现。至此，应深刻认识到，南方草地面临的问题直接影响牧草种质资源多样性的稳定和可持续开发利用。反观南方草地的特点及发展瓶颈，便可知晓当前南方牧草种质资源面临的主要问题：一是南方牧草种质资源缺乏深入的调查收集，资源挖掘亟待纵深推进；

二是代表性草地一直处于退化萎缩的状态，尤以低海拔缓坡区或沿海平坦开阔区域最为突出，伴随的是生态位的挤压、破碎，导致牧草种质资源的不断流失，如海南曾经广有分布的香根草（*Chrysopogon zizanioides*）、水禾（*Hygroryza aristata*）、菰（*Zizania latifolia*，野生类型）等已难觅踪迹，估计已发生区域灭绝，其中水禾已被纳入《国家重点保护植物名录》，属于国家 II 级重点保护野生植物。因此，加强牧草种质资源系统调查，有效开展草地牧草种质资源的广泛收集，是现阶段应对南方草地发展变局和打赢牧草种业创新翻身仗的重要任务之一。

2017 年，"中国南方草地牧草资源调查"（2017FY100600）项目获科技部立项资助。项目任务是，以上述问题为研究背景，系统调查中国南方草地牧草资源的现状，集中收集一批重要牧草种质资源，并开展精准鉴定和科学评价，为种业创新储备重要遗传材料。项目设为 4 个课题组，分别为华南课题组，负责华南各省的草地牧草资源调查，承担单位为中国热带农业科学院热带作物品种资源研究所；西南课题组，负责西南各省的草地牧草资源调查，承担单位为四川农业大学；华东课题组，负责华东各省的草地牧草资源调查，承担单位为江苏省农业科学院；华中课题组，负责华中各省的草地牧草资源调查，承担单位为湖北省农业科学院畜牧兽医研究所。项目历时 5 年完成了我国南方草地的全面普查，收集牧草种质资源 5000 份，制作腊叶标本 9737 份，拍摄草地及牧草资源照片 20 000 余张，以精美的图片展示了各类草地和牧草的真实面貌，对发生巨大变化的各类草地进行了重新评估，采集的资源基础数据超过 50 000 条，基本掌握了现阶段南方草地牧草资源的本底情况。

回顾项目执行，思绪万千，项目启动第二年主持人白昌军研究员因病辞世，这对任务的推进是极大挑战，项目团队精诚团结、青蓝相济，顺利推进后续任务，从项目的立项到成果的取得是我们共同付出了不遗余力的努力所致，特借此告慰热带牧草专家白昌军同志，也感谢四川农业大学、江苏省农业科学院、湖北省农业科学院畜牧兽医研究所等 12 家参与单位全力以赴的协作。最后，感谢中国科学院植物研究所、昆明植物研究所、西双版纳热带植物园及华南植物园等单位的同行在标本鉴定中给予的帮助。项目的顺利执行，还得到了科技部基础司、农业农村部科教司和项目执行专家组及各承担单位管理部门的关心指导，在此一并谢忱！

编　者
2021 年 12 月于海南儋州

前 言

　　本书是国家科技基础资源调查专项"中国南方草地牧草资源调查"（2017FY100600）项目的核心成果之一。调查工作于 2017 年启动，根据调查、采集情况，系统整理了中国南方的重要禾本科牧草，按克朗奎斯特系统排序，涉及育成品种置于亲本之后，野生驯化种置于野生种之后，具体内容包括中文名、拉丁名、形态特征、生境与分布、生物学特性、饲用价值、栽培要点及特征图片。

　　本书共收录了禾本科 120 属 285 种（含变种和亚种）和 80 个栽培品种。其中，包含一批珍稀濒危牧草资源，收录国家 I 级重点保护野生植物有华山新麦草（*Psathyrostachys huashanica*）；收录国家 II 级重点保护野生植物有箭叶大油芒（*Spodiopogon sagittifolius*）、黑紫披碱草（*Elymus atratus*）、无芒披碱草（*E. sinosubmuticus*）、疣粒稻（*Oryza meyeriana* subsp. *granulata*）、药用稻（*O. officinalis*）等；收录我国特有珍稀牧草资源有台湾虎尾草（*Chloris formosana*）、平颖柳叶箬（*Isachne truncata*）、华雀麦（*Bromus sinensis*）、多节雀麦（*B. plurinodis*）、中华羊茅（*Festuca sinensis*）、圆柱披碱草（*Elymus dahuricus* var. *cylindricus*）、麦薲草（*E. tangutorum*）、黑紫披碱草和无芒披碱草（全国畜牧总站，2017）；收录栽培草种的野生类型有象草（*Pennisetum purpureum*）、大黍（*Panicum maximum*）、雀稗（*Paspalum thunbergii*）、海雀稗（*P. vaginatum*）、狗牙根（*Cynodon dactylon*）、结缕草（*Zoysia japonica*）、沟叶结缕草（*Z. matrella*）、假俭草（*Eremochloa ophiuroides*）、地毯草（*Axonopus compressus*）、羊茅（*Festuca ovina*）、披碱草（*Elymus dahuricus*）、鸭茅（*Dactylis glomerata*）、梯牧草（*Phleum pratense*）、雀麦（*Bromus japonicus*）、燕麦（*Avena sativa*）、落草（*Koeleria cristata*）等；收录栽培草种的野生近缘种有狼尾草属、黍属、臂形草属、狗尾草属、虎尾草属、雀稗属、地毯草属、披碱草属、羊茅属、鸭茅属、雀麦属、燕麦属等的众多草种。

　　历时近 5 年完成了野外调查、采集、整理、评价分析及数据汇总，相关成果最终编撰成书，这是一项系统性工作，本书基本涵盖了中国南方的重点禾本科牧草种类，但鉴于调查任务重、总结时间较仓促等多方因素，不足之处在所难免，敬请专家和广大读者批评指正。

编　者

2021 年 12 月于海南儋州

目 录

概述篇

资源篇

概述篇

一、中国南方地理气候概述

中国南方是指中国东部季风区的南部，是中国四大地理区划之一，主要指秦岭至淮河一线以南的地区，约占全国陆地面积的25%，地势西高东低，地形为平原、盆地、高原和交错的丘陵。东部平原面积广大，长江中下游平原是我国地势最低的平原，区域内河流纵横交错；东南部以丘陵为主，包括江南丘陵、闽浙丘陵和两广丘陵，大多有东北至西南走向的低山和河谷盆地相间分布；南岭地区则多以石灰岩为主体的丘陵和低山交错密集；西部以云贵高原和四川盆地为典型。根据地理气候特征，中国南方总体上可分为热带地区和亚热带地区，北缘的少数高海拔区域具有温带气候特征。

（一）热带地区

热带地区地理位置为北回归线以南，从西北到东南呈斜长带状分布，在云南西南部和广西西部的北界可上升到北纬24°～25°，而南界则为北纬4°左右的南沙群岛。东西跨越海南全省，云南东南至南部、广西南部、广东南部和台湾东南部。由于我国热带北界曲折多变，东西部差异极大，因而在自然条件和地理概貌上呈现复杂多样的特点，有冲积平原、滨海沙地、珊瑚岛礁、丘陵山地和石灰岩低山等地形。整个热带地区地势由东到西逐渐上升，东部属于东南沿海丘陵低山区，地势较平缓；西端属云贵高原的南缘和喜马拉雅山的南翼侧坡，高山深谷，起伏陡峭，立体气候和垂直植被的分布特点十分明显（陈咸吉，1982；戴声佩等，2012）。

受热带季风气候影响，全年无明显冬季，一般每年11月至翌年4月西南季风将印度半岛北部干热空气引导向北，形成干季；5～10月在东南季风的影响下又转为湿季，干湿两季明显。年平均温度20～26℃，最冷月平均温度12～21℃，最热月平均温度约28℃，绝对温度不会降到0℃以下；年降雨量在1500 mm以上，东部较西部雨量丰富，为我国降雨量最丰沛的地区（郑景云等，2013）。海拔100～500 m以下的丘陵台地，土壤以砖红壤为主要代表，随着海拔升高，红壤逐步过渡为山地红壤、山地黄壤和草甸土。

（二）亚热带地区

亚热带地区北起秦岭至淮河以南，包括浙江、江西、湖南、福建、贵州等省全境，四川、重庆、江苏、上海、安徽和湖北的大部分地区，广东、广西、云南和台湾北部，甘肃和河南的南部少量地区，以及西藏东南部，涉及18个省（自治区、直辖市）。总体地势是西高东低，境内平原、盆地、丘陵、高原和山地均有，但以山地丘陵为主，东部为低山连丘陵地区，地势起伏和缓，海拔一般不超过200 m；西部到云贵高原的地势明显抬升，大部分为海拔1000～2000 m的高原山岭，至横断山脉和青藏高原则呈现出由西北走向东南的深切裂谷（杨勤业等，2006）。

亚热带地区具有明显的季风气候特点，四季节律较明显；年平均温度14～16℃，一般不超过22℃，最冷月平均温度2.2～12℃，最热月平均温度28～29℃；年降雨量800～2000 mm，降雨一般在夏季，东部较西部为大；冬季短期霜冻，全年无霜期240～300天（郑景云等，2013）。根据纬度地带性的水热差异，习惯将亚热带地区划分为北亚热带、中亚热带和南亚热带。北亚热带主要包括江苏、安徽、湖北等省的部分狭窄地区，具有亚热带向暖温带过渡的地带性特点；中亚热带主要包括江苏、浙江、安徽、江西、福建、湖南、贵州、湖北、广西、四川等省（自治区）的全部或部分地区；南亚热带主要包括台湾中部、福建南部、广东大部、广西西部、海南和云南南部，基本位于北回归线附近。亚热带地区广泛分布着各种红壤和黄壤；秦岭—淮河至长江流域以北主要分布有黄壤和黄棕壤；长江以南至南岭主要分布有黄壤和红壤；广西和贵州的石灰岩山地主要分布有石灰土；亚热带高、中海拔的山脊或山顶地带主要为草甸土。

二、中国南方饲用植物区系概述

植物区系的形成是植物在自然历史环境中发展演化和时空分布的综合反映。一个特定区域的植物区系，不仅反映了这一区域中植物与环境的因果关系，而且反映了植物区系在地质历史时期中的演化脉络，植物区系分区的目的是根据各个地域分布的植物，综合它们所形成的历史和地理等诸多因素，划分为不同的区域，从而为植物资源的引种、开发、多样性保护，以及农、林、牧的远景规划提供科学依据。根据《中国植物区系与植被地理》和中国种子植物区系地理的相关研究，中国南方的植物区系主要分属于古热带植物区和东亚植物区（吴征镒，1965，1980；吴征镒等，2011；陈灵芝等，2014）。

古热带植物区主要由热带雨林、季雨林、稀树草原和热带荒漠构成，其重点特征是由许多特有科属组成，尤其以热带雨林、季雨林为主，两者具有较多的原始类群。我国的古热带植物区系可分为5个地区：台湾地区、南海地区、北部湾地区、滇缅泰交界区和东喜马拉雅山南翼地区。分布的主要饲用植物包括禾本科棕叶芦属（*Thysanolaena*）、三芒草属（*Aristida*）、类芦属（*Neyraudia*）、千金子属（*Leptochloa*）、画眉草属（*Eragrostis*）、龙爪茅属（*Dactyloctenium*）、尖稃草属（*Acrachne*）、鼠尾粟属（*Sporobolus*）、细穗草属（*Lepturus*）、虎尾草属（*Chloris*）、肠须草属（*Enteropogon*）、真穗草属（*Eustachys*）、狗牙根属（*Cynodon*）、结缕草属（*Zoysia*）、茅根属（*Perotis*）、求米草属（*Oplismenus*）、黍属（*Panicum*）、膜稃草属（*Hymenachne*）、囊颖草属（*Sacciolepis*）、露籽草属（*Ottochloa*）、凤头黍属（*Acroceras*）、毛颖草属（*Alloteropsis*）、臂形草属（*Brachiaria*）、尾稃草属（*Urochloa*）、砂滨草属（*Thuarea*）、雀稗属（*Paspalum*）、地毯草属（*Axonopus*）、狗尾草属（*Setaria*）、类雀稗属（*Paspalidium*）、钝叶草属（*Stenotaphrum*）、狼尾草属（*Pennisetum*）、鸥鹋草属（*Eriachne*）、野古草属（*Arundinella*）、黄金茅属（*Eulalia*）、金发草属（*Pogonatherum*）、金须茅属（*Chrysopogon*）、细柄草属（*Capillipedium*）、孔颖草属（*Bothriochloa*）、沟颖草属（*Sehima*）、鸭嘴草属（*Ischaemum*）、水蔗草属（*Apluda*）、裂稃草属（*Schizachyrium*）、须芒草属（*Andropogon*）、香茅属（*Cymbopogon*）、菅属（*Themeda*）、黄茅属（*Heteropogon*）、牛鞭草属（*Hemarthria*）、毛俭草属（*Mnesithea*）、筒轴茅属（*Rottboellia*）、蜈蚣草属（*Eremochloa*）、薏苡属（*Coix*）、多裔草属（*Polytoca*）及磨擦草属（*Tripsacum*）的草种；豆科银合欢属（*Leucaena*）、金合欢属（*Acacia*）、决明属（*Cassia*）、羊蹄甲属（*Bauhinia*）、相思子属（*Abrus*）、木蓝属（*Indigofera*）、灰毛豆属（*Tephrosia*）、崖豆藤属（*Millettia*）、耀花豆属（*Sarcodum*）、田菁属（*Sesbania*）、假木豆属（*Dendrolobium*）、排钱树属（*Phyllodium*）、山蚂蝗属（*Desmodium*）、舞草属（*Codoriocalyx*）、狸尾豆属（*Uraria*）、密子豆属（*Pycnospora*）、葫芦茶属（*Tadehagi*）、蝙蝠草属（*Christia*）、链荚豆属（*Alysicarpus*）、胡枝子属（*Lespedeza*）、黧豆属（*Mucuna*）、刀豆属（*Canavalia*）、乳豆属（*Galactia*）、毛蔓豆属（*Calopogonium*）、葛属（*Pueraria*）、琼豆属（*Teyleria*）、华扁豆属（*Sinodolichos*）、两型豆属（*Amphicarpaea*）、距瓣豆属（*Centrosema*）、蝶豆属（*Clitoria*）、拟大豆属（*Ophrestia*）、四棱豆属（*Psophocarpus*）、硬皮豆属（*Macrotyloma*）、豇豆属（*Vigna*）、大翼豆属（*Macroptilium*）、木豆属（*Cajanus*）、野扁豆属（*Dunbaria*）、千斤拔属（*Flemingia*）、鹿藿属（*Rhynchosia*）、合萌属（*Aeschynomene*）、柱花草属（*Stylosanthes*）及猪屎豆属（*Crotalaria*）的草种。

东亚植物区是我国植物区系的主体，华中地区、岭南地区、滇桂黔地区大部和南横断山脉地区归入东亚植物区，其特有性成分较高，特有科有31科，种级水平上中国特有种约占我国特有种总数的50%以上，且特有种在区系中的比例由西南到南部递增、由东向西递增。此区系在中国南方分布的主要禾本科牧草有羊茅属（*Festuca*）、鸭茅属（*Dactylis*）、早熟禾属（*Poa*）、剪股颖属（*Agrostis*）、黑麦草属（*Lolium*）、臭草属（*Melica*）、雀麦属（*Bromus*）、披碱草属（*Elymus*）、以礼草属（*Kengyilia*）、落草属（*Koeleria*）、三毛草属（*Trisetum*）、发草属（*Deschampsia*）、燕麦属（*Avena*）、拂子茅属

（*Calamagrostis*）、棒头草属（*Polypogon*）、看麦娘属（*Alopecurus*）等的草种；豆科牧草主要有苦参属（*Sophora*）、木蓝属、胡枝子属、菜豆属（*Phaseolus*）、野豌豆属（*Vicia*）、豌豆属（*Pisum*）、大豆属（*Glycine*）、落花生属（*Arachis*）、锦鸡儿属（*Caragana*）、黄芪属（*Astragalus*）、棘豆属（*Oxytropis*）、苜蓿属（*Medicago*）、车轴草属（*Trifolium*）、草木樨属（*Melilotus*）、紫雀花属（*Parochetus*）、百脉根属（*Lotus*）、高山豆属（*Tibetia*）、野决明属（*Thermopsis*）等的草种。

三、中国南方草地资源区划

　　草地作为一种生物资源，是畜牧业生产的物质基础。同时，草地又是一个自然综合体，是为各种草食家畜提供放牧场地和割制干草的一种土地资源。我国是一个草地资源大国，第三次全国国土调查显示有各类草地26 453.01万hm²（《第三次全国国土调查主要数据公报》2021年8月25日）。各类草地由于其所处地理区域的不同，各项自然经济特性是很不相同的，如北方是草原，西北是荒漠，东南是灌草丛，西南青藏高原是高寒草原和高寒草甸等。草地与环境条件是统一的整体，我国各地的自然环境条件很不相同，草地分区就是对草地资源进行空间分布的一种科学划分。它根据各地不同的自然条件、草地资源特点、社会经济和草地生产特性，按照各地区之间的差异性，归纳一个地区内的共同性，把草地划分成具有不同概括程度的区域。根据中国草地资源区划，全国被划分为东北草甸草原区、蒙宁甘干旱草原区、西北荒漠区、华北暖性灌草丛区、东南热性灌草丛区、西南热性灌草丛区以及青藏高原高寒草甸和高寒草原区。其中，中国南方大部属于东南热性灌草丛区和西南热性灌草丛区；少数区域处于青藏高原高寒草甸和高寒草原区的东端，位处南方北缘的甘肃省甘南藏族自治州、四川省甘孜藏族自治州和阿坝藏族羌族自治州属于青藏高原东部高原山地高寒草甸亚区，而与藏东南接壤的滇西北高原属于东喜马拉雅山南翼暖性灌草丛和山地草甸亚区（表1）（廖国藩和贾幼陵，1996；胡自治，1997；任继周，2008）。

（一）东南热性灌草丛区

　　东南热性灌草丛区地处中国的东南部，东南临东海、南海，北依秦岭，西以大巴山、巫山、武陵山至云贵高原东缘一线为界。行政区域包括上海、浙江、江西、广东、福建、江苏、安徽、湖北、湖南、广西、海南等大部地区。草地类型以热性灌草丛类为主，兼有热性草丛类（图1）、干热稀树灌草丛类、暖性草丛类、暖性灌草丛类、低地草甸类和山地草甸类草地。

表1　中国南方草地资源分区表

东南热性灌草丛区
1.长江中下游北亚热带平原山地热性灌草丛亚区
长江下游平原黄背草、白茅和低地草甸小区
长江中游平原丘陵山地白茅和芒小区
2.江南中亚热带低山丘陵热性灌草丛亚区
浙赣闽山地五节芒、白茅和芒小区
浙赣闽低山丘陵白茅、野古草小区
3.华南南亚热带低山丘陵热性灌草丛亚区
闽南、广东山地丘陵平原鸭嘴草、五节芒小区
广西山地丘陵五节芒、白茅、青香茅小区
4.热带丘陵山地热性灌草丛和干热稀树灌草丛亚区
雷州半岛丘陵台地桃金娘、白茅、鹧鸪草灌草丛小区
海南岛山地丘陵台地白茅灌草丛和黄茅、华三芒干热稀树灌草丛小区

续表

西南热性灌草丛区

1. 四川盆地及盆周山地热性灌草丛亚区

   四川盆地白茅、狗牙根草丛和零星草地小区

   川鄂湘边境山地芒、白茅灌草丛小区

   川西南山地河谷黄茅、黄背草灌草丛小区

2. 云贵高原山地热性灌草丛亚区

   贵州高原山地芒、白茅灌草丛和山地草甸小区

   滇东北、滇中山地白茅灌草丛和穗序野古草草甸小区

3. 滇西南高山峡谷热性灌草丛亚区

   西双版纳山地棕叶芦灌草丛小区

青藏高原高寒草甸和高寒草原区

1. 青藏高原东部高原山地高寒草甸亚区

   甘孜阿坝高山紫羊茅、四川嵩草高寒草甸小区

2. 东喜马拉雅山南翼暖性灌草丛和山地草甸亚区

   滇西北山地羊茅、剪股颖和杂类草草甸小区

图1　东南热性灌草丛区典型的山地热性草丛类草地

图2 华南沿海红树林

东南热性灌草丛区跨越的范围较大，地形变化复杂，山地、丘陵、台地、盆地和平原交错分布，总体上以丘陵、平原为主。北部丘陵，海拔500～1000 m；中部江南丘陵与南部的两广丘陵相连，海拔200～1000 m。平原有长江三角洲平原、鄱阳湖平原、洞庭湖平原、江汉平原、珠江三角洲平原及漫长的沿海冲积平原，海拔10～50 m。南岭山地横断本区南部，武夷山纵贯本区东南部，罗霄山脉处于本区的中北部，主要山峰海拔均在1500 m以上。雷州半岛和海南岛北部的琼雷台地及其周边台地、河谷台地海拔约80 m。

东南热性灌草丛区气候温暖湿润，雨热同期，属亚热带、热带气候。海南岛、雷州半岛为热带气候；广东、广西、台湾及湖南、江西、福建南部为南亚热带气候，南亚热带北缘至长江为中亚热带气候，长江以北为北亚热带气候，冬季较冷。气温由北向南逐渐升高，年平均温度15～28℃。降雨量由南向北递减，多集中在7～9月，相对湿度70%～80%，表现出明显的湿润特点。而海南、广东和广西在每年10月至翌年1月往往出现秋旱或春旱。东南热性灌草丛区土壤类型多样，从南至北分布有砖红壤、赤红壤、红壤、黄壤、黄棕壤5种类型，非地带性的水稻土、燥红土、草甸土、石灰土和盐碱土分布范围较广。

东南热性灌草丛区植被分布具有明显的地带性。从南至北，随降雨量和热量递减，发育形成的地带性植被在雷州半岛、海南岛及南海诸岛等地分布有热带雨林、季雨林、矮灌林和红树林（图2），福建、广东、广西南部沿海为过渡性热带杂木林和半长绿季雨林，由此往北为亚热带常绿阔叶林，再往北为常绿针阔叶混交林、落叶阔叶林、杂木林及亚热带过渡性落叶栎林和马尾松林。除各种地带性森林植被分布居主体外，在平原河湖滩地还分布有以中生、湿生禾草为优势种的隐域性低地草甸。

根据上述地理、气候和植被特征，东南热性灌草丛区可划分为长江中下游北亚热带平原山地热性灌草丛亚区、江南中亚热带低山丘陵热性灌草丛亚区、华南南亚热带低山丘陵热性灌草丛亚区，以及热带丘陵山地热性灌草丛和干热稀树灌草丛亚区。

1. 长江中下游北亚热带平原山地热性灌草丛亚区

本亚区位于长江中下游平原区，境内地形由平原和山地组成，伏牛山、大别山、黄山由西北向东南贯穿全境，海拔1000～1900 m。亚区内河流纵横交错，湖泊众多，水系发达。本亚区属北亚热带湿润季风气候，年平均温度14～17℃，无霜期210～260天，年降雨量900～1600 mm。草地植被主要是森林破坏后形成的热性灌草丛类和热性草丛类草地，在北部伏牛山一带分布少部分暖性草丛类草地，此外尚有隐域性的山地草甸、低地草甸和零星草地。

2. 江南中亚热带低山丘陵热性灌草丛亚区

本亚区位于中部的江南丘陵地区，行政区域包括浙江、江西、湖南、福建、广东及广西的低山丘陵区域，本亚区地形以丘陵、山地相间，北部江南丘陵地势较低，南部南岭山地及东部浙江、福建丘陵地势较高，境内有雪峰山、武夷山、雁荡山、罗霄山、武功山、庐山等，海拔一般在500 m以上。本亚区属中亚热带季风气候，年平均温度15～19℃，无霜期250～355天，年降雨量1300～1900 mm。常绿阔叶林是本亚区的地带性植被，草地植被为次生的热性灌草丛、热性草丛（图3）、低地草甸或隐域性草地。

3. 华南南亚热带低山丘陵热性灌草丛亚区

本亚区地形复杂，丘陵、山地、平原、台地交错分布，山地有十万大山、云雾山等，海拔均在500 m以上。地势由北向南倾斜，南部有著名的珠江三角洲，沿海有大片的沿海冲积平原。本亚区的无霜期为300～365天，年降雨量1600 mm以上。土壤有赤红壤、红壤、黄壤、黄棕壤、砖红壤等。季风常绿阔叶林是本亚区的地带性植被，草地植被是次生的热性灌草丛（图4）和热性草丛，此外还有少量低地草甸。

图3　武夷山热性草丛（冬季）

图4　华南山地热性灌草丛

4. 热带丘陵山地热性灌草丛和干热稀树灌草丛亚区

本亚区由雷州半岛、海南岛及金沙江、元江流域的干热河谷组成。本亚区地形包括丘陵、山地、台地及河谷。属热带季风气候，年平均温度22℃以上，无霜期365天，年降雨量1500～2000 m。土壤有砖红壤、赤红壤、黄壤等。干热半常绿季雨林是本亚区地带性植被，草地植被为次生的热性草丛（图5）、热性灌草丛（图6）、干热稀树灌草丛，是由森林破坏后反复砍烧和放牧形成的。

（二）西南热性灌草丛区

西南热性灌草丛区位于我国西南部，东以大巴山、巫山、武陵山、云贵高原东缘线为界，北以秦岭、大巴山为界，西以邛崃山、峨眉山、横断山脉等青藏高原东缘一线为界，南面与缅甸、老挝、越南等国接壤。行政区域包括贵州全境，四川、云南大部，甘肃、陕西、湖北、湖南、广西等省（自治区）

图5 滇东南干热河谷山地热性草丛

图6 海南岛中部山区以桃金娘和黑莎草为优势种的热性灌草丛

的一部分。西南热性灌草丛区被划分为四川盆地及盆周山地热性灌草丛亚区、云贵高原山地热性灌草丛亚区和滇西南高山峡谷热性灌草丛亚区。地形特征以山地、丘陵和高原为主，海拔为500～2500 m。本区属于亚热带、热带气候区，年平均温度12～20℃，无霜期200～365天，年降雨量800～1200 mm。气候最大特点是随地形起伏垂直变化十分显著，在同一地区往往具有从河谷亚热带到高山永冻带的各种小气候，还有些地区因受纬度和地形影响，虽然海拔相同，但气候差异却很大。土壤水平地带性分布，由南向北依次为砖红壤、赤红壤、红壤、黄壤、黄棕壤5种类型。

植被以森林居主体地位，分属于西部热带季雨林、雨林区和亚热带常绿阔叶林区。除广泛分布各种森林外，还分布有南方最丰富的次生草地类型，包括热性草丛、热性灌草丛、暖性草丛、暖性灌草丛及隐域性的高寒草甸、亚高山草甸、山地草甸和低地草甸。亚高山草甸分布于区内西南亚高山，山地草甸分布于区内各山地，低地草甸主要分布在四川盆地。此外，在云南、四川的干热河谷还分布有干热稀树灌草丛。

图7 湖南永州热性灌草丛

1. 四川盆地及盆周山地热性灌草丛亚区

本亚区位于四川盆地及其盆周山地，行政区域包括四川省除甘孜藏族自治州、阿坝藏族羌族自治州以外的所有地区，陕西省商洛市、安康市、汉中市等地区，湖北省宜昌市、恩施土家族苗族自治州，以及湖南省湘西地区。地形由盆地、山地、丘陵组成，秦岭、大巴山、巫山、武陵山位于北部和东部，海拔1000～3000 m。属于中亚热带和北亚热带季风气候，年平均温度12～18℃，年降雨量900～1200 mm。常绿落叶阔叶林和常绿阔叶林是其地带性植被，草地植被是次生的热性草丛和热性灌草丛（图7）、暖性草丛和暖性灌草丛，此外，局部还有山地草甸、低地草甸和沼泽等草地。

2. 云贵高原山地热性灌草丛亚区

本亚区位于云贵高原，行政区域包括贵州省，云南省昆明市东川区和昭通市、曲靖市、玉溪市、文山壮族苗族自治州、楚雄彝族自治州、大理白族自治州和红河哈尼族彝族自治州，湖南省邵阳市、怀化市，广西壮族自治区柳州市、桂林市、河池市及百色市。地形主要是高原和山地，云南海拔2000 m左右，贵州平均海拔1000 m。亚区内有金沙江、雅砻江经过，南盘江、北盘江汇入珠江，湖泊有草海、滇池和抚仙湖。本亚区属中亚热带季风气候，年平均温度12～18℃，年降雨量1000～1200 mm。常绿阔叶林是其地带性植被，草地植被主要是热性草丛、热性灌草丛（图8）以及干热稀树灌草丛。

3. 滇西南高山峡谷热性灌草丛亚区

本亚区位于滇东南、滇南的高山峡谷地区，行政区域包括云南省保山市、普洱市、临沧市、德宏傣族景颇族自治州、西双版纳傣族自治州，以及红河哈尼族彝族自治州的元阳县、红河县、金平苗族瑶族傣族自治县、绿春县等。地形由高山、峡谷组成，海拔900～2000 m，山地主要有无量山、大雪山、高黎贡山等。河流主要有怒江、澜沧江和元江。本亚区属南亚热带和北亚热带季风气候，年平均温度16～22℃，无霜期310～365天，年降雨量1000～2000 mm。土壤有砖红壤、赤红壤、红壤、黄壤等。植被主要是季风常绿阔叶林和半常绿季雨林，草地植被主要是热性草丛和热性灌草丛，其次为暖性草丛和暖性灌草丛。干热稀树灌草丛（图9，图10）草地面积较小，主要分布于金沙江、元江及澜沧江河谷台地上。

图8 云贵高原山地热性灌
草丛亚区最典型的热性灌草
丛（黄茅为优势种）

图9 元江流域典型的干热
稀树灌草丛1

图10 元江流域典型的干
热稀树灌草丛2

（三）青藏高原高寒草甸和高寒草原区

青藏高原高寒草甸和高寒草原区的草地类型多样，高原的东部和东南部边缘地带海拔较低，气候温暖湿润，植物种类丰富，从河谷往上依次为热性灌草丛、暖性灌草丛、山地草甸和高寒草甸。本区的主体以青藏高原为核心，南部的滇西北高原和东南部的川西北高原是中国南方草地的最北缘。本区地理位置上归入南方的有甘孜阿坝高山紫羊茅、四川嵩草高寒草甸小区和滇西北山地羊茅、剪股颖和杂类草草甸小区，前者的草地类型以温、寒性草甸类为主，包括亚高山草甸、高山草甸、高山矮灌丛草地等（图11，图12）；后者以山地草甸为主，以丽江市、迪庆藏族自治州及怒江傈僳族自治州局部为核心。

图11 云南德钦县高山垫状灌草丛

图12 四川阿坝高寒草甸

四、中国南方草地牧草资源

根据中国南方草地牧草资源调查，按热性草丛类草地牧草资源、热性灌草丛类草地牧草资源、干热稀树灌草丛类草地牧草资源、干旱河谷灌草丛类牧草资源、低地草甸类草地牧草资源，以及温寒山地植被类草地牧草资源的顺序，整体呈现南方代表性草地类型的牧草资源情况。

（一）热性草丛类草地牧草资源

我国的热性草丛类草地是在热带、亚热带的气候条件下，由于原生植被受到连续破坏或过度放牧等影响，植被发生变化而形成的。热性草丛类草地的群丛一般比较高大，高禾草平均高度80 cm以上，中禾草高度30～80 cm，矮禾草平均高度30 cm以下。该类草地的种类组成、生产能力、饲用价值等经济特性受自然因素和人为因素的综合影响，不同地区有较大差别，但始终以禾本科牧草占绝对优势，其中以高、中禾草占主导地位，如芒属、野古草属、菅属、白茅属、狼尾草属等的生态幅度较广，从低海拔到高海拔，从北到南均可形成以其为优势的不同草地，代表性的有五节芒草地、芒草地、狼尾草草地、黄茅草地、拟金茅草地、黄背草草地、刺芒野古草草地和类芦草地等。

1. 五节芒草地

五节芒草地是热性草丛类高禾草草地组中具有代表性的草地之一，其群落结构在不同地区亦有所不同，生长发育良好的地段，种的优势度多在90%以上，伴生种少；生长发育较差的地段，伴生种有所增加，常见的有野古草（*Arundinella anomala*）、纤毛鸭嘴草（*Ischaemum ciliare*）、白茅（*Imperata cylindrica*）、芒萁（*Dicranopteris pedata*）等。五节芒平均高度在100～150 cm，最高可达300 cm以上，草量很高，既可放牧，又可打草利用，但植株高大、草质粗糙，只能在生长前期利用，生长后期则不能作为饲草利用。五节芒喜湿热，主要分布于长江以南的低山丘陵、沟谷两侧和低中山土壤水分条件较好的区域，海南主要分布于五指山、鹦哥岭等湿度较高的中部低山丘陵及林缘；广东主要分布于粤北丘陵，呈零星的片状和块状；福建、江西、浙江、贵州等省常见于海拔1000 m以下的中山带或林缘；云南多分布于澜沧江、怒江下游湿热区域的沿岸或支流沟谷。五节芒草地的牧草种类较为单一（图13～图15），伴生的禾本科草种有野古草和白茅等，另外群落边缘常见有棕叶芦（*Thysanolaena latifolia*）或类芦（*Neyraudia reynaudiana*）等大型禾草，而伴生的豆科草种相对较少，主要有喜生于林缘湿润区的草种，海南、广东、广西、福建及云南各省（自治区）的情况基本相似，常见的有黧豆属、葛属、野扁豆属及鹿藿属，其中黧豆属最常见的有黄毛黧豆（*Mucuna bracteata*）、刺毛黧豆（*M. pruriens*）、海南黧豆（*M. hainanensis*）（图16）、狗爪豆（*M. pruriens* var. *utilis*），葛属重要草种有葛（*Pueraria montana*）、葛麻姆（*P. montana* var. *lobata*）（图17）、三裂叶野葛（*P. phaseoloides*），野扁豆属有白背野扁豆（*Dunbaria incana*）、长柄野扁豆（*D. podocarpa*），千斤拔属有大叶千斤拔（*Flemingia macrophylla*），鹿藿属有鹿藿（*Rhynchosia volubilis*）。

图13　五节芒株丛

图14　华南低山丘陵五节芒草地群落

图15　湖南燕子山国家草原自然公园五节芒草场

图16　五节芒草地边缘豆科草种海南藜豆　　　　　图17　五节芒草地边缘常见豆科草种葛麻姆
　　　（栽培草种的野生近缘种）　　　　　　　　　　　（栽培草种的野生近缘种）

2. 芒草地

芒草地是热性草丛类草地的代表性类型（图18，图19），其与五节芒草地有一定的相似性，也属于高草草地，两者亦有所不同，前者的优势草种——芒的适应性更广，耐冷性、耐旱性均强于五节芒，因此芒草地的分布海拔往往高于五节芒草地，较集中地分布于中亚热带以北海拔1000～2000 m的中山带，草地土壤以山地红壤、黄红壤和黄壤为主。

图18　柘荣县的芒草地外貌

图19 赣西典型芒草地外貌（秋季）

　　南方除海南极少有芒草地外，其余各省均有大量分布，尤其福建、江西等是其主要分布区。福建多分布于闽东、闽中及闽北一带，江西分布于赣东、赣东南一带山区，广东多分布于粤北山区，广西主要分布于桂东北山区。海拔越高，芒草地的优势度越明显，分布于山顶区域的群落外貌表现出类似于山地草甸的特征，极少有伴生草种。海拔稍低的区域，群丛的种类组成在不同地区也有所差别，在长江中下游地区，伴生草种资源有白茅、野古草、孟加拉野古草（*Arundinella bengalensis*）、黄背草（*Themeda triandra*）、荩草（*Arthraxon hispidus*）等；在南亚热带及热带地区，常见的伴生草种资源有细毛鸭嘴草、金茅（*Eulalia speciosa*）、四脉金茅（*Eulalia quadrinervis*）、刚莠竹（*Microstegium ciliatum*）、粽叶芦、芒萁等。芒草地极少伴生有豆科草种资源，偶见山蚂蝗属的小叶三点金（*Desmodium microphyllum*）（图20）、胡枝子属的春花胡枝子（*Lespedeza dunnii*）及截叶铁扫帚（*L. cuneata*）（图21）。

图20 芒草地低海拔区域重要豆科草种资源小叶三点金
（栽培草种的野生近缘种）

图21 芒草地低海拔区域重要豆科草种资源截叶铁扫帚
（栽培草种的野生近缘种）

3. 狼尾草草地

狼尾草喜生于地势平坦、土壤肥沃、水分条件较好的区域，相较于其他草地，狼尾草草地的面积不大，多数呈零星状分布，但利用率较高，且狼尾草是栽培草种的野生祖先，是培育优良杂交狼尾草品种的重要育种材料。狼尾草草地往往是原生植被受毁退化后逐渐发育形成的，也有的是农业用地长期撂荒或退耕还草后形成了群落成分较为单一的狼尾草草地（图22）。

狼尾草草地主要分布于华南、华中的低海拔地区，西南及华东地区也有少量分布，此外西藏墨脱也有分布。海南主要分布于琼东北至万宁、琼海；广东主要分布于粤西南及南部低海拔区；广西常见于桂西南；福建南部、西南部及江西东部、东南部的农区也普遍有分布；云南则主要分布于南部湿润区。狼尾草草地呈片状或点状分布（图23和图24），但草种优势度十分明显，伴生草种主要为铺地黍、狗牙根、竹节草（*Chrysopogon aciculatus*）及地毯草（*Axonopus compressus*）等，土壤湿度较大的地区也常见李氏禾（*Leersia hexandra*）、水生黍（*Panicum dichotomiflorum*）、千金子（*Leptochloa chinensis*）及膜稃草等草种，杂类草常见有草龙（*Ludwigia hyssopifolia*）、毛草龙（*Ludwigia octovalvis*）、水蓼（*Polygonum hydropiper*）等。

图22 狼尾草草地群落外貌

图23　华南狼尾草草地　　　　　　　　　　　　　图24　西藏墨脱狼尾草草地

4. 黄茅草地

　　黄茅草地主要分布于南亚热带、热带的丘陵山地和云贵高原干热河谷两侧土层较薄或石漠化较明显的山坡地带（图25）。它是我国南亚热带及其以南地区的主要草地类型之一，面积较大，利用价值较高，是最重要的春、夏放牧草地。在云南、贵州及四川分布面积较大，华南则主要分布于低山丘陵的干热地区或沿海干旱区。

　　黄茅草地在云南分布十分广泛，滇东南、滇西南到滇西北是主要分布区。金沙江流域，东从巧家县西经东川区、元谋县、永仁县、华坪县到宾川县的低海拔地区多数为黄茅草地（图26），从德钦县至甘孜藏族自治州德格县、白玉县的上游干旱河谷区也主要为黄茅草地；怒江流域，北起福贡县，中游经六库镇，南至保山市施甸县的低山丘陵或台地主要分布的也是黄茅草地；澜沧江流域，北起西藏芒康县至云南德钦县、兰坪白族普米族自治县、云龙县、永平县和临沧市的低海拔丘陵也主要为黄茅草地。贵州

图25　黄茅草地

图26　云南金沙江流域典型的黄茅草地

常见于海拔900～1300 m的中西部地区。四川主要分布于金沙江、雅砻江、安宁河、大渡河和岷江的河谷区，海拔多在1300 m左右。

　　黄茅草地是南亚热带和热带地区的主要放牧草地，草地中常见伴生禾本科牧草有黄背草、裂稃草（*Schizachyrium brevifolium*）、拟金茅（*Eulaliopsis binata*）、纤毛鸭嘴草、刺芒野古草（*Arundinella setosa*）、石芒草（*A. nepalensis*）、华须芒草（*Andropogon chinensis*）、水蔗草（*Apluda mutica*）、金发草（*Pogonatherum paniceum*）等；伴生豆科牧草有鞍叶羊蹄甲（*Bauhinia brachycarpa*）、云南山蚂蝗（*Desmodium yunnanense*）、球穗千斤拔（*Flemingia strobilifera*）、猫尾草（*Uraria crinita*）、中华狸尾豆（*U. sinensis*）、假苜蓿（*Crotalaria medicaginea*）、链荚豆（*Alysicarpus vaginalis*）等。黄茅草地中，种群个体数量少、特有或具有开发潜力的重要草种有黑果黄茅（*Heteropogon melanocarpus*）、类黍尾稃草（*Urochloa panicoides*）、类雀稗（*Paspalidium flavidum*）（图27）、倒刺狗尾草（*Setaria verticillata*）、白刺花（*Sophora davidii*）、大花虫豆（*Cajanus grandiflorus*）（图28）等。

图27　云南红河哈尼族彝族自治州收集的坪用型类雀稗资源

图28　优等豆科牧草大花虫豆（栽培草种的野生近缘种）

图29　拟金茅草地外貌

5. 拟金茅草地

　　拟金茅草地主要在云贵高原干热河谷及川西部向南的金沙江、雅砻江、安宁河等流域的河谷地带有分布（图29）。拟金茅草地对气候条件的适宜性与黄茅草地相似，两者也常相互伴生而存在，但黄茅草地要比拟金茅草地分布更广泛，拟金茅草地多数属于斑块化分布。拟金茅草地的种类组成及群落结构在不同地区亦有所不同，在生长发育良好的地段，拟金茅的优势度多在90%以上，伴生植物很少。

　　拟金茅草地在华南只分布于广东和广西。在广东主要分布于韶关市（图30），其中乳源瑶族自治县、翁源县等地较典型，尤其在乳源瑶族自治县的丘陵草地中拟金茅是优势草种，伴生的豆科草种资源十分稀少，主要为胡枝子属的细梗胡枝子（*Lespedeza virgata*）、截叶铁扫帚、小叶干花豆（*Fordia microphylla*）；而广西和贵州的分布较相似，多数分布于桂东北、桂北和黔西南的石漠化山地，此地区拟金茅草地中拟金茅优势度较低，伴生的种类较多，常见禾本科牧草有黄茅、矛叶荩草（*Arthraxon lanceolatus*）、竹枝细柄草（*Capillipedium assimile*）、类芦，豆科牧草有鸡眼草（*Kummerowia striata*）、长波叶山蚂蝗（*Desmodium sequax*）、饿蚂蝗（*Desmodium multiflorum*）、老虎刺（*Pterolobium punctatum*）及苏木（*Caesalpinia sappan*）等；金沙江流域的干热河谷区是其分布较为密集的区域，元谋县（图31）、攀枝花市、红河哈尼族彝族自治州、华坪县等地的中山带是其主要分布区，其优势

图30 粤北拟金茅草地

度较高，甚高者达90%以上，伴生草种主要为莎草科的丛毛羊胡子草，豆科的绢毛木蓝（*Indigofera neosericopetala*）、蔓性千斤拔（*Flemingia prostrata*）、鞍叶羊蹄甲、美花狸尾豆（*Uraria picta*）、链荚豆、丁癸草（*Zornia gibbosa*）（图32），伴生的灌木主要为无患子科的坡柳（*Dodonaea viscosa*）及漆树科的清香木（*Pistacia weinmanniifolia*）。

图31 元谋县干热河谷区拟金茅草地

图32 元谋县拟金茅草地边缘常见牧草丁癸草

6. 黄背草草地

　　黄背草是热性灌草丛和干热稀树灌草丛草地中的重要伴生种，多数以伴生形式存在，在华南、西南少有以黄背草为优势种的草丛草地。黄背草草地在暖性灌草丛类草地中面积较大，分布范围较广，苏北和皖北地区，海拔1000 m以下的低山带或丘陵山地是较集中的黄背草草地分布区（图33），群落内伴生的禾本科牧草有野古草、狗尾草（*Setaria viridis*）、鹅观草（*Elymus kamoji*）、荩草（*Arthraxon hispidus*）、白茅，伴生的豆科草种主要为截叶铁扫帚和胡枝子，伴生的杂类草有龙芽草（*Agrimonia pilosa*）、紫花地丁（*Viola philippica*）、翻白叶（*Potentilla griffithii* var. *velutina*）、夏枯草（*Prunella vulgaris*）及紫菀（*Aster tataricus*）等。

7. 刺芒野古草草地

　　刺芒野古草草地主要分布在我国中亚热带和南亚热带地区的低山带，集中分布在云南中部至东南部（图34）、江西南部、广西西北部、四川南部的低山丘陵地带。分布区土壤为山地红壤、棕红壤和黄壤，土体较干燥、贫瘠，有机质含量低，肥力不高。刺芒野古草草地群落中常见伴生的禾本科牧草有白茅、细柄草（*Capillipedium parviflorum*）、石芒草（*Arundinella nepalensis*）、马陆草（*Eremochloa zeylanica*）、四脉金茅（*Eulalia quadrinervis*）、假俭草（*Eremochloa ophiuroides*）、纤毛鸭嘴草、红裂稃草（*Schizachyrium sanguineum*）和青香茅（*Cymbopogon mekongensis*），伴生的豆科牧草有截叶铁扫帚和绒毛胡枝子（*Lespedeza tomentosa*），伴生的杂类草常见有羊耳菊（*Duhaldea cappa*）、野拔子（*Elsholtzia rugulosa*）和芒萁等。

图33　黄背草草地

图34 滇东南的刺芒野古草草地

8.类芦草地

　　类芦草地主要分布于中亚热带以南的区域,多分布于低海拔的砾石山坡或土壤贫瘠的干热山坡,华南和西南为主要分布区,华东及华中亦有分布(图35)。类芦草地属于次生性草地,其伴生种有一定的地理性差异,华南常见分布于干热山坡,伴生的禾本科牧草常见有黄茅、斑茅(*Saccharum*

图35 类芦草地

图36　华南干热山坡类芦草地伴生牧草资源蔓草虫豆
（作物野生近缘种）

arundinaceum）、红裂稃草、甜根子草（*Saccharum spontaneum*），伴生的豆科牧草常见有假地豆
（*Desmodium heterocarpon*）、光荚含羞草（*Mimosa bimucronata*）、乳豆（*Galactia tenuiflora*）、蔓草
虫豆（*Cajanus scarabaeoides*）（图36）、葫芦茶（*Tadehagi triquetrum*）、紫花大翼豆（*Macroptilium
atropurpureum*）（图37）、大翼豆（*M. lathyroides*）、刺毛黧豆（*Mucuna pruriens*）等；云南西南部及四
川南部干热河谷区则主要分布于河谷两岸的向阳山坡，伴生种除黄茅外，最常见的还有蔗茅（*Saccharum
rufipilum*）和金丝草（*Pogonatherum crinitum*），豆科草种有云实（*Caesalpinia decapetala*）、淡红鹿藿
（*Rhynchosia rufescens*）和大花虫豆（*Cajanus grandiflorus*）等；而在滇东北小江流域，主要分布于干旱
砾石山坡，伴生种较为单一，禾本科以黄茅和矛叶荩草为主，豆科草种有小鹿藿（*Rhynchosia minima*）、
粘鹿藿（*Rhynchosia viscosa*）、云南山蚂蝗（*Desmodium yunnanense*）和云南灰毛豆（*Tephrosia purpurea*
var. *yunnanensis*）（图38），杂类草有区域标志性种戟叶酸模（*Rumex hastatus*）。

图37　华南干热山坡类芦草地伴生牧草资源紫花大翼
豆（栽培草种的野生类型）

图38　滇东北砾石山坡类芦草地的重要伴生豆科牧草云南灰毛豆
（地方特有种）

（二）热性灌草丛类草地牧草资源

热性灌草丛类草地是指群落中有灌木成分的草地，通常灌木郁闭度在0.1～0.3。热性灌草丛类草地是森林植被受到破坏或耕地长期撂荒后形成的以多年生草本植物为主体，间混生乔木或灌木的草地类型，在整个亚热带和热带地区均有分布。从经济类群上看，热性灌草丛类草地的种类组成以高、中型禾草占主导地位，高禾草中的芒、五节芒和棕叶芦等集中分布在南亚热带水分条件好的山地阴坡或沟谷一带；矮禾草中的金须茅属、蜈蚣草属、鹧鸪草属、地毯草属的草种集中分布在热带地区；草群中占优势的杂类草主要是芒萁属中的铁芒萁，多分布在长江以南的中亚热带和南亚热带。群丛中的灌木和乔木种类在不同地区的差异亦很明显，如长江以北以胡枝子属、栎属、黄花稔属、马桑属、火棘属等的物种较常见；而长江以南中亚热带的一些草地中常见的有杜鹃属、檵木属、松属和叶下珠属的物种；在南亚热带和热带地区的草地中常见有桃金娘属、蔷薇属、山蚂蝗属、柃属、番石榴属、木棉属、羊蹄甲属等的物种；岛屿、岛礁热性灌草丛则以抗风桐（*Ceodes grandis*）、海岸桐（*Guettarda speciosa*）、红厚壳（*Calophyllum inophyllum*）、榄仁树（*Terminalia catappa*）、草海桐（*Scaevola taccada*）、银毛树（*Tournefortia argentea*）、海巴戟（*Morinda citrifolia*）等为重要成分。根据自然气候条件的差异，南方典型的一些热性灌草丛类草地的群落特点及重要牧草资源分布情况如下。

1. 以五节芒为优势成分的热性灌草丛

海南、广东、广西、湖南南部、江西南部及云南西南部的低中山丘陵台地有以五节芒为主要成分的热性灌草丛（图39），群落中除五节芒外，还有黄茅、白茅和苞子草（*Themeda caudata*）等，豆科牧草主要有大叶千斤拔（*Flemingia macrophylla*）、假地豆、假木豆（*Dendrolobium triangulare*）、排钱草（*Phyllodium pulchellum*）、毛排钱草（*P. elegans*）、舞草（*Codoriocalyx motorius*）、圆叶舞草（*C. gyroides*）、葫芦茶、葛麻姆、三裂叶野葛（*Pueraria phaseoloides*）（图40）、密花葛（*P. alopecuroides*）（图41）、华扁豆（*Sinodolichos lagopus*）（图42）、锥序千斤拔（*Flemingia paniculata*）

图39　以桃金娘、野牡丹和五节芒为重要成分的热性灌草丛

图40　华南热性灌草丛中的重要草种三裂叶野葛
（栽培草种的野生类型，花序）

图41　云南南部热性灌草丛中的重要草种密花葛
（栽培草种的野生类型，花序）

图42　云南南部热性灌草丛中的重要草种华扁豆
（狭域分布）

图43　云南南部热性灌草丛中的重要草种锥序千斤拔
（狭域分布）

（图43）等，灌木主要有黄牛木（*Cratoxylu cochinchinense*）、桃金娘（*Rhodomyrtus tomentosa*）、野牡丹（*Melastoma malabathricum*）等。

2. 以纤毛鸭嘴草和硬穗飘拂草为优势成分的热性灌草丛

在海南、广东及福建的海滨沙质次生植被中，有以纤毛鸭嘴草（*Ischaemum ciliare*）、芒萁、谷精草（*Eriocaulon buergerianum*）、黄眼草（*Xyris indica*）、猪笼草（*Nepenthes mirabilis*）、披针穗飘拂草（*Fimbristylis acuminata*）、硬穗飘拂草（*F. insignis*）为主要草种的热性灌草丛（图44），群丛中禾本科牧草有毛俭草（*Mnesithea mollicoma*）、白茅等，豆科牧草资源相对稀少，偶见有赤山蚂蝗（*Desmodium rubrum*）、链荚豆和硬毛木蓝，灌木有桃金娘、野牡丹和薄果草（*Dapsilanthus disjunctus*）。这一类热性灌草丛与海岸带灌丛的群落成分完全不同，其标志性成分是野牡丹、猪笼草和薄果草。

3. 以黄茅为优势成分的热性灌草丛

四川南部、云南东南部至西北部、广西南部及西北部、贵州南部、湖南西南部有以黄茅为主要成分的热性灌草丛（图45），多分布在海拔1700 m以下的丘陵地区，土壤多为红壤、黄红壤，局部地区为石灰岩。亚优势种有黄背草、青香茅，其他常见的伴生种有甜根子草（*Saccharum spontaneum*）、蔗茅（*S. rufipilum*）、滇蔗茅（*S. longesetosum*）、刺芒野古草、孟加拉野古草、丛毛羊胡子草等，灌木主要有坡柳、余甘子（*Phyllanthus emblica*）、滇榄仁（*Terminalia franchetii*）、鞍叶羊蹄甲、马桑（*Coriaria nepalensis*）等。以黄茅为优势成分的热性灌草丛还分布有一些重要的草种，如豆科山蚂蝗属的长波叶山蚂蝗（*Desmodium sequax*）、圆锥山蚂蝗（*D. elegans*）、云南山蚂蝗（*D. yunnanense*）、滇南山蚂蝗（*D. megaphyllum*）及美花山蚂蝗（*D. callianthum*）是栽培草种的野生类型或野生近缘种（图46）；豇豆属的野豇豆（*Vigna vexillata*）、三裂叶豇豆（*V. trilobata*）是重要的豆科饲用植物，同时也是珍稀

图44　华南沿海以披针穗飘拂草、硬穗飘拂草和野牡丹为重要成分的热性灌草丛

图45　滇西北以黄茅和坡柳为优势成分的热性灌草丛

作物野生近缘种；三棱枝秔子梢（*Campylotropis trigonoclada*）和毛三棱枝秔子梢（*C. trigonoclada* var. *bonatiana*）是中国饲用植物特有种。在云南永胜县以黄茅为优势成分的热性灌草丛中发现了中国新记录种1种，为千斤拔属的旱生千斤拔（*Flemingia lacei*）（图47）。在云南元谋县以黄茅为优势成分的热性灌草丛中收集到中国特有种大花葛（*Pueraria grandiflora*）（图48）。在云南元谋县及永胜县等地还发现了国家II级重点保护野生植物箭叶大油芒（*Spodiopogon sagittifolius*）（图49）。

图46 滇西北热性灌草丛中重要豆科牧草云南山蚂蝗（栽培草种的野生近缘种）

图48 元谋县热性灌草丛中的珍稀草种大花葛
（中国特有种）

图47 在以黄茅为优势成分的热性灌草丛中发现的旱生千斤拔（中国新记录种）

图49 在云南永胜县热性灌草丛中发现的珍稀草种箭叶大油芒（中国特有种，国家II级重点保护野生植物）

图50　石岛

4. 岛屿岛礁热性灌草丛

　　岛屿岛礁植物多样性及其保护一直是保护生物学研究的热点，虽然岛屿岛礁热性灌草丛的植物种类相对稀少，但较为特殊，变异很大。很多岛屿岛礁植物在耐盐、抗旱、耐贫瘠等方面具有独特的优势，富含特异性的遗传因子，在育种上具有重要的利用价值。岛屿岛礁热性灌草丛主要分布于我国南海，南海岛礁由200多个岛屿、沙洲和礁滩组成，分为东沙群岛、西沙群岛、南沙群岛和中沙群岛，其中面积最大的为西沙群岛的永兴岛。岛屿岛礁热性灌草丛虽然整体规模小，属零星分布，但其所承载的作物种质资源具有明显的特异性，另外南海各岛礁自古以来就是我国的神圣领土，加强这一区域的物种资源收集保护对于维护我国领土安全具有战略意义（图50）。

　　三沙各岛礁间植被总体上是相似的，代表性乔木有抗风桐、海岸桐、橙花破布木（*Cordia subcordata*）、红厚壳、榄仁树等，灌木最典型的有草海桐、银毛树（*Tournefortia argentea*）、海巴戟、海人树（*Suriana maritima*）和苦郎树（*Clerodendrum inerme*）。岛屿岛礁具有以下三个方面的特点：①这些区域是海鸟繁殖的天堂，很多岛礁积累了大量的鸟粪，土壤中除富含有机质和可溶性磷外，还富含氮，因此出现了大量的喜氮植物，如土牛膝（*Achyranthes aspera*）、狭叶尖头叶藜（*Chenopodium acuminatum* subsp. *virgatum*）、大花蒺藜（*Tribulus cistoides*）等；②这些区域由于受到海水侵蚀的影响，土壤中盐分高，生长在这里的很多植物具有喜盐、耐盐的特点，如海马齿（*Sesuvium portulacastrum*）、蔓茎栓果菊（*Launaea sarmentosa*）、孪花蟛蜞菊（*Wollastonia biflora*）、补血草（*Limonium sinense*）、草海桐、厚藤（*Ipomoea pes-caprae*）、海刀豆（*Canavalia rosea*）等都是热带海岸著名的盐生植物；③这些区域的土壤瘠薄、保水能力差，而年降雨量少，生长在这里的植物普遍具有长期适应干旱的特性，树干皮厚且肉质化、贮水组织发达、有显著的髓部，其茎叶贮存了丰富的水分以抵御干旱，如抗风桐（图51、图52）、草海桐、避霜花（*Pisonia aculeata*）等。

图51 抗风桐是东岛野牛的重要饲料来源

图52 抗风桐被台风吹倒后，芽点恢复生长形成新的种群

三沙最典型的热性灌草丛是草海桐、银毛树和细穗草群落（图53），偶见伴生种沟叶结缕草（*Zoysia matrella*）、蒭雷草（*Thuarea involuta*）、海马齿、蔓茎栓果菊、厚藤、海刀豆、圆叶黄花棯（*Sida alnifolia* var. *orbiculata*）等。另外，礁滩上最常见的还有生长十分稠密的草海桐灌丛和海马齿草丛（图54）。

岛屿岛礁热性灌草丛中具有利用价值的豆科草种有疏花木蓝（*Indigofera colutea*）（图55）、硬毛木蓝（*I. hirsuta*）、九叶木蓝（*I. linnaei*）和紫花大翼豆（*Macroptilium atropurpureum*），它们属于栽培草种野生近缘种；属于珍稀作物野生近缘种的有滨豇豆（*Vigna marina*）（图56）和海刀豆；属于中国特有饲用植物的有滨海木蓝（*Indigofera litoralis*）和海南猪屎豆（*Crotalaria hainanensis*），另外，还分布有生态适应性较为特殊的落地豆（*Rothia indica*）、矮灰毛豆（*Tephrosia pumila*）、灰毛豆（*T. purpurea*）和狭叶红灰毛豆（*T. coccinea* var. *stenophylla*）。禾本科栽培草种的野生近缘种有多枝臂形草（*Brachiaria ramosa*）、四生臂形草（*B. subquadripara*）、狗牙根（*Cynodon dactylon*）、

图53 以草海桐、银毛树和细穗草为优势种的热性灌草丛

图54 以海马齿为单一优势种的礁滩

弯穗狗牙根（*C. radiatus*）、大黍（*Panicum maximum*）、海雀稗（*Paspalum vaginatum*）、双穗雀稗（*P. distichum*）、钝叶草（*Stenotaphrum helferi*）、锥穗钝叶草（*S. subulatum*）、沟叶结缕草、盐地鼠尾粟（*Sporobolus virginicus*）等，其中锥穗钝叶草在国内分布极为狭窄，西沙群岛各岛礁是其在国内唯一的分布区（图57）；属于中国特有种的禾本科牧草有台湾虎尾草（*Chloris formosana*）和微硬毛马唐（*Digitaria heterantha* var. *hirtva*）；此外，还分布有珍稀的作物野生近缘种，如陆地棉（*Gossypium hirsutum*）（图58）。这些草种资源，由于长期适应礁滩环境，形成了耐盐、耐旱、耐热和耐贫瘠的生物学特性，是草种资源收集的重点对象，在抗性草种资源评价及优异草品种培育方面具有重要的潜力。

图55 栽培草种的野生近缘种疏花木蓝

图56 珍稀草种资源滨豇豆
（作物野生近缘种，栽培草种的野生近缘种）

图57　采集于西沙群岛的珍稀草种资源锥穗钝叶草
（栽培草种的野生近缘种）

图58　科研人员在西沙群岛采集陆地棉
（作物珍稀野生资源）

图59　七洲岛热性灌草丛

　　七洲列岛、大洲岛及蜈支洲岛等岛屿的植被也主要是热性灌草丛（图59），但这些岛屿离海南岛较近，地质形成时间相对一致，分布的植物有一定的相似性，而三沙各岛屿岛礁多数由礁盘沉积发育而成，形成时间较近，土层瘠薄，相较前者其植被更为单一，群落成分与前者也不尽相同。七洲列岛、大洲岛等岛屿的海拔远高于三沙各岛礁，其中北峙的海拔达174 m，海拔较高、坡面较直，受强风影响，其植被趋向于低矮或匍匐状生长。

　　七洲列岛和大洲岛的热性灌草丛可分为以下群系：①沟叶结缕草和沟颖草（*Sehima nervosum*）群落，主要分布于七洲列岛，成片连续分布，优势草种是沟叶结缕草和沟颖草，灌木有笔管榕（*Ficus superba* var. *japonica*）和美叶菜豆树；②沟叶结缕草和扭鞘香茅（*Cymbopogon tortilis*）群落，优势草种是沟叶结缕草和扭鞘香茅，主要分布于向阳、面风的坡顶，物种组成单一，灌木占比极少；③草海桐和刺葵（*Phoenix hanceana*）群落（图60），灌木主要有草海桐、刺葵、细叶巴戟天（*Morinda parvifolia*）、光梗阔苞菊（*Pluchea pteropoda*）、木防己（*Cocculus orbiculatus*）和酒饼簕（*Atalantia buxifolia*），草本

图60 大洲岛以草海桐和刺葵为优势种的热性灌草丛

图61 七洲列岛代表性物种美叶菜豆树

主要有羽穗砖子苗（*Mariscus javanicus*）、扭鞘香茅、沟叶结缕草、乳豆（*Galactia tenuiflora*）、厚藤等；④草海桐和避霜花（*Pisonia aculeata*）群落，灌木层优势种为草海桐、避霜花和刺葵，草本层主要有厚藤、乳豆、白子菜（*Gynura divaricata*）和土牛膝（*Achyranthes aspera*）。上述群落里具有重要利用价值的草种主要有沟叶结缕草、沟颖草、乳豆和厚藤，其中沟叶结缕草是栽培种结缕草的野生近缘种（图61～图63）。

图62 七洲列岛重要草坪草资源沟叶结缕草（栽培草种的野生类型）

图63 七洲列岛优等饲用植物乳豆

5. 海岸带热性灌草丛

海岸带由于直接受到海洋气候的影响，形成了与区域小气候特征密切相关的一些特殊植被，如红树林、滩涂草地等。海岸带热性灌草丛的植被群落特征与远海内陆热性灌草丛存在明显的差异，我国的海岸带热性灌草丛主要分布于海南省、广东省、广西壮族自治区及福建省的沿海地区（图64）。海南省的海岸带热性灌草丛以三亚市至乐东黎族自治县、东方市、昌江黎族自治县、儋州市和临高县的环西海岸带尤为典型，该区较东海岸具有降雨量少、气候干热和植被以稀树灌丛为主的特征；广东省的海岸带热性灌草丛主要分布于雷州半岛，其次为由吴川市、茂名市电白区、阳江市至汕尾市和汕头市的海岸带；广西壮族自治区的海岸带热性灌草丛主要分布于防城港市、北海市至雷州半岛；福建省的海岸带热性灌草丛主要分布于东山县至厦门市、泉州市、莆田市、平潭县和霞浦县间的区域。海岸带的植物群落类似于海岛，但相较于后者其多样性更丰富，物种分布由盐生植物、喜盐植物到耐热、耐贫瘠植物过渡，且具刺植物如仙人掌（*Opuntia dillenii*）、刺果苏木（*Caesalpinia bonduc*）、大花蒺藜（*Tribulus cistoides*）、蒺藜草（*Cenchrus echinatus*）、老鼠芳（*Spinifex littoreus*）、老鼠簕（*Acanthus ilicifolius*）等出现的比例升高。海岸带热性灌草丛中常见的盐生草种有碱蓬（*Suaeda glauca*）、海马齿、毛马齿苋（*Portulaca pilosa*）、蔓茎栓果菊、厚藤、海刀豆、滨豇豆、水黄皮（*Pongamia pinnata*）、盐地鼠尾粟、沟叶结缕草、鬣刺、蒭雷草、羽穗砖子苗、粗根茎莎草（*Cyperus stoloniferus*）、绢毛飘拂草（*Fimbristylis sericea*）、海滨莎（*Remirea maritima*）、单叶蔓荆（*Vitex rotundifolia*）；耐盐、耐旱、耐贫瘠的草种资源有小刀豆（*Canavalia cathartica*）、链荚豆、乳豆、疏花木蓝、滨木蓝（*Indigofera litoralis*）、硬毛木蓝、刺荚木蓝（*Indigofera nummulariifolia*）、灰毛豆、矮灰毛豆、海南蝙蝠草（*Christia hainanensis*）、海雀稗、铺地黍（*Panicum repens*）、孟仁草（*Chloris barbata*）、台湾虎尾草、多枝臂形草、金须茅（*Chrysopogon orientalis*）、茅根（*Perotis indica*）、狗牙根、二型马唐（*Digitaria heterantha*）、羽穗草（*Desmostachya bipinnata*）、红毛草（*Melinis repens*）、多枝扁莎（*Pycreus polystachyos*）等，其中海南蝙蝠草、台湾虎尾草为中国特有种，疏花木蓝、滨木蓝、硬毛木蓝和刺荚木蓝是栽培草种的野生近缘种。海岸带热性灌草丛中的草种以喜盐、耐干旱、耐贫瘠的类型为

图64　海岸带热性灌草丛（仙人掌和刺果苏木灌丛）

图65 珍稀耐盐草种海雀稗（栽培草种的野生类型）

图66 珍稀耐盐草种盐地鼠尾粟

图67 珍稀观赏草种针叶苋
（我国只在海南省东方市有分布，居群极少）

图68 珍稀草种羽叶拟大豆
（中国特有种，《中国生物多样性红色名录》易危物种）

主，其中有一些是分布极为狭窄的珍稀草种，如海雀稗（图65）、沟叶结缕草、盐地鼠尾粟（图66）、链荚豆、鸡眼草（*Kummerowia striata*）和三点金（*Desmodium triflora*）。观赏草种有单叶蔓荆、马齿苋、海滨月见花（*Oenothera drummondii*）和针叶苋（*Trichuriella monsoniae*）（图67），其中针叶苋在我国只分布于海南，属于分布极为狭窄的珍稀草种。优等豆科牧草资源有海刀豆、小刀豆、落地豆（*Rothia indica*）、羽叶拟大豆（*Ophrestia pinnata*）和软荚豆（*Teramnus labialis*），其中羽叶拟大豆为中国特有种（图68）。珍稀作物野生近缘种有大豆属的短绒野大豆（*Glycine tomentella*）（图69）和烟豆（*Glycine tabacina*）（图70），两者均分布于福建东南部海岸带；豇豆属的滨豇豆和长叶豇豆（*Vigna luteola*）（图71），其中滨豇豆主要分布于海南和广东，而长叶豇豆是本项目在海南调查发现的新分布，属于中国特有种。禾本科珍稀草种资源有多裔草（*Polytoca digitata*）、麦黄茅（*Heteropogon triticeus*）和葫芦草（*Chionachne massiei*），三者虽然未被列入濒危植物名录，但均分布于海岸带山坡灌丛中，相当一部分生境已经消失，属于分布极为狭窄的草种。

图69 珍稀草种短绒野大豆（作物野生
近缘种，国家II级重点保护野生植物）

图70 珍稀草种烟豆（作物野生近缘
种，国家II级重点保护野生植物）

图71 珍稀草种长叶豇豆（中国特有
种，作物野生近缘种）

图72 海南省昌江黎族自治县干热稀树灌草丛的群落外貌（木棉为标志性成分）

（三）干热稀树灌草丛类草地牧草资源

干热稀树灌草丛类草地与热性灌草丛类草地在群落成分上有一定的相似性，如黄茅属、甘蔗属、野古草属、木蓝属、千斤拔属、山蚂蝗属等是二者共有成分，但干热稀树灌草丛类所处的气候条件更为典型，形成了一些标志性物种而区别于热性灌草丛类（图72），如牛角瓜（*Calotropis gigantea*）、木棉（*Bombax celiba*）、厚皮树（*Lannea coromandelica*）、番石榴（*Psidium guajava*）、虾子花（*Woodfordia fruticosa*）、酸豆（*Tamarindus indica*）等属于喜极干热的古热带区系成分。

我国的干热稀树灌草丛类草地是在干热的气候条件下，由于森林植被破坏而形成的次生草地类型，绝大部分分布在西南干热河谷区，这些干热河谷均处在西南和东南季风的背风面雨影区，两侧山地高耸，河谷狭窄，西南或东南季风带来的水分被截留，致使河谷底部极其干热而形成了类似于非洲稀树干草原的草地类型；另外，海南岛西部、西北部及雷州半岛由于受到中部五指山系的水湿气流截留而形成了干热环境，发育成干热稀树灌草丛。由于地理气候特征的细微差异，华南及西南发育形成了各具特点的干热稀树灌草丛类草地，分布有各具特色的珍稀草种资源（图73）。

海南西部的儋州市、昌江黎族自治县、乐东黎族自治县和东方市等海拔200 m以下的滨海台地是海南典型干热稀树灌草丛的重要分布区，总体上该区域的草地以斑茅、甜根子草等高秆禾草为优势种（图74），只有近海极少数区域以华三芒草（*Aristida chinensis*）、鹧鸪草（*Eriachne pallescens*）为优势种，黄茅为亚优势种，纤毛画眉草（*Eragrostis ciliata*）、长画眉草（*Eragrostis brownii*）、白茅、红毛草、蜈蚣草（*Eremochloa ciliaris*）、双花草（*Dichanthium annulatum*）、白羊草（*Bothriochloa ischaemum*）等为常见的伴生草种。常见的乔木有木棉、厚皮树、倒吊笔（*Wrightia pubescens*）和苦楝（*Melia azedarach*），灌木有鹊肾树（*Streblus asper*）、基及树（*Carmona microphylla*）、土蜜树（*Bridelia tomentosa*）、刺篱木（*Flacourtia indica*）、光荚含羞草（*Mimosa bimucronata*）、牛筋果（*Harrisonia perforata*）、露兜树（*Pandanus tectorius*）等。另外，20世纪末海南西部地区迎来了大量的造林和开垦计划，成片的干热稀树灌草丛被改造为了桉树林、木麻黄林或蕉园，因此总体上虽然海南的干热稀树灌草丛有保留，但多呈零星片

图73 滇东南元江河谷干热稀树灌草丛群落外貌

图74 海南西北部以斑茅为优势种的干热稀树灌草丛

图75 珍稀草种海南蝙蝠草
（海南特有种，《中国生物多样性红色名录》近危物种）

状分布。被改造的桉树林下形成了以大黍、白茅、甜根子草和斑茅为优势草本的植被系统，另间生有一些西卡柱花草（*Stylosanthes scabra*）、丁癸草、硬毛木蓝等耐旱豆科草种。

海南干热稀树灌草丛分布的重要豆科草种有单节假木豆（*Dendrolobium lanceolatum*）、假木豆、乳豆、灰毛豆、白灰毛豆（*Tephrosia candida*）、黄灰毛豆（*Tephrosia vestita*）、球果猪屎豆（*Crotalaria uncinella*）、海南蝙蝠草（*Christia hainanensis*）、蝙蝠草（*C. vespertilionis*）、钩柄狸尾豆（*Uraria rufescens*）、软荚豆、三叉刺（*Trifidacanthus unifoliolatus*）、丁癸草、链荚豆和蔓草虫豆。其中，海南蝙蝠草属于海南特有种，只分布于乐东黎族自治县（图75）；三叉刺也是狭域分布种，只分布于东方市极少数区域。调查发现中国新记录的豆科草种有西非猪屎豆（*Crotalaria goreensis*）（图76）、长喙野百合（*Crotalaria longirostrata*）。禾本科草种有牧地狼尾草、纤毛蒺藜草（*Cenchrus ciliaris*）、大罗网草（*Panicum luzonense*）、光高粱（*Sorghum nitidum*），其中纤毛蒺藜草为海南新记录种，光高粱为珍稀作物野生近缘种（图77）。除上述之外，还分布有一些具有特殊用途或功效的木本饲用植物资源，如资源量较大的木麻黄（*Casuarina equisetifolia*）和苦楝，两者在华南沿海干热区广泛分布，都是当地黑山羊喜采食的木本饲用植物，前者具有温中止泻、利湿的功效，黑山羊喜采食其嫩梢，后者具清热降燥、杀虫止痒、行气止痛之功效，黑山羊亦喜采食，海南当地养殖户通常在黑山羊哺乳期给母羊和羔羊投喂苦楝枝叶，一是起到哺乳期防虫降燥的作用，二是给羔羊补充青饲以增强其抵抗力（图78）。

云南境内的金沙江及元江流域的中下游河谷区分布着以黄茅为优势种的干热稀树灌草丛草地（图79），这是云南境内分布最广泛、面积最大的干热稀树灌丛类草地，在四川攀枝花等南部区域也有分布，其伴生的禾本科牧草常见的有芸香草（*Cymbopogon distans*）、双花草（*Dichanthium annulatum*）、菅、三芒草（*Aristida adscensionis*）和蔗茅，豆科牧草有云南灰毛豆、乌头叶豇豆（*Vigna aconitifolia*）、小鹿藿、云南羊蹄甲（*Bauhinia yunnanensis*）、元江羊蹄甲（*B. esquirolii*）、鞍叶羊蹄甲、印度崖豆（*Millettia pulchra*）等，常见灌木有清香木、番石榴、虾子花、风车果（*Pristimera cambodiana*）等。

元谋县、红河县及元江哈尼族彝族傣族自治县的一些极干热地区还分布着以三芒草为优势种的干热稀树灌草丛草地（图80），亚优势种仍然是黄茅，还伴生有喜干旱的其他成分，如锋芒草属的虱子草（*Tragus berteronianus*）。伴生的豆科牧草主要有云南灰毛豆、单叶木蓝（*Indigofera linifolia*）、九叶木蓝（*Indigofera linnaei*）、云南链荚豆（*Alysicarpus yunnanensis*）（图81）、宿苞链荚豆（*A. bracteus*）、美花狸尾豆、美丽相思子（*Abrus pulchellus*），常见的灌木主要有牛角瓜、金合欢（*Acacia farnesiana*）、清香木及零星分布的云南松（*Pinus yunnanensis*）。此类草地中还有分布极为狭窄的珍稀草种黑果黄茅、白虫豆（*Cajanus niveus*）（图82）、宽叶白茅（*Imperata latifolia*）等。其中，黑果黄茅通常分布于攀枝花市、元谋县和永胜县这一带，与黄茅或三芒草伴生；宽叶白茅目前只在攀枝花市发现有分布，属于分布极狭的草种；白虫豆是木豆的野生近缘种，是木豆属植物中少有的直立小灌木，只发现在元江的极少数地区有分布，属于珍稀草种资源。

图76　在海南省东方市发现的豆科优等牧草西非猪屎豆（中国新记录种）

图77　珍稀草种光高粱（作物野生近缘种）

图78　具有特殊功效的木本饲用植物苦楝（羔羊采食苦楝枝叶）

图79 元江河谷以黄茅为优势种的干热稀树灌草丛草地

图80 以三芒草为优势种的干热稀树灌草丛草地

图81 珍稀草种云南链荚豆（中国特有种，国家II级重点保护野生植物，《中国生物多样性红色名录》极危物种）

图82 分布狭窄的珍稀草种白虫豆（作物野生近缘种，《中国生物多样性红色名录》易危物种）

图83　德钦县奔子栏镇典型的干旱植被

（四）干旱河谷灌草丛类牧草资源

　　干旱河谷灌草丛与干热稀树灌草丛有相似的成分，但两者是有区别的，干旱河谷灌草丛更偏向于荒漠性植被，形成了很多以有刺类物种为优势种的植被，这是与后者的主要区别。西南地区的金沙江、怒江、元河、岷江及雅砻江等流域的上游深谷地区受到"焚风"的影响，降雨量少且多集中于短暂的夏季，其他季节长期干旱，年降雨量不足400 mm，这是具有荒漠性植被特征的干旱河谷灌草丛形成的主要原因；而下游区的相对湿度要高，年降雨量通常在800 mm以上，有的地区可达1500 mm，形成了两者明显有区别的植被特征。两者地理位置也有区别，干旱河谷灌草丛分布于上游区，因海拔更高，形成的深切沟谷更明显；而干热稀树灌草丛分布于中下游区，沟谷趋向于平缓。从德钦县奔子栏镇到甘孜藏族自治州德格县、白玉县、巴塘县、得荣县、乡城县等地区，是我国最典型的干旱河谷区（图83）。

　　该区干旱、少雨、气温高、蒸发量大，又因生境坡度大、石砾多、土壤基质为典型的干燥剥蚀岩荒漠类型，土壤保水困难，更加剧了气候的干旱效应，因此形成了独特的河谷性荒漠植被特征，植被盖度很低，在河谷底部相对湿润的极少数沟箐处盖度稍高，其余极为干燥，形成广泛的耐旱植被。在群落外貌上，干旱河谷灌草丛植被以小叶、硬叶、毛叶、狭叶、刺叶、肉质叶为总体特征，硬叶植物有德钦画眉草（*Eragrostis deqinensis*），毛叶植物有芸香草（*Cymbopogon distans*）、矛叶荩草、九顶草（*Enneapogon desvauxii*）等，狭叶植物有白草（*Pennisetum flaccidum*），刺叶植物有多刺天门冬（*Asparagus myriacanthus*），肉质叶植物有长萼石莲（*Sinocrassula ambigua*）、德钦景天（*Sedum wangii*）等。干旱河谷灌草丛草地中有刺类植物的比例上升，有猪毛菜（*Salsola collina*）、刺花莲子草（*Alternanthera pungens*）、千针苋（*Acroglochin persicarioides*），灌木有单刺仙人掌（*Opuntia monacantha*）、峨眉蔷薇（*Rosa omeiensis*）、对节刺（*Horaninovia ulicina*）、川西白刺花（*Sophora davidii* var. *chuansiensis*）（图84）、西南蔷薇（*Rosa murielae*）、多刺天门冬（*Asparagus*

图84 干旱河谷灌草丛中优势有刺灌木川西白刺花（栽培草种的野生类型）

myriacanthus）、刺铁线莲（*Clematis delavayi* var. *spinescens*）和凹叶雀梅藤（*Sageretia horrida*）等，其中单刺仙人掌、川西白刺花（图84）及多刺天门冬是这一地区的优势类群。

金沙江干旱河谷、怒江中游干旱河谷、岷江上游干旱河谷及其横断山区在属的分布区类型上均以温带成分占优势，河谷内分布比较多的禾本科及菊科也均以温带分布属较多。在特有成分上，干旱河谷的植物区系由于发生和发展的时间较短，属的分化显得仓促而未来得及形成新的地区特有属，但有许多特有种，如德钦画眉草、小叶杭子梢（*Campylotropis wilsonii*）、灰岩木蓝（*Indigofera calcicola*）、云南百部（*Stemona mairei*）等。重要的禾本科牧草资源有白草、纤细苞茅、拟金茅（*Eulaliopsis binata*）、黄茅（*Heteropogon contortus*）、德钦画眉草，豆科有川西白刺花、束花铁马鞭（*Lespedeza fasciculiflora*）（图85）、灰岩木蓝、毛荚苜蓿（*Medicago edgeworthii*）（图86）和喜马拉雅鹿藿（*Rhynchosia himalensis*）。

图85 重要草种束花铁马鞭（栽培草种的野生近缘种）

图86 重要草种毛荚苜蓿（栽培草种的野生近缘种）

图87 甘南低地草甸类草地（玛曲县阿万仓湿地草原）

（五）低地草甸类草地牧草资源

低地草甸类草地是在地下水位较高和土壤水分充足的情况下发育形成的以中生的多年生草本植物为主的一种草地类型（图87）。低地草甸类草地由于受土壤水分条件的限制，在不同的植被气候带都有分布。尽管荒漠地区的气候干旱，降水不足，但有地表径流汇集的低洼地或是地下水位较高的地方，也可形成具有非地带性或隐域性的分布特征。

低地草甸类草地地势低平，排水不畅，地下水位较高，地表常常临时性或季节性积水，特别是在雨季，地下水位显著升高，旱季地下水位下降。在干旱气候条件下，由于地下水水质矿化度较高，土壤发生不同程度的盐碱化，地表可见有盐霜、盐斑，甚至盐结皮，在荒漠地区更为突出。而在长江中下游湿润区，低地草甸类草地通常地势平坦，有机质丰富，不仅形成了以农田为主的重要土地资源，也有的由于群丛繁茂、草产量高、适口性好，形成了重要的放牧草地或打贮干草地，因而低地草甸类草地也是发展草食家畜的重要草地资源（图88～图90）。

图88　鄱阳湖区低地草甸类草地打贮灰化薹草干草

图89　华南沿海以双穗雀稗及铺地黍为优势种的低地草甸类草地

图90　江苏盐城以芦苇与白茅为优势种的低地草甸类草地

图91　低地草甸类草地优等牧草膜稃草

　　由于分布地区的不同，低地草甸类草地的类型比较复杂，饲用植物的组成比较丰富，南方低地草甸类草地的物种组成以热性草为主，常见的有禾本科膜稃草属、菰属、伪针茅属、雀稗属、黍属、假稻属、拂子茅属、鼠尾粟属、芦苇属、看麦娘属、棒头草属、牛鞭草属、甜茅属、菵草属、薏苡属物种，莎草科薹草属、蔗草属物种，蓼科蓼属物种等。其中，华南地区的低地草甸类草地常见禾本科草种有膜稃草（*Hymenachne amplexicaulis*）、菰（*Zizania latifolia*）、双穗雀稗、两耳草（*Paspalum conjugatum*）、海雀稗、瘦脊伪针茅（*Pseudoraphis sordida*）、铺地黍、水生黍（*Panicum dichotomiflorum*）、细柄黍（*P. sumatrense*）、糠稷（*P. bisulcatum*）、李氏禾、韩氏鼠尾粟（*Sporobolus hancei*）、毛鼠尾粟（*S. pilifer*）、拂子茅（*Calamagrostis epigeios*）、假苇拂子茅（*C. pseudophragmites*）、甜茅（*Glyceria acutiflora* subsp. *japonica*）、菵草（*Beckmannia syzigachne*）、看麦娘（*Alopecurus aequalis*）、棒头草（*Polypogon fugax*）、扁穗牛鞭草（*Hemarthria compressa*）、薏苡（*Coix lacryma-jobi*），莎草科草种有高秆莎草（*Cyperus exaltatus*）、硕大蔗草（*Actinoscirpus grossus*）、南水葱（*Schoenoplectus tabernaemontani*）、灰化薹草（*Carex cinerascens*）等，蓼科草种有水蓼（*Polygonum hydropiper*）、毛蓼（*P. barbatum*）、酸模叶蓼（*P. lapathifolium*）等。南方低地草甸类草地分布的优等牧草资源有膜稃草（图91）、扁穗牛鞭草、看麦娘、棒头草、薏苡，而双穗雀稗、海雀稗、瘦脊伪针茅、铺地黍、韩氏鼠尾粟及盐地鼠尾粟等属于优质的草坪草资源。豆科草种资源相对较少，主要有南苜蓿（*Medicago polymorpha*）（图92）、白三叶（*Trifolium repens*）、紫云英（*Astragalus sinicus*）及在海南发现的田菁属中国新记录种沼生田菁（*Sesbania javanica*）（图93）。

（六）温寒山地植被类草地牧草资源

　　在中亚热带以北的高海拔山地和西南高原区，形成了近似温带热量水平的植被，甚至在滇藏交界和川西北高原区有海拔超过5000 m的地段形成了高寒植被。温寒山地植被类草地是南方草地的北缘，其

图92 珍稀草种资源南苜蓿
（栽培草种的野生类型）

图93 低地草甸类草地重要豆科牧草沼生田菁
（中国新记录种）

地理气候特征、草地经营方式、农牧文化等有别于南方主体，为便于介绍，本部分将类似的草地植被一并简称为"温寒山地植被类"，主要包括暖性灌草丛类草地、山地草甸类草地、亚高山草甸类草地和高山草甸类草地（图94）。此类植被的土壤多为草甸土及黑钙土，土层一般发育良好，层次显著，结构多以团粒及团块为主，疏松湿润，富含有机质。温寒山地植被类的牧草种类甚为丰富，禾本科牧草主要有早熟禾属、羊茅属、披碱草属、雀麦属、鸭茅属、异燕麦属、野青茅属、剪股颖属、看麦娘属、短柄草属、落草属等物种；豆科牧草主要有黄芪属、苜蓿属、野豌豆属、百脉根属、棘豆属、锦鸡儿属、雀儿

图94 四川阿坝高山杂类草草甸

豆属、野决明属等物种；杂类草主要有薹草属、嵩草属、委陵菜属、山莓草属、马先蒿属、百合属、葱属、紫菀属、龙胆属、风毛菊属、虎儿草属、乌头属、翠雀属、橐吾属、鸦葱属、香青属、蒲公英属、地榆属、羽衣属、唐松草属、蔷薇属等物种。灌木主要有蔷薇科蔷薇属刺灌丛，金露梅（*Potentilla fruticosa*）和银露梅（*P. glabra*）灌丛，鲜卑花（*Sibiraea laevigata*）灌丛及杜鹃花属灌丛等。总体而言，温寒山地植被类在南方分布较为分散，主体在西南高原区，以下重点介绍云南和四川的情况。

1. 云南的温寒山地植被类草地牧草资源

云南的温寒山地植被类草地主要分布于滇西北和滇东北海拔2500 m以上的地区，按气候和植物组成的差异可分为三类。

第一类是温凉性中山草甸（图95），指中山湿性常绿阔叶林和云南铁杉分布线附近的次生草甸植被，主要分布在滇西北、滇东北、滇西和滇中海拔2500～3200 m的地区，滇东南海拔2500 m左右的中山顶部也有零星分布。温凉性中山草甸的主要优势种是黑穗画眉草（*Eragrostis nigra*）、长舌野青茅（*Deyeuxia arundinacea* var. *ligulata*）、翻白叶（*Potentilla griffithii* var. *velutina*）等，也混生有高山种类，如羊茅（*Festuca ovina*）、早花象牙参（*Roscoea cautleoides*）、伏毛虎耳草（*Saxifraga strigosa*）等，还有中山灌草丛的种类，如珠光香青（*Anaphalis margaritacea*）、蓟（*Cirsium japonicum*）等。从群落结构来看，温凉性中山草甸是由温性植被到亚高山植被的过渡。分布的豆科牧草有苜蓿属的小苜蓿（*Medicago minima*）、紫苜蓿（*M. sativa*）、天蓝苜蓿（*M. lupulina*）（图96），车轴草属的白三叶，百脉根属的百脉根（*Lotus corniculatus*）（图97），紫雀花属的紫雀花（*Parochetus communis*）（图98），黄芪属的地八角（*Astragalus bhotanensis*），野豌豆属的救荒野豌豆（*Vicia sativa*）、小巢菜（*V. hirsuta*）和歪头菜（*V. unijuga*），上述草种是栽培牧草的野生类型或野生近缘种，是调查收集的重点对象；另外

图95 滇东南温凉性中山草甸

图96 珍稀草种天蓝苜蓿（栽培草种的野生类型）

图97 珍稀草种百脉根（栽培草种的野生类型）

还分布有一些热性至暖性的过渡性草种，如山蚂蝗属的疏果山蚂蝗（*Desmodium griffithianum*）、饿蚂蝗（*D. multiflorum*）及圆锥山蚂蝗（*D. elegans*），后两者的分布海拔可达3700 m，还有两型豆属的锈毛两型豆（*Amphicarpaea ferruginea*）（图99），苦葛属的苦葛（*Toxicopueraria peduncularis*），葛属的食用葛（*Pueraria edulis*）（图100），山黑豆属的云南山黑豆（*Dumasia yunnanensis*）等。总体而言，温凉性中山草甸是热性草与温性草过渡的一个重要分水岭，这也是南方地区收集耐寒性较好的热性草种资源的一个关键区域，如上述山蚂蝗属或葛属等的一些重要育种材料在这一类型草地中非常丰富。在这一类型草地中，禾本科草种也发生由热性到暖性的过渡，从芒、蔗茅等草种资源逐步过渡出现雀麦属、黑麦草属、燕麦属、鸭茅属、披碱草属及羊茅属的草种。

图99 珍稀草种锈毛两型豆
（中国特有种，国家II级重点保护野生植物）

图98 代表性草种资源紫雀花

图100 珍稀草种食用葛（中国特有种）

图101 温寒性亚高山草甸（大海草山）

第二类是温寒性亚高山草甸（图101），指亚高山冷杉林分布线以上的草地，其下缘为温凉性中山草甸类草地，上缘是高山草甸。分布在滇西、滇西北、滇东北的高大山体上侧，如高黎贡山、碧罗雪山、哈巴雪山、玉龙雪山、梅里雪山、太子雪山、白马雪山、乌蒙山、大海草山、巧家药山等。草地的优势种主要是羊茅及菊科、龙胆科、玄参科、虎耳草科、毛茛科等的杂类草。常见的灌木有大白杜鹃（Rhododendron decorum）、单花遍地金（Hypericum monanthemum）、箭竹（Fargesia spathacea）等。杂类草常见于地形平坦、土壤水分适中或偏湿、土层深厚、土壤肥沃的地段，常形成生长季色彩艳丽的草甸季相景观，有西南鸢尾（Iris bulleyana）、苍山橐吾（Ligularia tsangchanensis）、大花鸡肉参（Incarvillea mairei var. grandiflora）、狭叶藜芦（Veratrum stenophyllum）、甘松香（Nardostachys jatamansi）、尼泊尔香青（Anaphalis nepalensis）、血满草（Sambucus adnata）、圆苞大戟（Euphorbia griffithii）、尼泊尔酸模（Rumex nepalensis）、冰川蓼（Polygonum glaciale）等。温寒性亚高山草甸类草地分布的重要豆科草种有云南高山豆（Tibetia yunnanensis）（图102）、黄花高山豆（T. tongolensis）、白三叶、红三叶（Trifolium pratense）、窄叶野豌豆（Vicia sativa subsp. nigra）、多茎野豌豆（V. multicaulis）、弯齿膨果豆（Phyllolobium

图102 滇西北亚高山草甸代表性草种云南高山豆

图103　以青藏垫柳、高山柏和嵩草为优势种的高山垫状灌丛（白马雪山）

camptodontum）等；禾本科有羊茅、鸭茅、丝颖针茅（*Stipa capillacea*）、华雀麦（*Bromus sinensis*）等。

　　第三类是寒性草地植被，包括高山草甸、高山矮灌丛及高山垫状灌丛（图103，图104），该类分布在亚高山草地植被之上，主要集中于滇西北的几座大雪山，如玉龙雪山、哈巴雪山、白马雪山、太子雪山和梅里雪山，海拔多在4000～5500 m，其上部为无植被或稀植被的流石滩。高山草甸是草地中的原生植被。高山草甸植被所处环境气候寒冷，组成植被的种类均具有耐寒、耐旱的生态适应性特征。按植物组成种类来分，主要由杂类草组成，常见的有玉龙嵩草（*Kobresia tunicata*）、黑褐薹草（*Carex atrofusca*）、重齿风毛菊（*Saussurea katochaete*）、蒲公英叶风毛菊（*S. taraxacifolia*）、康滇假合头菊（*Parasyncalathium souliei*）、圆穗蓼（*Polygonum macrophyllum*）、毛叶草血竭（*Polygonum paleaceum* var. *pubifolium*）、绿花矮泽芹（*Chamaesium viridiflorum*）、独一味（*Lamiophlomis rotata*）、向日垂头菊（*Cremanthodium helianthus*）、秀丽绿绒蒿（*Meconopsis venusta*）、大花福

图104　滇西北高原高山草甸和流石滩常见的垫状植物（密生福禄草）

禄草（*Arenaria smithiana*）、齿叶灯台报春（*Primula serratifolia*）、密毛银莲花（*Anemone demissa* var. *villosissima*）、柄果高山唐松草（*Thalictrum alpinum* var. *microphyllum*）、冰川景天（*Sedum sinoglaciale*）、流苏虎耳草（*Saxifraga wallichiana*）等。寒性草地的代表性豆科草种有黄芪属的无茎黄耆（*Astragalus acaulis*）（图105）、云南黄耆（*Astragalus yunnanensis*）（图106），野决明属的矮生野决明（*Thermopsis smithiana*）（图107），雀儿豆属的云雾雀儿豆（*Chesneya nubigena*）（图108）等。

图105　滇西北高原高寒草甸代表性草种无茎黄耆

图106　滇西北高山流石滩重要草种云南黄耆
（中国特有种）

图107　滇西北高原高山草甸和流石滩重要草种矮生野决明（中国特有种）

图108　滇西北高原高寒草甸代表性草种云雾雀儿豆

2. 四川的温寒山地植被类草地牧草资源

四川的温寒山地植被类草地主要分布于海拔2500 m以上的区域，按气候和植物组成也可分为三类。

第一类是温凉性中山草甸类草地，主要分布在凉山彝族自治州和攀枝花市境内，盆周山区的部分县也有零星分布，海拔2500～3200 m，地形多为山地缓坡和山顶平地。其植物群落由多年生、中生性草本组成，优势种的地区差异非常明显。在凉山彝族自治州与攀枝花市，群丛中西南野古草（*Arundinella hookeri*）常占主导地位，它的适应性强，分布广泛，在中山或亚高山均能见到，此外常见的优势种还有刺芒野古草（*Arundinella setosa*）、细叶芨芨草（*Achnatherum chingii*）、黑穗画眉草（*Eragrostis nigra*）、羊茅、西南委陵菜（*Potentilla lineata*）、珠芽蓼（*Polygonum viviparum*）、火绒草（*Leontopodium leontopodioides*）等。常见的伴生植物多达数十种，如高山豆（*Tibetia himalaica*）、蒿属植物、蓼属植物、微毛披碱草（*Elymus puberulus*）、短柄草（*Brachypodium sylvaticum*）等。在盆周山区的中山地段包括巫溪县、平武县、宝兴县和石棉县的山地草地中，优势种主要为杂类草，如薹草属、委陵菜属、银莲花属和蕨类植物，禾本科植物的比例较小。

第二类是亚高山疏林草甸类草地，主要分布在甘孜藏族自治州、阿坝藏族羌族自治州及凉山彝族自治州的高山峡谷区，海拔3000～4200 m，呈不连续的斑块状分布（图109，图110）。亚高山疏林草甸类

图109　四川阿坝亚高山疏林草甸类草地

图110　四川凉山七里坝亚高山疏林草甸类草地

草地是森林砍伐或火烧迹地在恢复过程中形成的过渡类型，以山体的阴坡、半阴坡和河谷沿岸较多。草种主要有糙野青茅（*Deyeuxia scabrescens*）、早熟禾（*Poa annua*）、垂穗披碱草（*Elymus nutans*）、嵩草（*Kobresia myosuroides*）、红棕薹草（*Carex przewalskii*）、珠芽蓼、报春花（*Primula malacoides*）、灯心草（*Juncus effusus*）、乌头（*Aconitum carmichaelii*）、唐松草（*Thalictrum aquilegiifolium* var. *sibiricum*）、驴蹄草（*Caltha palustris*）等。

　　第三类是寒性草地，分为高寒草甸类草地、高寒沼泽类草地、高寒灌丛草甸类草地。高寒草甸类草地是在高原、高山与寒冷湿润的自然条件下形成的以多年生、中生性草类为主的草地类型（图111），海拔通常在4000 m以上，植物组成较为简单，草层密集而低矮，主要有高山嵩草（*Kobresia pygmaea*）、四川嵩草（*K. setschwanensis*）、矮生嵩草（*K. humilis*）、红棕薹草（*Carex przewalskii*）、无脉薹草（*C. enervis*）等莎草科草种，禾本科牧草有羊茅、紫羊茅（*Festuca rubra*）、草地早熟禾（*Poa pratensis*）、垂穗披碱草（图112）、丝颖针茅（*Stipa capillacea*）、发草（*Deschampsia cespitosa*）等，其他杂类草有

图111 四川阿坝高寒草甸类草地

图112 高寒草甸类草地中重要草种垂穗披碱草（栽培草种的野生类型）

低矮的珠芽蓼、圆穗蓼、风毛菊属植物、龙胆科植物、毛茛科植物，而豆科牧草较少，只有黄芪属、棘豆属及野决明属的少数几种。

高寒沼泽类草地是川西高原在特定的自然环境条件下形成的一种以沼生植物为主，间有水生植物的草地类型（图113），集中分布于阿坝藏族羌族自治州的若尔盖县、红原县和阿坝县，甘孜藏族自治州的石渠县、色达县、理塘县、雅江县、稻城县也有一定分布，草种以喜湿的莎草科物种为主，薹草属、嵩草属的物种是优势类群，还有羊胡子草（*Eriophorum scheuchzeri*）、金莲花（*Trollius chinensis*）、银莲花（*Anemone cathayensis*）、花葶驴蹄草（*Caltha scaposa*）、矮地榆（*Sanguisorba filiformis*）等杂类草，禾本科草种主要有芦苇（*Phragmites australis*）、甜茅（*Glyceria acutiflora* subsp. *japonica*）及少量发草、野青茅（*Deyeuxia pyramidalis*），而豆科草种极为少见。

高寒灌丛草甸类草地是以耐寒的多年生、中生性草本植物与灌丛相复合形成的（图114），分布范围遍及甘孜藏族自治州、阿坝藏族羌族自治州、凉山彝族自治州三个自治州全境，以及盆周山区的雅安

图113 川西高原高寒沼泽类草地

图114 高寒灌丛草甸类草地（甘孜藏族自治州）

市、攀枝花市和绵阳市的北川羌族自治县、平武县等的高山地区；虽然高寒灌丛草甸与高寒草甸的群落组成相似，但也有其自身的特点，在高海拔地区，灌丛呈密集的团块状分布，灌丛中几乎不长草，而在丛间空隙上形成群丛，有时灌丛呈均匀的星状分布，丛间有一定距离，但空隙狭小，草本植物也均匀地生长在狭窄的丛间空隙，禾本科牧草多围绕着灌丛边缘生长，其他匍匐状、莲座状牧草则生长在丛间空隙的中心。这一类型草地中高寒性豆科草种分布较多，主要有黄芪属、棘豆属、野决明属、岩黄耆属、米口袋属、锦鸡儿属等的物种，禾本科草种主要有羊茅、雀麦（*Bromus japonicus*）、旱雀麦（*B. tectorum*）、草地早熟禾（*Poa pratensis*）、疏花早熟禾（*P. polycolea*）、藏异燕麦（*Helictotrichon tibeticum*）、黑紫披碱草（*Elymus atratus*）、垂穗披碱草、圆柱披碱草（*Elymus dahuricus* var. *cylindricus*）、发草、糙毛以礼草（*Kengyilia hirsuta*）等（图115～图118）。

图115　川西高原高寒草地植被的珍稀草种黑紫披碱草
（中国特有种，国家II级重点保护野生植物）

图116　川西高原高寒草地植被的珍稀草种短芒披碱草
（中国特有种，国家II级重点保护野生植物）

图117　川西高原高寒草地植被的草种糙毛以礼草
（栽培草种的野生类型）

图118　川西高原高寒草地植被的草种锡金岩黄耆

资源篇

稻属
Oryza L.

稻 | *Oryza sativa* L.

形态特征 一年生，直立草本。秆高约1.2 m。叶鞘松弛，无毛；叶舌披针形，长10～25 mm，2枚镰形叶耳抱茎；叶片线状披针形，长40 cm左右，宽约1 cm，粗糙。圆锥花序大型疏展，长约30 cm，分枝多，棱粗糙，成熟期向下弯垂；小穗含1成熟花，两侧压扁，长圆状卵形至椭圆形，长约10 mm，宽2～4 mm；颖极小，仅在小穗柄先端留下半月形的痕迹，退化外稃2枚，锥刺状，长2～4 mm；两侧可育外稃质厚，具5脉，中脉成脊，表面有方格状小乳状突起，厚纸质；内稃与外稃同质，具3脉，先端尖而无喙；雄蕊6枚，花药长2～3 mm。颖果长约5 mm，宽约2 mm，厚1～1.5 mm。

生境与分布 原产亚洲热带地区，现广泛种植于世界热带至温带地区。

饲用价值 稻是我国的主要粮食作物，栽培面积大、覆盖区域广，其秸秆和加工过程产生的米糠可供饲用，尤其秸秆是冬季粗饲料的重要来源。其化学成分见下表。

稻的化学成分（%）

样品情况	占干物质					钙	磷
	粗蛋白	粗脂肪	粗纤维	无氮浸出物	粗灰分		
稻草　绝干	7.42	1.25	35.41	38.92	17.00	0.12	0.05

数据来源：中国热带农业科学院热带作物品种资源研究所

疣粒稻 | *Oryza meyeriana* subsp. *granulata* (Nees et Arnott ex Watt) Tateoka

形态特征　多年生，披散草本，具短根茎。秆高30～70 cm，压扁，具5～9节。叶鞘无毛，长5～8 cm，短于节间；叶舌长约2 mm，无毛，具明显叶耳；叶片线状披针形，长5～20 cm，宽6～20 mm，腹面沿脉有锯齿状粗糙，背面平滑，干时内卷。圆锥花序直立，长3～12 cm，分枝2～5枚，上升，疏生小穗；小穗长圆形，长约6 mm，约为宽的3倍，浅绿色；颖退化仅留痕迹；不育外稃锥状，长约1 mm，具1脉，无毛，可育外稃无芒，顶端钝或有短小的3齿，表面具不规则小疣点；雄蕊6枚，花药长3.5～4.5 mm，黄白色；柱头2，白色。颖果长3～4 mm。花果期10月至翌年2月。

生境与分布　生于丘陵、林地中。产广东、海南、云南、广西。

利用价值　疣粒稻是禾本科珍稀濒危植物，具有重要的研究价值，近年来其居群数量一直在萎缩，为引起重视、加强保护，予以收录。

植株

秆叶局部

花序

节部特征

小穗

叶舌、叶耳

药用稻 | *Oryza officinalis*
Wallich ex Watt

形态特征 多年生，直立草本。秆高1.5～3 m，具8～15节。叶鞘长约40 cm；叶舌膜质，长约4 mm；叶耳不明显；叶片宽大，线状披针形，长30～80 cm，宽2～3 cm。圆锥花序大型、疏散，长30～50 cm，主轴节间长约5 cm，分枝长10～15 cm，3～5枚着生于各节；小穗柄长1～4 mm；顶端具2枚半月形退化颖片；小穗长4～5 mm，宽约2.5 mm，不育外稃线状披针形，长约2 mm，成熟花外稃阔卵形，脊上部或边脉生疣基硬毛；芒自外稃顶端伸出，长10～25 mm；内稃与外稃同质，花药长约2.5 mm。颖果扁平，红褐色，长约3.2 mm，宽约2 mm。

生境与分布 喜热带湿润气候。生于海拔600～1100 m丘陵山坡中下部的冲积地和沟边。产广东、海南、广西、云南等，近年其生境多受干扰，野外居群逐渐缩小，海南、云南西双版纳等设有原生境保护点。

利用价值 药用稻在海南省保亭黎族苗族自治县南林乡一带曾经分布较多，当地喜刈割作水牛的青饲料。因生境受干扰其居群面积一直在缩小，现属受保护的禾本科珍稀濒危植物资源，予以收录。

株丛

叶耳

节部特征

花序

小穗

小穗解剖

假稻属
Leersia Sol. et Swartz

蓉 草 | *Leersia oryzoides* (L.) Swartz

形态特征 多年生，直立草本，具根状茎。秆下部倾卧，节着地生根，高约1 m，具分枝，节生鬓毛。叶鞘被倒生刺毛；叶片长10～30 cm，宽6～10 mm。圆锥花序疏展，长15～20 cm，宽10～15 mm，分枝具3～5枚小枝，长达10 cm；小穗长5～6 mm，宽1.5～2 mm，长椭圆形，先端具短脉，基部具短柄；外稃压扁，散生糙毛，脊具刺状纤毛；内稃与外稃相似，较窄而具3脉，脊上生刺毛；雄蕊3枚，花药长2～3 mm。有时上部叶鞘中具隐藏花序，其小穗多不发育，花药长0.5 mm。花果期6～9月。

生境与分布 生于海拔400～1100 m的河岸、沼泽、湿地。华东、华南、华中及西南均有分布。

饲用价值 秆叶可作牲畜饲料，牛喜食，以放牧利用为主，属良等牧草。其化学成分见下表。

蓉草的化学成分（%）

样品情况	占干物质					钙	磷
	粗蛋白	粗脂肪	粗纤维	无氮浸出物	粗灰分		
抽穗期 绝干	7.46	2.08	36.66	38.57	15.23	0.15	0.14

数据来源：中国热带农业科学院热带作物品种资源研究所

株丛

小穗

秆叶局部

花序

李氏禾 | *Leersia hexandra*
Swartz

形态特征　多年生，直立草本。秆下部伏卧地面，上部向上斜升，高60～80 cm，节密生倒毛。叶鞘短于节间；叶舌长1～3 mm，基部两侧下延与叶鞘连合；叶片长6～15 cm，宽4～8 mm。圆锥花序长9～12 cm，分枝平滑，直立或斜升，稍压扁；小穗长5～6 mm，带紫色；外稃具5脉，脊具刺毛；内稃具3脉，中脉生刺毛；雄蕊6枚，花药长3 mm。花果期夏秋季。

生境与分布　喜生于池塘、溪沟、湖旁等水湿地。江苏、浙江、湖南、湖北、四川、贵州、广西、广东、海南等均有分布。

饲用价值　李氏禾是长江以南低海拔地区低地草甸类草地的标志性草种，通常形成单优种种群，利用价值较高。适口性好，各类家畜和家禽喜食，适于刈割利用或放牧水牛，属良等牧草。其化学成分见下表。

李氏禾的化学成分（%）

样品情况	占干物质					钙	磷
	粗蛋白	粗脂肪	粗纤维	无氮浸出物	粗灰分		
抽穗期　绝干	7.58	2.02	37.52	38.37	14.51	0.32	0.12

数据来源：中国热带农业科学院热带作物品种资源研究所

生境

花期群体

株丛

花序

花序局部

节部特征

秆叶局部

山涧草属
Chikusichloa Koidz.

无芒山涧草 | *Chikusichloa mutica* Keng

形态特征　多年生，直立草本。叶鞘平滑，长于节间，背部压扁具脊；叶舌纸质，长约4 mm；叶片披针状线形，长约40 cm，宽约1.5 cm，中脉粗壮，下面隆起，具小横脉。顶生圆锥花序紧缩，长达40 cm，宽约10 cm；分枝细长，贴生或上升；小穗含1小花，披针形，长约4 mm；颖退化；外稃具5脉，脉上生微刺毛，顶端渐尖而无芒，基盘柄状；内稃稍短于外稃，窄披针形，具3脉，脉上具微刺；雄蕊1枚，花药长约2 mm。颖果深棕色，长约2 mm。花果期8～10月。

生境与分布　喜热带、亚热带湿润气候。多见于山涧溪沟边。华南、华中山区涧溪沟边常见。

饲用价值　草质柔软，营养丰富，属具有栽培价值的良等牧草。

鞘口

根系

花序局部

株丛

生境

菰属
Zizania L.

菰 | *Zizania latifolia*
(Griseb.) Stapf

形态特征 多年生，直立草本，具匍匐根状茎。秆高大直立，高1～2 m，直径约1 cm，具多节。叶鞘长于其节间；叶舌膜质，长约1.5 cm；叶片扁平宽大，长50～90 cm，宽15～30 mm。圆锥花序长30～50 cm；雄小穗长10～15 mm，两侧压扁，着生于花序下部，带紫色，外稃具5脉，内稃具3脉，中脉成脊，具毛，雄蕊6枚，花药长5～10 mm；雌小穗圆筒形，长18～25 mm，宽1.5～2 mm，外稃之5脉粗糙，芒长20～30 mm，内稃具3脉。颖果圆柱形，长约12 mm。

生境与分布 喜沼生，多栽培，也有野生分布。四川、云南、湖北、湖南、江西、福建、广东、海南等常见。

饲用价值 秆、叶属优质牧草，各种家畜均喜食，以牛最为喜食，尤其是奶牛。菰含有较多的粗蛋白，用菰饲喂奶牛不但可以增加牛奶产量，而且可以提高奶中蛋白质、脂肪的含量，属优等饲用植物。其化学成分见下表。

菰的化学成分（%）

样品情况	占干物质					钙	磷
	粗蛋白	粗脂肪	粗纤维	无氮浸出物	粗灰分		
营养期 绝干	14.04	3.26	20.70	50.20	11.80	0.49	0.22

数据来源：福建省农业科学院农业生态研究所

花序

野生居群

小穗

叶舌

匍匐根状茎

颖果与外稃

类芦属
Neyraudia Hook. f.

类 芦 | *Neyraudia reynaudiana* (Kunth.) Keng

形态特征　多年生，直立草本，具木质根状茎。秆高2～3 m，直径5～10 mm。叶鞘无毛；叶舌密生柔毛；叶片长30～60 cm，宽5～10 mm，扁平或卷折，顶端长渐尖。圆锥花序长30～60 cm，分枝细长，开展；小穗长6～8 mm，含5～8小花，第一外稃不育，无毛；颖片短小，长2～3 mm；外稃长约4 mm，边脉生有长约2 mm的柔毛，顶端具长1～2 mm向外反曲的短芒；内稃短于外稃。花果期8～12月。

生境与分布　适应性较强。河边、山坡或砾石滩常有分布，尤其在低海拔沟谷两岸山坡草地最为常见。海南、广东、福建、广西和云南等有分布。

饲用价值　幼嫩时可作牛、马饲料，老化后牲畜仅采食其叶尖，为草质一般的牧草。其化学成分见下表。

类芦的化学成分（%）

样品情况	干物质	占干物质					钙	磷
		粗蛋白	粗脂肪	粗纤维	无氮浸出物	粗灰分		
抽穗期　干样	90.00	7.62	2.83	39.84	42.60	7.10	0.66	0.14
拔节期　干样	88.06	8.95	4.64	38.23	38.85	9.33	1.24	0.14

数据来源：贵州省草业研究所

小穗　秆节　鞘口

生境及株丛

花序

叶舌

笋部特征

芦苇属
Phragmites Adans.

卡开芦 | *Phragmites karka*
(Retz.) Trin. ex Steud.

形态特征 多年生，直立草本，具发达根状茎。叶鞘平滑，具横脉；叶舌长约1 mm；叶片扁平宽广，长达50 cm。圆锥花序大型，主轴直立，长约25 cm；穗颈无毛；小穗柄长5 mm；小穗长8～10 mm，含4～6小花；颖窄椭圆形，具1～3脉，顶端渐尖，第一颖长约3 mm，第二颖长约5 mm，第一外稃长6～9 mm，第二外稃长约8 mm；基盘细长，疏生长约5 mm较短的丝状柔毛，毛长为稃体。花果期8～12月。

生境与分布 喜潮湿生境。多见于海拔1000 m以下的江河湖岸与溪旁湿地。海南、广东、福建、广西和云南南部等有分布。

饲用价值 幼期适口性良好，水牛喜采食，适宜放牧利用，属良等牧草。其化学成分见下表。

卡开芦的化学成分（％）

样品情况	占干物质					钙	磷
	粗蛋白	粗脂肪	粗纤维	无氮浸出物	粗灰分		
营养期 绝干	8.70	1.37	36.48	36.12	17.33	0.49	0.24

数据来源：中国热带农业科学院热带作物品种资源研究所

笋

小穗

株丛

节部分枝

鞘口特征

秆节特征

秆叶局部

芦苇 | *Phragmites australis* (Cav.) Trin. ex Steud.

形态特征 多年生，大型直立草本。叶舌边缘密生一圈长约1 mm的短纤毛；叶片披针状线形，长约30 cm，宽约2 cm。圆锥花序大型，长约40 cm，宽约10 cm；小穗柄长2~4 mm；小穗长约12 mm；颖具3脉，第一颖长4 mm；第二颖长约7 mm；第一小花雄性，外稃长约12 mm，第二外稃长11 mm，具3脉，顶端长渐尖；基盘延长，两侧密生等长于外稃的丝状柔毛；内稃长约3 mm，两脊粗糙；雄蕊3枚，花药长约2 mm，黄色。颖果长约1.5 mm。

生境与分布 水生草本，生于各类低海拔湿地，繁殖能力强，常形成连片的芦苇群落。华东、华南、华中及西南均有分布。

饲用价值 嫩茎叶饲用价值较高，可用于马、牛等大畜放牧，还可作刈割青贮利用，青贮之后适口性更佳。其化学成分见下表。

芦苇的化学成分（%）

样品情况	干物质	占干物质					钙	磷
		粗蛋白	粗脂肪	粗纤维	无氮浸出物	粗灰分		
营养期　干样	72.31	11.98	2.88	32.97	43.77	8.40	1.07	0.38

数据来源：湖北省农业科学院畜牧兽医研究所

粽叶芦属
Thysanolaena Nees

粽叶芦 | *Thysanolaena latifolia*
(Roxburgh ex Hornemann) Honda

形态特征　多年生，丛生直立大型草本。秆高2～3 m，直立粗壮。叶鞘无毛；叶舌长1～2 mm，截平；叶片披针形，长20～50 cm，宽3～8 cm。圆锥花序大型，长达50 cm；小穗长1.5～1.8 mm，小穗柄长约2 mm；颖片无脉，长为小穗的1/4；第一花仅具外稃，约等长于小穗；第二外稃卵形，具3脉，顶端具小尖头；边缘被柔毛；内稃膜质，较短小；花药长约1 mm，褐色。颖果长圆形，长约0.5 mm。

生境与分布　喜热带湿润气候。生于山坡、山谷或灌丛中。福建、广东、广西、贵州、云南等有分布。

饲用价值　幼嫩时牛、羊采食，但草质较差。其化学成分见下表。

粽叶芦的化学成分（%）

样品情况	占干物质					钙	磷
	粗蛋白	粗脂肪	粗纤维	无氮浸出物	粗灰分		
嫩梢　绝干	12.38	3.81	36.33	40.58	6.90	0.23	0.19

数据来源：中国热带农业科学院热带作物品种资源研究所

株丛

鞘口

成熟期花序

植株基部

花序局部

节部特征

叶片着生形态

酸模芒属
Centotheca Desv.

酸模芒 | *Centotheca lappacea*
(L.) Desv.

形态特征 多年生，直立草本。叶鞘平滑，一侧边缘具纤毛；叶舌干膜质，长约1.5 mm；叶片椭圆状披针形，长约10 cm，宽约2 cm，具横脉。圆锥花序长约30 cm；小穗柄生微毛，长2～4 mm；小穗含2～3小花，长约5 mm；颖披针形，具3～5脉，第一颖长2～2.5 mm，第二颖长约3 mm；第一外稃长约4 mm，具7脉，顶端具小尖头，第二外稃与第三外稃长3～3.5 mm，两侧边缘贴生硬毛，成熟后其毛形成倒刺；内稃长约3 mm，狭窄，脊具纤毛；雄蕊2枚，花药长约1 mm。颖果椭圆形。花果期6～10月。

生境与分布 喜荫蔽。多生于林下、林缘和山谷荫蔽处。海南、广东、广西及云南常见。

饲用价值 酸模芒叶量大，抽穗前秆叶柔嫩，适口性佳，为牲畜的优质饲料，抽穗后小穗稃体形成倒刺影响家畜采食，适宜抽穗前刈割或放牧利用，属良等牧草。其化学成分见下表。

酸模芒的化学成分（%）

样品情况		占干物质					钙	磷
		粗蛋白	粗脂肪	粗纤维	无氮浸出物	粗灰分		
营养期	绝干	9.24	1.81	31.22	48.81	8.92	0.33	—
抽穗期	绝干	8.26	1.31	36.24	45.49	8.70	0.31	—

数据来源：中国热带农业科学院热带作物品种资源研究所

花序局部

叶舌

鞘口

株丛

秆叶局部

小穗特写

节部

淡竹叶属
Lophatherum Brongn.

淡竹叶 | *Lophatherum gracile* Brongn.

形态特征 多年生，直立草本，具纺锤形小块根。叶舌质硬，长约1 mm；叶片披针形，长约12 cm，宽约2.5 cm，具横脉，基部收窄成柄状。圆锥花序长约25 cm；小穗线状披针形，长7～12 mm，宽1.5～2 mm，第一颖长3～4.5 mm，第二颖长约5 mm；第一外稃长5～6.5 mm，宽约3 mm，具7脉，顶端具尖头，内稃较短，其后具长约3 mm的小穗轴；不育外稃向上渐狭小，互相密集包卷，顶端具长约1.5 mm的短芒；雄蕊2枚。颖果长椭圆形。花果期6～10月。

生境与分布 喜热带、亚热带湿润气候。生于山坡、林地、林缘、道旁的荫蔽处。江苏、安徽、浙江、江西、福建、台湾、湖南、广东、广西、四川、云南等有分布。

饲用价值 茎叶较柔软，黄牛及山羊均喜食，常以放牧利用。其化学成分见下表。

淡竹叶的化学成分（%）

样品情况		占干物质					钙	磷
		粗蛋白	粗脂肪	粗纤维	无氮浸出物	粗灰分		
营养期	绝干[1]	10.96	1.87	33.04	44.61	9.52	0.38	0.17
抽穗期	绝干[1]	9.91	1.67	35.90	41.84	10.68	0.49	0.21
营养期	绝干[2]	18.96	3.11	30.55	39.80	7.58	—	—

数据来源：1. 中国热带农业科学院热带作物品种资源研究所；2. 重庆市畜牧科学院

秆叶局部

根系

花序

小穗

植株

花序局部，示小穗着生形态

羊茅属
Festuca L.

羊 茅 | *Festuca ovina* L.

形态特征 多年生，密丛直立草本。高15～35 cm。叶鞘无毛；叶片内卷，质较软，长约12 cm，宽约1 mm。圆锥花序紧缩，长约5 cm，宽约5 mm；分枝稍粗糙；小穗绿色或带紫色，长4～6 mm，含3～6小花；第一颖长1.5～3 mm，具1脉，第二颖长约4 mm，具3脉；第一外稃长圆状披针形，长3～5 mm；花药黄色或淡紫色，长约2 mm。颖果矩圆形，红棕色，长约2 mm，先端无毛。

生境与分布 中旱生植物，在中等湿润或稍干旱的土壤上生长良好，抗寒性也较强。西北、西南、东北和内蒙古草原区均有分布，为高山、亚高山草甸和高寒草原常见草种之一。

饲用价值 羊茅分蘖力强，营养枝发达，茎生叶丰富，茎秆柔软，耐低温，返青早，枯黄晚，冬季地上部不全枯黄。在夏末秋初，尚能第二次再生，对牲畜脂肪的沉积和分配具有重要作用，牧民称之为"上膘草"。青绿季节羊、马、牛喜食，属优等牧草。其化学成分见下表。

羊茅的化学成分（%）

样品情况		占干物质					钙	磷
		粗蛋白	粗脂肪	粗纤维	无氮浸出物	粗灰分		
抽穗期	绝干	13.21	2.98	39.46	33.21	11.14	0.87	0.41

数据来源：四川农业大学

栽培群体

生境

叶片

株丛

小穗

株丛花序

花序特写

小颖羊茅 | *Festuca parvigluma* Steud.

形态特征 多年生，直立草本，具短根茎。秆细弱，平滑无毛，高30～80 cm。叶鞘常短于节间；叶舌干膜质，长约1 mm；叶片扁平，长10～30 cm，宽约5 mm；叶横切面具维管束15～23。圆锥花序疏松柔软，长10～20 cm；小穗轴微粗糙，节间长约0.8 mm；小穗淡绿色，长7～9 mm，含3～5小花；颖片卵圆形，背部平滑，边缘膜质；第一外稃长6～7 mm；内稃等长于外稃，脊平滑，顶端尖；花药长约1 mm；子房顶端具短毛。

生境与分布 生于海拔1000～3700 m的山坡草地、林下、河边草丛、灌丛等。华东、华中、西南及陕西秦岭南坡均有分布。

饲用价值 适口性好，牛、马、羊喜食，属优等牧草。其化学成分见下表。

小颖羊茅的化学成分（%）

样品情况		干物质	占干物质					钙	磷
			粗蛋白	粗脂肪	粗纤维	无氮浸出物	粗灰分		
结实期	干样	93.17	15.77	3.98	27.33	42.19	10.73	0.67	0.34

数据来源：湖北省农业科学院畜牧兽医研究所

生境 株丛

花序

小穗

鞘口

紫羊茅 | *Festuca rubra* L.

形态特征　多年生，丛生直立草本。高30～70 cm，具2～3节。叶鞘粗糙；叶舌平截，具纤毛；叶片对折或边缘内卷，长5～20 cm，宽1～2 mm。圆锥花序狭窄，长7～13 cm，每节具1～2分枝，分枝粗糙，长2～4 cm，直立；小穗淡绿色或深紫色，长7～10 mm，小穗轴节间长约0.8 mm；颖片披针形，背部微粗糙，边缘窄膜质；外稃顶端芒长1～3 mm，内稃近等长于外稃，含3～6枚小花，花药长2～2.5 mm。颖果长菱形，不易脱落。

生境与分布　生于亚高山草甸、高山草甸、河滩、路旁、灌丛、林下等。在天然草地中常生长成丛密的草层，形成草甸，也可在潮湿的沙质土壤中形成丰茂的草丛。东北、华北、西南、西北等均有分布。

饲用价值　除抽穗开花时，其他时期外观似茎的部分几乎全部是由叶片和叶鞘组成的"叶类茎"，所占的比例非常高，且质地柔软，利用率高，主要用于放牧，亦可用于调制干草，干草适口性良好、营养均衡，牛、羊、兔等各种家畜和鹅等家禽均喜食。其化学成分见下表。

紫羊茅的化学成分（%）

样品情况	干物质	占干物质					钙	磷
		粗蛋白	粗脂肪	粗纤维	无氮浸出物	粗灰分		
抽穗期　干样	99.37	5.06	3.39	30.85	53.64	7.05	—	—

数据来源：四川农业大学

株丛局部

栽培草地

秆叶局部

花序

小穗

素羊茅 | *Festuca modesta* Steud.

形态特征 多年生，直立草本。叶片扁平，无毛，上面光滑，下面及边缘微粗糙，长约20 cm。圆锥花序开展，长约25 cm；小穗灰绿色，长约9 mm；小穗轴节间长约2 mm；颖片背部平滑，边缘膜质，第一颖窄披针形，长约2 mm，顶端渐尖，第二颖椭圆状披针形，长约5 mm，具3脉；外稃背部粗糙，具5脉，边缘膜质且粗糙；内稃近等长于外稃，顶端2裂，具2脊；花药淡黄色，长约2.8 mm。颖果长约4 mm，顶端有毛。花果期5～8月。

生境与分布 生于山坡草地、灌丛及山谷阴湿处。四川及云南有分布。

饲用价值 青饲以秋季最好，春季居中，夏季最低，但调制的干草各种家畜均喜食。在人工栽培的情况下，生长期可达10年之久。可作单一的人工草地，也可与其他禾本科牧草或豆科牧草混播，提高牧草质量。其化学成分见下表。

素羊茅的化学成分（%）

样品情况	干物质	占干物质					钙	磷
		粗蛋白	粗脂肪	粗纤维	无氮浸出物	粗灰分		
抽穗期　干样	90.12	18.15	4.33	26.59	41.82	9.11	0.56	0.17

数据来源：湖北省农业科学院畜牧兽医研究所

株丛

花序

小穗

根系

节部

叶舌

中华羊茅 | *Festuca sinensis* Keng ex E. B. Alexeev

形态特征 多年生，丛生草本。秆直立，基部稍倾斜，高50～90 cm。叶鞘松弛，无毛；叶舌革质，具短纤毛；叶片长6～16 cm，宽2.5～3.5 mm。圆锥花序开展，长12～19 cm，主枝细弱，中部以下裸露，上部具1～2分枝，小枝具2～4小穗，小穗含3～4小花，小穗长8～10 mm，淡绿色或稍带紫色；颖先端渐尖，第一颖长5～6 mm，第二颖长7～8 mm；外稃长圆状披针形，内稃狭长圆形；花药长1.2～1.8 mm。颖果成熟时紫褐色。

生境与分布 生于海拔3500～4800 m的宽谷河滩、溪边、山地高寒草甸、高寒灌丛或林缘草地。在湿润的河滩地和阳坡上，常以亚优势种或主要伴生种出现。四川、西藏等草原地区亦有分布。

饲用价值 抽穗前草质柔软，为马、牛、羊、骡、驴最喜食，开花后品质下降，制成青干草仍为各类牲畜所喜食。可建立单一人工草地，也可与其他豆科牧草混播建植人工草地。其化学成分见下表。

中华羊茅的化学成分（%）

样品情况	占干物质					钙	磷
	粗蛋白	粗脂肪	粗纤维	无氮浸出物	粗灰分		
抽穗期 绝干	14.52	3.26	28.72	45.97	7.53	0.44	0.33
开花期 绝干	13.66	2.91	32.23	44.26	6.94	0.32	0.22

数据来源：四川农业大学

花序

栽培草地

花序局部

柯鲁柯中华羊茅 | *Festuca sinensis*
Keng ex E. B. Alexeev 'Keluke'

品种来源 西南民族大学申报，2017年通过四川省草品种审定委员会审定；登记为育成品种，品种登记号为2017009；申报者为陈有军、周青平、魏小星、陈仕勇、田莉华。

形态特征 多年生，直立草本。秆高55～80 cm，直径5～6.2 mm，茎节黑紫色；基生叶发达。圆锥花序展开，花序长13～22 cm；小穗长10～15 mm；外稃长圆状披针形，具5脉，通常顶部具0.8～2 mm短芒，内稃狭长圆形。

生物学特性 耐寒、耐旱、耐贫瘠，适宜在青藏高原半湿润区、干旱半干旱区种植，生育期为102～112天。可与多年生、一年生牧草混播建植人工草地，宜刈割、宜放牧。草质优良，适口性佳。其化学成分见下表。

栽培要点 寒温带地区适宜5月至6月中旬播种，进行机械播种时播前需进行脱芒处理。种子生产以条播为宜，行距30～35 cm，播种量为15～22.5 kg/hm²；牧草生产可条播亦可撒播，行距25～30 cm，播种量为22.5～300 kg/hm²，撒播时播种量为30～37.55 kg/hm²，出苗后及时防除阔叶杂草，以免影响幼苗的生长，苗期及时施肥，种子生产以磷肥、钾肥为主，少施氮肥；牧草生产时应在拔节期追施75～1200 kg/hm²尿素和45～755 kg/hm²复合肥。

柯鲁柯中华羊茅的化学成分（%）

样品情况	占干物质					钙	磷
	粗蛋白	粗脂肪	粗纤维	无氮浸出物	粗灰分		
开花期 绝干	14.28	7.33	27.33	42.83	8.23	0.52	0.31

数据来源：西南民族大学

株丛

花序

苇状羊茅 | *Festuca arundinacea* Schreb.

形态特征 多年生，直立草本。秆高80～100 cm，直径约3 mm。叶鞘通常平滑无毛，稀基部粗糙；叶舌长约1 mm；叶片扁平，长10～30 cm，宽4～8 mm。圆锥花序疏松开展，长20～30 cm，分枝粗糙；小穗轴微粗糙；小穗绿色带紫色，成熟后呈麦秆黄色，长10～13 mm，含4～5小花；颖片披针形，边缘宽膜质，第一颖具1脉，长3.5～6 mm，第二颖具3脉，长5～7 mm；外稃背部、上部及边缘粗糙，顶端无芒或具短尖，第一外稃长8～9 mm；内稃稍短于外稃，两脊具纤毛；花药长约4 mm；子房顶端无毛。颖果长约3.5 mm。花果期7～9月。

生境与分布 生于海拔700～1200 m的河谷、灌丛、林缘等潮湿处。新疆、内蒙古、陕西、甘肃、青海、江苏等有栽培。

饲用价值 叶量丰富，草质较好，适宜刈割青饲或晒制干草。为确保其适口性和营养价值，刈割应在抽穗期进行。其化学成分见下表。

苇状羊茅的化学成分（%）

样品情况		占干物质					钙	磷
		粗蛋白	粗脂肪	粗纤维	无氮浸出物	粗灰分		
拔节期	绝干[1]	14.43	4.12	29.90	41.24	10.31	—	—
初花期	绝干[2]	15.20	3.57	27.10	49.32	4.71	0.38	0.32

数据来源：1. 四川农业大学；2. 西南民族大学

栽培草地

花序

小穗

鞘口

花序局部（小花开放）

长江 1 号苇状羊茅 | *Festuca arundinacea*
Schreb. 'Changjiang No. 1'

品种来源 四川省草原工作总站与四川长江草业研究中心、四川省阳平种牛场、四川省达州市饲草饲料站联合申报，2003年通过全国草品种审定委员会审定；登记为育成品种，品种登记号为260；申报者为何丕阳、张新跃、何光武、陈艳宇、刘开全。

形态特征 多年生，丛生草本，且有短根茎。秆直立而粗硬，高80～130 cm。叶鞘通常平滑无毛；叶舌长约1 mm；叶片扁平，长约30 cm。圆锥花序疏松开展，长20～30 cm；小穗绿色带紫色，长约13 mm，含4～5小花；第一颖具1脉，长3.5～6 mm，第二颖具3脉，长5～7 mm；外稃背部、上部及边缘粗糙，顶端无芒，第一外稃长8～9 mm；内稃稍短于外稃，两脊具纤毛；花药长约4 mm；子房顶端无毛。

生物学特性 适应性强，能在多种气候条件和生态环境中生长。一般9～10月播种，翌年4月抽穗开花，6月初种子成熟。春秋两季生长较快，夏季因伏旱生长相对缓慢，最佳生长温度为20～30℃，全年无明显的枯黄期。适宜在长江中下游中低山、丘陵、平原地区种植。

饲用价值 青绿期长，耐牧性强；刈割青饲适口性较好，马、牛、羊均喜食。生产干草时，干物质产量可达14 981 kg/hm²，干草饲用价值高。其化学成分见下表。

栽培要点 播种前，精细整地，挖好排水沟；春季或秋季播种；条播行距20～35 cm，播深0.5～1.0 cm，播种量15 kg/hm²；苗期除杂草；出苗后适施氮肥。生长到30～50 cm即可刈割，留茬高度5～8 cm，每刈割一次，适施尿素60～90 kg/hm²。

长江1号苇状羊茅的化学成分（%）

样品情况	占干物质					钙	磷
	粗蛋白	粗脂肪	粗纤维	无氮浸出物	粗灰分		
拔节期　绝干	19.45	4.65	27.06	40.81	8.03	0.77	0.24

数据来源：四川农业大学

栽培草地

花序

草地近景

秆叶局部

秆节特征

黔草1号高羊茅 | *Festuca arundinacea* Schreb. 'Qiancao No. 1'

品种来源 贵州省草业研究所、贵州阳光草业科技有限责任公司和四川农业大学共同申报，2005年通过全国草品种审定委员会审定；登记为野生栽培品种，品种登记号299；申报者为吴佳海、牟琼、王小利、唐成斌、张新全。

形态特征 多年生，疏丛直立草本，根系发达。株高76～97 cm，具3～4节。叶片长8～14 cm，宽4～7 mm。圆锥花序长20～28.5 cm，分枝单生，长达15 cm；小穗长7～10 mm，小穗有2～3枚小花，内稃与外稃等长，先端2裂。颖果矩圆形，长2.5～3.8 mm，宽1.2～1.5 mm，棕褐色。

生物学特性 抗寒、抗旱、耐贫瘠、病虫害少、绿期长、耐践踏，适宜在长江中上游中低山、丘陵、平原地区种植。春季3月下旬播种，4月上旬出苗，9月中旬种子成熟，生育期180天左右。

饲用价值 可刈割青饲、调制干草，也可放牧利用；草层高度在25～30 cm时可放牧，在30～35 cm时可青饲，在35～45 cm时可调制干草。其化学成分见下表。

栽培要点 9～10月播种效果最佳；既可单播，也可混播，单播用种量为37～52 kg/hm^2，混播用种量为22～37 kg/hm^2，播深为3 cm；基肥以腐熟有机肥为主，并加施磷肥750 kg/hm^2；苗高5 cm时用尿素225 kg/hm^{2}作提苗肥，以后每次刈割或放牧后用尿素150 kg/hm^{2}和硫酸钾75 kg/hm^{2}混合追肥，保证再生草产量和质量。苗期生长相对缓慢，要保证养分供应，控制杂草侵入，分蘖后期或拔节期后，生长迅速，可减少田间管理。

黔草1号高羊茅的化学成分（%）

样品情况	占干物质					钙	磷
	粗蛋白	粗脂肪	粗纤维	无氮浸出物	粗灰分		
拔节期　绝干	13.98	4.06	40.71	33.41	7.84	—	—
开花期　绝干	9.74	4.27	43.18	36.40	6.42	—	—

数据来源：贵州省草业研究所

栽培群体　花序

株丛

鼠茅属
Vulpia C. C. Gmel.

鼠 茅 | *Vulpia myuros*
(L.) Gmel.

形态特征 一年生，直立草本，秆高约50 cm，具3～4节。叶鞘光滑无毛；叶片长约10 cm，宽约2 mm。圆锥花序狭窄，长10～20 cm；小穗长约10 mm，含4～5小花；小穗轴节间长约1 mm；颖先端尖，边缘膜质，第一颖微小，具1脉，长约1 mm，第二颖狭窄，长约3 mm；外稃狭披针形，背部近于圆形，具5脉，边脉仅位于下部，第一外稃长约6 mm，先端延伸成细长而粗糙的芒。颖果红棕色，长约4 mm。

生境与分布 生于山坡草地或沟边。江苏、浙江、福建、江西、广西有分布。

饲用价值 品质优良，适口性好，适宜放牧利用。其化学成分见下表。

鼠茅的化学成分（%）

样品情况	干物质	占干物质					钙	磷
		粗蛋白	粗脂肪	粗纤维	无氮浸出物	粗灰分		
营养期 干样	92.00	13.17	3.24	34.89	37.76	10.94	0.41	0.72

数据来源：湖北省农业科学院畜牧兽医研究所

株丛

节部特征

小穗

植株

根系

花序

鸭茅属
Dactylis L.

鸭 茅 | *Dactylis glomerata* L.

形态特征 多年生，直立草本，具横走多节被鳞片的长根状茎。秆高25～90 cm，具2～4节。叶鞘口具疣基柔毛；叶舌干膜质，长约1 mm；叶片长10～40 cm，宽2～8 mm。圆锥花序穗状，长6～15 cm，宽1～2 cm；小穗柄顶端膨大成棒状，长柄长3～4 mm，短柄长1～2 mm；小穗披针形，长2.5～3.5 mm；两颖几相等，顶端渐尖，具5脉，背部脉间疏生长于小穗本身3～4倍的丝状柔毛；第一外稃卵状长圆形，顶端尖，具齿裂及少数纤毛；第二外稃长约1.5 mm；内稃宽约1.5 mm；雄蕊2枚，花药黄色，长2～3 mm；柱头2枚，紫黑色，自小穗顶端伸出。颖果椭圆形，长约1 mm。花果期5～8月。

生境与分布 在亚热带气候条件下生长良好。江苏、浙江、安徽、江西、湖南、湖北、贵州、四川、云南等均有分布。

饲用价值 叶量丰富，草质柔嫩，牛、马、羊、兔等均喜采食，幼嫩时还可喂猪。生产上也可放牧或制作干草利用，属优等牧草。其化学成分见下表。

鸭茅的化学成分（%）

样品情况		干物质	占干物质					钙	磷
			粗蛋白	粗脂肪	粗纤维	无氮浸出物	粗灰分		
营养期	干样[1]	93.50	19.43	4.62	21.51	43.71	10.73	0.41	0.29
拔节期	绝干[2]	100.00	13.05	1.88	28.18	49.41	7.48	0.90	0.18

数据来源：1. 湖北省农业科学院畜牧兽医研究所；2. 贵州省草业研究所

株丛

花序

花序局部（成熟期）

小穗局部

叶舌

植株基部

叶片

古蔺鸭茅 | *Dactylis glomerata* L. 'Gulin'

品种来源　四川省古蔺县畜牧局申报，1994年通过全国草品种审定委员会审定；登记为野生栽培品种，品种登记号为143；申报者为郑启坤、叶玉林、胡奎虎、胡伟、王伟。

形态特征　多年生，疏丛草本，根系发达。秆基部扁平，光滑，直立，高110～130 cm。叶鞘紧抱茎；叶片深绿色，背面有粗绒毛，长33～37 cm，宽1.10～1.25 cm。圆锥花序开展，分枝单生；小穗紧集于分枝上部一侧而呈球形，小穗长8～9 mm，每小穗含3～5小花；外稃有1 mm的短芒。颖果长6～7 mm。

生物学特性　喜温凉湿润气候，适宜生长温度为10～25℃，对土壤要求不严，但在弱酸性土壤上种植表现好。抗虫害能力强，未发现明显病虫害情况；利用年限较长，可稳定产草4～6年。适宜在四川盆地周边山区、四川西北高原部分地区及贵州、云南、湖南、江西的山区种植。

饲用价值　叶量丰富，草质柔嫩，适口性好，牛、羊、兔、鹅、鱼均喜食。生长快，分蘗力强，平均分蘗达51株，年干草产量达52 500 kg/hm²。其化学成分见下表。

栽培要点　播种前精细整地，采用开厢播种，厢宽1.5～2 m为宜，条播行距20 cm为宜，播深2～3 cm，复土宜浅。秋季播种为佳。单播每亩①用种1 kg左右，混播每亩0.5 kg左右。基肥以氮、磷、钾混施为佳，每亩用氮肥10 kg、磷肥30 kg、钾肥5～10 kg；追肥以尿素为主，每次刈割利用后追施尿素每亩10～15 kg。在孕穗前刈割利用，刈割高度为40 cm左右，留茬高度2～3 cm。

古蔺鸭茅的化学成分（%）

样品情况	干物质	占干物质					钙	磷
		粗蛋白	粗脂肪	粗纤维	无氮浸出物	粗灰分		
拔节期　干样	91.33	16.93	4.72	28.32	38.18	11.80	0.63	0.24

数据来源：四川农业大学

成熟期花序

花序

---

① 1 亩 ≈666.7 m²。

栽培草地

节部特征

叶片局部

宝兴鸭茅 | *Dactylis glomerata* L. 'Baoxing'

品种来源 四川农业大学申报，1999年通过全国草品种审定委员会审定；登记为野生栽培品种，品种登记号为197；申报者为张新全、杜逸、蒲朝龙、钟声、帅素容。

形态特征 多年生，直立草本。秆光滑，高150～170 cm。基生叶丰富，叶片长35 cm左右，宽9～13 cm，叶面及边缘粗糙。圆锥花序长10～20 cm；小穗着生在穗轴的一侧，簇生于穗轴的顶端，形似鸡足；小穗长8～9 mm，每小穗含3～5小花；颖不等长，背部突起成龙骨状，外稃顶端具短芒。颖果长6～7 mm。

生物学特性 喜温凉湿润气候，适宜在海拔600～2500 m、年降雨量480～750 mm的长江中下游丘陵、平原和山地温凉地区种植。青绿期长，生育期225～230天。

饲用价值 草质柔嫩多汁，适口性好，饲用价值高。年可刈割4～5次，年均干草产量一般达8000～12 000 kg/hm²。可与白三叶、黑麦草等按照一定比例混播，混播草地持续生长时间长，放牧利用价值高。其化学成分见下表。

栽培要点 播种前须精细整地，并注意防除杂草，以9～10月为最佳播种期。条播，行距25～30 cm，播深2～3 cm，播种量为15～18 kg/hm²。除单播外，还可与白三叶、红三叶、黑麦草等混播建植高产、优质的人工草地，如与白三叶混播，每公顷混播2～3 kg白三叶、14～16 kg鸭茅。制备干草以抽穗期刈割最好，每次刈割后结合灌溉补施60～90 kg/hm²尿素。

宝兴鸭茅的化学成分（%）

样品情况	干物质	占干物质					钙	磷
		粗蛋白	粗脂肪	粗纤维	无氮浸出物	粗灰分		
拔节期　干样	89.21	13.21	5.04	30.64	39.14	11.97	0.41	0.44

数据来源：四川农业大学

茎叶局部

栽培草地

花期株丛

花序

安巴鸭茅 | *Dactylis glomerata* L. 'Amba'

品种来源　四川省金种燎原种业科技有限责任公司和四川省草原工作总站申报，2003年通过全国草品种审定委员会审定；登记为引进品种，品种登记号为308；申报者为谢永良、张瑞珍、姚明久、高燕蓉、李元华、张艳。

形态特征　多年生，疏丛直立草本。株高70～150 cm，基部数节长出分枝，秆分为生殖枝和营养枝。基生叶丰富，叶色中绿，旗叶长36～38 cm，宽可达1.3 cm。圆锥花序开展；小穗长约9 mm，每小穗含3～5小花；外稃顶端有短芒。种子长6～8 mm，中宽1 mm，千粒重1.00～1.25 g。

生物学特性　喜湿润而温凉的气候，最适生长温度为昼夜21℃/12℃，高于28℃时生长受阻。较耐酸而不耐盐碱，在肥沃的壤土或黏壤土上生长最为茂盛。耐阴性强，阳光不足或遮蔽条件下生长良好，适宜混播及在疏林地或果园中种植。

饲用价值　草质柔嫩，营养丰富，适口性好，是草食畜禽和草食性鱼类的优质饲草。适宜青饲、调制干草或青贮，亦可放牧利用，属优等牧草。其化学成分见下表。

栽培要点　可秋播、春播，秋播不迟于9月下旬，春播在3月下旬。条播行距为20～30 cm，播种量为15～22.5 kg/hm²；撒播播种量为22.5～30 kg/hm²。还可与白三叶、红三叶、多年生黑麦草等混播，建植人工草地。对肥料敏感，在生长季节及刈割后追施速效氮肥，可明显提高草产量。

安巴鸭茅的化学成分（%）

样品情况	干物质	占干物质					钙	磷
		粗蛋白	粗脂肪	粗纤维	无氮浸出物	粗灰分		
拔节期　干样	93.31	12.10	3.40	28.10	48.20	8.20	0.03	0.24

数据来源：四川农业大学

花期株丛

花序

栽培草地

节部特征

叶片局部

川东鸭茅 | *Dactylis glomerata* L. 'Chuandong'

品种来源　四川长江草业研究中心、四川省草原工作总站和达州市饲草饲料站联合申报，2007年通过全国草品种审定委员会审定；登记为野生栽培品种，品种登记号为262；申报者为吴立伦、张新跃、何光武、熊建平、陈艳宇。

形态特征　多年生，疏丛直立草本。株高约170 cm，秆分为生殖枝和营养枝。基生叶丰富，单叶互生成二纵列，叶片蓝绿色，长36～38 cm，宽约1.3 cm。圆锥花序；小穗长8～9 cm，每小穗含3～5小花；外稃顶端有芒。颖果长约8 mm。

生物学特性　耐热、抗旱，全年无明显枯黄期，再生性强，适宜在长江流域部分亚热带地区种植。

饲用价值　株高30～50 cm时刈割，草品质好，适口性佳，牛、羊、鱼、鹅、兔均喜食，属优等牧草。其化学成分见下表。

栽培要点　精细整地，挖好排水沟；9～10月播种，行距30 cm，播深1～1.5 cm，播种量15 kg/hm²；播后浇水，苗期除杂草；出苗10 cm施尿素45 kg/hm²，以后每次刈割后第2～3天施尿素60～90 kg/hm²；第一次刈割高度为30 cm，以后40～50 cm刈割，留茬高度3～5 cm。

川东鸭茅的化学成分（％）

样品情况	干物质	占干物质					钙	磷
		粗蛋白	粗脂肪	粗纤维	无氮浸出物	粗灰分		
拔节期　干样	89.12	19.22	6.91	25.92	36.83	11.12	—	—

数据来源：四川农业大学

花期株丛

叶片

群体

花序

花序局部

波特鸭茅 | *Dactylis glomerata*
L. 'Porto'

品种来源 云南省草地动物科学研究院申报，2009年通过全国草品种审定委员会审定；登记为引进品种，品种登记号为361；申报者为黄必志、钟声、段新慧、匡崇义、薛世明。

形态特征 多年生，疏丛直立草本。开花期株高80～120 cm。分蘖多，基生叶发达，株丛致密。叶舌膜质，明显；无叶耳；叶片深绿色。圆锥花序开展，长15～17 cm；小穗偏生穗轴一侧，密集成球形，每小穗含3～5小花；外稃背部突起成龙骨状，脊上疏生纤毛，顶端具长1 mm左右的短芒。

生物学特性 晚熟品种，喜温暖湿润气候，冬季和夏季均生长良好。对海拔、土壤、气温、降雨等有较广的适应性，云南除金沙江、元江等干热河谷区和南部南亚热带外都可种植。

饲用价值 草质柔嫩，牛极喜食，在全放牧条件下，肉牛日增重可达800 g。其化学成分见下表。

栽培要点 全翻耕并施足基肥，与豆科牧草混播时基肥以磷肥、钾肥为主，同时应施铜、锌、硼等微肥，单播时增施氮肥。在云南最适播种期为5～7月，长江以南其他省区宜于秋季8～9月播种，条播、撒播均可，播种覆土1 cm左右。苗期生长缓慢，应注意控制杂草。混播放牧草地每年依据草场利用的实际情况酌情施肥。

波特鸭茅的化学成分（%）

样品情况	干物质	占干物质					钙	磷
		粗蛋白	粗脂肪	粗纤维	无氮浸出物	粗灰分		
拔节期 干样	94.50	17.70	4.70	28.00	41.90	7.70	—	—

数据来源：云南省草地动物科学研究院

株丛

花期株丛

花序局部（小花开放）

鞘口

花序

瓦纳鸭茅 | *Dactylis glomerata* L. 'Wana'

品种来源 云南省草地动物科学研究院、百绿（天津）国际草业有限公司联合申报，2010年通过全国草品种审定委员会审定；登记为引进品种，品种登记号为399；申报者为黄梅芬、袁希平、吴文荣、徐驰、邓菊芬。

形态特征 多年生，疏丛直立草本。单株分蘖力强，形成致密株丛，开花期株高63～85 cm。叶片灰绿色，基生叶长约40 cm，宽约0.7 cm。圆锥花序狭窄而紧缩，长8～15 cm，宽5～7 cm。颖果长4.5～7.5 mm，宽0.6～0.8 mm。

生物学特性 晚熟品种，耐寒、耐旱、耐贫瘠和耐低刈割，在秋冬季生长良好。生长高峰期为6～10月，12月中下旬开始枯黄，青绿期260天左右，可利用天数200天以上。适宜在年平均温度4～14℃、海拔1500～3400 m、年降雨量≥550 mm的寒温带至北亚热带地区种植。

饲用价值 叶量丰富，草质柔嫩，为各种家畜均喜食的优质牧草。播种当年生长缓慢，翌年生长旺盛，年干物质产量达9000～15 000 kg/hm²。其化学成分见下表。

栽培要点 适于全翻耕后播种，条播、撒播均可；条播时，行距45～50 cm，单播种量12～15 kg/hm²；混播放牧利用则与豆科种子按相同重量混合后撒播，播种量15～18 kg/hm²，播后轻耙地表。单播当年施用基肥为钙镁磷350～550 kg/hm²，氯化钾或硫酸钾100～150 kg/hm²，尿素150～250 kg/hm²。混播时，播种当年施用基肥为钙镁磷450～500 kg/hm²，硫酸钾100～150 kg/hm²。播种当年可在秋季轻度放牧，翌年牧草返青后可按正常情况放牧利用，亦可于抽穗期刈割调制干草。

瓦纳鸭茅的化学成分（%）

样品情况	干物质	占干物质					钙	磷
		粗蛋白	粗脂肪	粗纤维	无氮浸出物	粗灰分		
拔节期　干样	93.50	19.50	5.03	25.00	41.77	8.70	0.29	0.14

数据来源：四川农业大学

鞘口

株丛

花序

滇北鸭茅 | *Dactylis glomerata*
L. 'Dianbei'

品种来源 四川农业大学和云南省草地动物科学研究院共同申报，2014年通过全国草品种审定委员会审定；登记为野生栽培品种，品种登记号为464；申报者为张新全、彭燕、曾兵、黄琳凯、钟声。

形态特征 多年生，直立草本。株高115～135 cm，秆基部呈压扁状。基生叶丰富，成熟植株叶片长约44 cm，宽12～15 mm。圆锥花序长20～30 cm；小穗单侧簇集于分枝顶端，形似鸡足，小穗长6～9 mm，每小穗含2～5小花。颖果长2～3 mm，宽0.7～0.9 mm。

生物学特性 耐热性较强，抗旱、抗病、耐瘠薄、耐阴。最适生长温度为10～31℃，适宜在海拔600～2500 m、年降雨量400～800 mm的西南丘陵地区种植。秋播，翌年2月下旬进入拔节期，4月中下旬开始抽穗开花，5月下旬或6月初种子成熟，生育期245～264天。

饲用价值 叶量丰富，草质柔嫩多汁，适口性好，刈割后青饲或调制干草适于饲喂猪、鹅、兔等多种畜禽。刈割性较好，在长江以南年可刈割4～5次，年均干草产量达11 000～15 000 kg/hm²；耐牧性较强，尤宜与白三叶、紫花苜蓿混种以供放牧，若管理得当，则可维持多年。其化学成分见下表。

栽培要点 长江流域以9～10月为最佳播种期。播种前精细整地，条播，播种量为15～18 kg/hm²，行距25～30 cm，播幅3～5 cm，播深1 cm，细土拌草木灰覆盖种子。盖后浇水，5天后出苗，幼苗生长缓慢，应注意防除杂草。抽穗期刈割较好，延期收割影响牧草品质和再生，留茬高度5 cm。除单播外，还可与白三叶、黑麦草等混播建植高产、优质的人工草地。

滇北鸭茅的化学成分（%）

样品情况	干物质	占干物质					钙	磷
		粗蛋白	粗脂肪	粗纤维	无氮浸出物	粗灰分		
抽穗期　干样	92.90	20.78	5.76	27.66	34.88	10.87	—	—

数据来源：四川农业大学

开花期群体局部

栽培群体

小穗

叶舌

节部特征

种子

阿索斯鸭茅 | *Dactylis glomerata* L. 'Athos'

品种来源　贵州省畜牧兽医研究所申报，2015年通过全国草品种审定委员会审定；登记为引进品种，品种登记号为484；申报者为尚以顺、谢彩云、陈燕萍、李鸿祥、高乐盛。

形态特征　多年生，丛生直立草本。株高约110 cm。叶片蓝绿色，长15～25 cm。圆锥花序开展，长10～15 cm；每小穗含3～5小花。颖果长3.0～4.5 mm。种子千粒重约1 g。

生物学特性　喜温暖湿润气候，最适生长温度为昼夜22℃/12℃，抗寒和耐旱能力都较好，适宜在西南海拔600～3000 m、年降雨量600～1500 mm、年平均温度<18℃的温暖湿润地区种植。

饲用价值　草质柔软，适口性好，消化率高，产量季节分布较均匀，再生快，每年可割草4～5次，年均干草产量6000～12 000 kg/hm²。其拔节期化学成分见下表。

栽培要点　适宜9～11月播种，播种前精细整地除杂，按15～30 cm行距浅播，播种量15～20 kg/hm²，与三叶草等混播时，可撒播，播种量5～10 kg/hm²；苗期结合中耕松土及时除尽杂草；每2～3次刈割或放牧后加施氮肥150 kg/hm²。

阿索斯鸭茅的化学成分（%）

样品情况		占干物质					钙	磷
		粗蛋白	粗脂肪	粗纤维	无氮浸出物	粗灰分		
拔节期	绝干	21.83	2.55	24.73	43.95	6.94	0.32	0.21

数据来源：贵州省畜牧兽医研究所

株丛

花序局部

栽培草地（营养期）

栽培草地（花期）

阿鲁巴鸭茅 | *Dactylis glomerata*
L. 'Aldebaran'

品种来源 四川农业大学、西南大学等单位共同申报，2016年通过全国草品种审定委员会审定；登记为引进品种，品种登记号为500；申报者为黄琳凯、张新全、曾兵、彭燕、李鸿祥。

形态特征 多年生，疏丛直立草本。株高90～110 cm。叶片蓝绿色，长15～25 cm，中脉突出，断面"V"形。圆锥花序开展，长10～15 cm；每小穗含3～5小花；外稃具短芒。颖果长3.0～4.5 mm。

生物学特性 最适生长温度为昼夜21℃/12℃，适宜在海拔600～1800 m、年降雨量600～1500 mm的长江以南亚热带丘陵山区种植。温度高于28℃以上生长受阻，但其耐热和耐寒能力都强于多年生黑麦草，且具有较强的耐阴能力，适宜经济林中间种。

饲用价值 叶量大，分蘖多，草质柔软，适口性好，消化率很高。再生快，每年可割草4～5次，在管理好的条件下可利用5～8年。年干草产量6000～12 000 kg/hm²。其拔节期化学成分见下表。

栽培要点 播种前需精细整地，并除掉杂草，贫瘠土壤施用基肥可显著增产。可春播或秋播，秋播以9～11月为宜，行距20～30 cm，浅播，播种量为18～22 kg/hm²，与三叶草等混播时可撒播，播种量为5～10 kg/hm²。苗期结合中耕松土及时除尽杂草；每2～3次刈割或放牧后追施尿素60～100 kg/hm²；分蘖期、拔节期、孕穗期或冬春干旱时，有条件的地方可适当沟灌补水。刈割时留茬高度5 cm左右。

阿鲁巴鸭茅的化学成分（%）

样品情况	干物质	占干物质					钙	磷
		粗蛋白	粗脂肪	粗纤维	无氮浸出物	粗灰分		
枝节期　干样	88.23	17.00	3.80	27.50	43.70	8.00	—	—

数据来源：四川农业大学

花序　　　　　　　　　　　　　　　　秆叶局部　　　　　叶片腹面

栽培草地

花期株丛

早熟禾属
Poa L.

早熟禾 | *Poa annua* L.

形态特征　一年生，直立草本。秆质软，全株平滑无毛。叶鞘稍压扁；叶片长约15 cm，宽约3 mm。圆锥花序宽卵形，长3～7 cm；小穗卵形，含3～5小花，绿色或稍带紫色；颖质薄，具宽膜质边缘，顶端钝；外稃卵圆形，顶端与边缘宽膜质，具明显的5脉，脊与边脉下部具柔毛，基盘无绵毛，第一外稃长约4 mm；内稃与外稃近等长，两脊密生丝状毛；花药黄色。颖果纺锤形，长约2 mm。

生境与分布　喜潮湿生境。常见于田野、路旁草地、沟边或荫蔽荒坡湿地。长江以南各省除海南之外均有分布。

饲用价值　返青早，茎叶柔嫩，适口性好，为各种家畜所喜食，属良等牧草。其化学成分见下表。

早熟禾的化学成分（%）

样品情况		占干物质					钙	磷
		粗蛋白	粗脂肪	粗纤维	无氮浸出物	粗灰分		
拔节期	绝干[1]	8.38	3.61	22.90	58.14	6.97	0.54	0.31
开花期	绝干[2]	9.10	2.21	34.81	45.54	8.34	0.41	0.08

数据来源：1. 湖北省农业科学院畜牧兽医研究所；2. 西南民族大学

根系

小穗

植株局部

株丛

花序

白顶早熟禾 | *Poa acroleuca*
Steud.

形态特征 一年生，直立草本，高30～50 cm。叶鞘闭合，平滑无毛；叶舌膜质；叶片质地柔软，长5～15 cm，宽2～4 mm。圆锥花序长10～20 cm；小穗卵圆形，含2～4小花，灰绿色；颖披针形，质薄，具狭膜质边缘，脊上部微粗糙，第一颖长约2 mm，第二颖长约2.5 mm，具3脉；外稃长圆形，顶端钝，具膜质边缘，脊与边脉中部以下具长柔毛，第一外稃长约2 mm；内稃短于外稃，脊具细长柔毛；花药淡黄色。颖果纺锤形，长约1.5 mm。

生境与分布 生于沟边阴湿草地。江苏、安徽、湖北、四川、云南、贵州、广西、广东、湖南、江西、浙江、福建均有分布。

饲用价值 茎叶柔嫩，适口性好，为各种家畜所喜食，属良等牧草。其化学成分见下表。

白顶早熟禾的化学成分（%）

样品情况		干物质	占干物质					钙	磷
			粗蛋白	粗脂肪	粗纤维	无氮浸出物	粗灰分		
拔节期	干样	91.87	16.79	4.55	26.03	40.95	11.68	0.58	0.39

数据来源：湖北省农业科学院畜牧兽医研究所

花序局部（小花开放） 鞘口

株丛

花序

根系

小穗

冷地早熟禾 | *Poa araratica*
Trautv.

形态特征 多年生，疏丛草本。秆基部稍膝曲压扁。叶鞘平滑，略带红色；叶舌膜质；叶片条形，质较硬，长3～9.5 cm，宽0.5～1.3 mm。圆锥花序长圆形，长5～10 cm，通常每节具2～3枚分枝；小穗灰绿色而带紫色，长3～4 mm，含2～3小花，小穗轴无毛；颖质稍厚，卵状披针形，具3脉，第一颖长1.5～3 mm，第二颖长2.0～3.5 mm；外稃长圆形，顶端尖，稍带膜质，具5脉，间脉不明显，第一外稃长3.0～3.5 mm；内稃与外稃等长。颖果纺锤形，成熟后褐色。

生境与分布 生于亚高山草甸、灌丛草地或疏林河滩湿地。我国长江以南唯川西高原区有分布，是高寒牧区的当家栽培草种。

饲用价值 营养枝发达，叶片茂盛，秆、叶略带甜味，适口性好、饲用价值高。利用时期以开花期为最佳，开花后粗蛋白含量有所下降，但草质仍然柔软，适口性并不降低，是夏秋季各类家畜的抓膘优良牧草。青干草是冬春季家畜的良好补饲保膘草，粉碎后猪也喜食。其化学成分见下表。

冷地早熟禾的化学成分（％）

样品情况		干物质	占干物质					钙	磷
			粗蛋白	粗脂肪	粗纤维	无氮浸出物	粗灰分		
抽穗期	绝干[1]	100.00	19.48	2.69	32.17	37.93	7.73	0.35	0.26
乳熟期	绝干[1]	100.00	12.48	2.66	33.93	46.89	4.04	0.19	0.23
开花期	干样[2]	92.63	11.47	2.70	28.94	50.05	6.84	0.33	0.22
成熟期	干样[2]	91.20	8.87	3.10	34.13	48.10	5.78	0.24	0.30

数据来源：1. 四川农业大学；2. 兰州大学

花序

花期群体

秆节局部

株丛

草地早熟禾 | *Poa pratensis* L.

形态特征 多年生，疏丛草本，具匍匐茎。秆光滑，高可达100 cm。叶鞘粗糙，疏松，基部略带红色；叶舌膜质，长1～2 mm；茎生叶长6～18 cm，宽2～5 mm。圆锥花序开展，先端稍下垂，长6～20 cm，宽2～4 cm；小穗卵圆形，草绿色，含2～5小花；颖卵状披针形，第一颖长2～3 mm；第二颖长3～4 mm；外稃纸质，长3～4 mm；脊与边缘在中部以下具长柔毛，基盘有稠密的白色绵毛；第一外稃长约4 mm，内稃稍短于外稃。颖果纺锤形，具3棱，长2～3 mm，成熟后褐色。

生境与分布 生于海拔1600～3800 m的山地草地和亚高山草甸，是建群种、共建种或主要伴生种。四川有分布。

饲用价值 分蘖力和再生力强，耐践踏，从春季到秋季可以放牧利用。草质幼嫩鲜绿，营养丰富，是牦牛、藏羊、山羊的抓膘草，属放牧型优等牧草。其化学成分见下表。

草地早熟禾的化学成分（%）

样品情况		干物质	占干物质					钙	磷
			粗蛋白	粗脂肪	粗纤维	无氮浸出物	粗灰分		
抽穗期	绝干[1]	100.00	8.03	2.45	40.82	42.63	6.07	0.44	0.20
开花期	干样[2]	92.87	9.07	3.08	32.44	48.93	6.48	0.25	0.23
成熟期	干样[2]	91.56	7.72	2.52	30.89	52.62	6.25	0.28	0.12

数据来源：1. 四川农业大学； 2. 兰州大学

花序

营养期群体

叶片特征

黑麦草属
Lolium L.

多花黑麦草 | *Lolium multiflorum* Lam.

形态特征　一年生或越年生，直立草本。秆高50～130 cm，具4～5节。叶鞘疏松；叶舌长达4 mm；叶片扁平，长10～20 cm，宽3～8 mm。穗形总状花序直立，长15～30 cm，宽5～8 mm；穗轴柔软，节间长10～15 mm；小穗长10～18 mm，含10～15小花；颖披针形，质地较硬，具5～7脉，长5～8 mm；外稃长圆状披针形，长约6 mm，具5脉，具长约5 mm的细芒；内稃约与外稃等长，脊上具纤毛。颖果长圆形，长为宽的3倍。花果期7～8月。

生境与分布　喜亚热带湿润温和的气候。贵州、云南、四川、江西、湖南等长江以南普遍引种栽培。

饲用价值　茎叶柔嫩，适口性好，营养全面，各种畜禽、鱼、鹿、兔均喜食，可调制干草，也可刈割青饲，是优等栽培牧草。其化学成分见下表。

多花黑麦草的化学成分（%）

样品情况	干物质	占干物质					钙	磷
		粗蛋白	粗脂肪	粗纤维	无氮浸出物	粗灰分		
拔节期　干样	92.68	12.46	3.72	30.54	42.73	10.55	0.64	0.37

数据来源：湖北省农业科学院畜牧兽医研究所

阿伯德多花黑麦草 | *Lolium multiflorum* Lam. 'Aubade'

品种来源 四川省草原科学研究院申报，1988年通过全国草品种审定委员会审定；登记为引进品种，品种登记号为023；申报者为盘朝邦、刘国藩、陈琳。

形态特征 一年生，直立草本。秆粗壮，高110～130 cm。叶片淡绿色，长36 cm，宽13 mm。穗状花序，长30 cm，小穗着生较稀，穗轴节间长约1.2 cm，小穗含9～15小花；外稃具芒，芒长约1 cm，稃的顶部和芒中下部呈紫红色；小穗基部第一花外稃无芒或短芒。

生物学特性 适宜温凉湿润的气候条件，早期生长快，耐寒性强，在川西北高原春播从出苗至抽穗所需大于5℃的有效积温仅为369℃。

饲用价值 草质好，柔嫩多汁，适口性好，营养价值高，尤其在营养期，粗蛋白含量高、纤维含量低，动物消化率高，牛、羊、兔、鹅均喜食，也是草食性鱼类的好饲料。主要用于刈割青饲，年均干草产量可达8707～14 651 kg/hm^2。

栽培要点 播种前翻耕整地、施有机肥作基肥。在川西北高原地区种植，4月中旬春播（在四川盆地，宜在9月至10月上旬秋播），条播行距30 cm，播深2～3 cm，播种量为15～22.5 kg/hm^2，苗期和拔节期追施150～225 kg/hm^{2}速效氮肥以促进生长，当草层高30～40 cm时即可刈割利用，留茬高度约5 cm，每次刈割后追施速效氮肥。

栽培群体

株丛

花期群体局部

小穗

勒普多花黑麦草 | *Lolium multiflorum* Lam. 'Lipo'

品种来源 四川省畜牧科学研究院申报，1991年通过全国草品种审定委员会审定；登记为引进品种，品种登记号为104；申报者为曹成禹、陈修鸾、徐载春、王德华、田育军。

形态特征 一年生，直立草本。植株粗壮，高约110 cm。叶片深绿色，长20～30 cm，宽7～9 mm，柔软下垂。穗状花序，长30～40 cm，小穗30～40个；每小穗含16～20小花；外稃具芒，芒长5～10 mm。

生物学特性 耐热性较强，在四川盆地栽培，越夏率表现较好。晚熟，生育期比一般多花黑麦草品种长。亦较耐寒、耐湿，适于在四川盆地及长江和黄河流域推广种植。

饲用价值 苗期生长快，分蘖早，分蘖多，叶量丰富。草质柔嫩多汁，适口性好，各种畜禽均喜食。年均鲜草产量一般达105 836～134 573 kg/hm²。利用以刈割青饲、调制干草为主。其化学成分见下表。

栽培要点 播种前翻耕整地，结合整地施农家肥22 500 kg/hm²、磷肥450 kg/hm²作基肥。四川盆地以9月中旬到10月中旬播种为宜，在川西北高原可在化冻后的4月播种。条播，行距20 cm，播种量15～25 kg/hm²，第一茬在抽穗期至初花期收割，再生草在株高30～50 cm时刈割，留茬高度5 cm，每次刈割后施速效氮肥。

勒普多花黑麦草的化学成分（%）

样品情况	干物质	占干物质					钙	磷
		粗蛋白	粗脂肪	粗纤维	无氮浸出物	粗灰分		
成熟期 干样	90.65	16.67	6.52	18.12	45.65	13.04	0.58	0.51

数据来源：四川农业大学

花期株丛

小穗

节部特征

栽培群体

杰威多花黑麦草 | *Lolium multiflorum* Lam. 'Splendor'

品种来源 四川省金种燎原种业科技有限责任公司申报，2005年通过全国草品种审定委员会审定；登记为引进品种，品种登记号为209；申报者为谢永良、姚明久、高燕蓉、付民主、章忠健、张成文。

形态特征 一年生或越年生，直立草本。植株分蘖多，茎秆粗壮，高90～140 cm。叶片长30～35 cm，宽0.8～1.2 cm，叶色较深，叶量丰富。穗状花序，长35～45 cm；小穗35个，每小穗有8～14小花；外稃芒长3～8 mm。

生物学特性 喜温暖湿润的气候。抗锈病能力强，不耐旱，不耐涝。苗期生长快，抽穗整齐，成熟期基本一致，生育期220～250天。

饲用价值 生长快，草质好，适口性好，各种畜禽和草食性鱼类皆喜食。产量高，年均鲜草产量达75 000～127 500 kg/hm²。其化学成分见下表。

栽培要点 播种前精细整地，挖好排水沟。秋季播种，条播，行距20～35 cm，播深0.5～1 cm，播种量15 kg/hm²。出苗后，中耕除杂，适施氮肥，生长至30 cm左右即可刈割，留茬高度3～5 cm，每次刈割后适施尿素90～120 kg/hm²。

杰威多花黑麦草的化学成分（%）

样品情况	干物质	占干物质					钙	磷
		粗蛋白	粗脂肪	粗纤维	无氮浸出物	粗灰分		
成熟期　干样	89.23	17.80	9.35	26.97	29.66	16.22	—	—

数据来源：四川农业大学

株丛

栽培群体

花期株丛

花序

节部特征

鞘口

安格斯1号多花黑麦草 | *Lolium multiflorum* Lam. 'Angus No. 1'

品种来源 云南省草山饲料工作站、北京正道生态科技有限公司联合申报，2008年通过全国草品种审定委员会审定；登记为引进品种，品种登记号为367；申报者为杨士林、马兴跃、吴晓祥、梁新民、戴宏。

形态特征 一年生，疏丛草本。秆直立，粗壮，高110～140 cm。叶片多而宽，深绿色有光泽，长20～40 cm。穗状花序长30～45 cm，小穗多达35～40个，每小穗含10～20小花。颖果长圆形，长5～7 mm。

生物学特性 喜年平均温度10.8～22.6℃、年降雨量600～1100 mm的温暖湿润气候，不耐严寒酷暑、不耐阴，对氮肥反应敏感。云南、贵州等种植，宜9月播种，播后8～10天出苗，出苗整齐后10～15天开始分蘖，翌年2～3月拔节，3月底进入生殖生长阶段，4月中下旬开花，5～6月开始完熟，生育期200～250天。

饲用价值 分蘖多，叶量大，产量高，适口性好，各种畜禽及鱼类均喜采食，属优等牧草。年可刈割4～5次，年均鲜草产量161 154.3 kg/hm^2，年均干草产量15 591.5 kg/hm^2。其化学成分见下表。

栽培要点 播种前精细整地，施足基肥。长江流域及以南低海拔地区以9～11月秋播为宜，西南高海拔地区和其他夏季凉爽地区可春播或夏播；窄行条播，行距30 cm，播深为1～2 cm；条播播种量为15～22 kg/hm^2，撒播播种量为30～37 kg/hm^2。苗期中耕松土，及时除尽杂草；分蘖期、拔节期、孕穗期或冬春干旱时，有条件的地方要适当沟灌补水；每2～3次刈割或放牧后追施尿素60～75.2 kg/hm^2；头茬一般在株高45～50 cm时刈割，留茬高度约5 cm。

安格斯1号多花黑麦草的化学成分（%）

样品情况	干物质	占干物质					钙	磷
		粗蛋白	粗脂肪	粗纤维	无氮浸出物	粗灰分		
拔节期 干样	91.12	20.17	2.56	16.95	48.95	11.37	—	—

节部特征

花序

株丛局部

营养期株丛

达伯瑞多花黑麦草 | *Lolium multiflorum* Lam. 'Double Barrel'

品种来源 云南省草山饲料工作站、北京正道生态科技有限公司联合申报，2009年通过全国草品种审定委员会审定；登记为引进品种，品种登记号为447；申报者为马兴跃、杨士林、吴晓祥、秦浩、赵国庆。

形态特征 一年生，疏丛直立草本。秆粗壮，高110～140 cm。叶片多而宽，深绿色有光泽，长10～30 cm。穗状花序长15～30 cm，小穗多达40个，每小穗含10～20小花。颖果长圆形，长5～7 mm。

生物学特性 喜温暖湿润气候，不耐严寒酷暑，适宜生长温度27℃左右，35℃以上生长不良，适合在年降雨量800～1500 mm的亚热带地区种植。对氮肥反应敏感，施氮肥能较大幅度地提高其产量和增加植株的粗蛋白含量。

饲用价值 茎叶柔嫩，叶量丰富，适口性好，各种畜禽及鱼类均喜采食，年可刈割4～5次。

栽培要点 长江流域及以南低海拔地区以9～11月秋播为宜，西南高海拔地区和其他夏季凉爽地区可春播或夏播；窄行条播为宜，也可撒播，行距30 cm，播深为1～2 cm；条播播种量为15～22 kg/hm²，撒播播种量为30～37 kg/hm²。苗期中耕松土及时除尽杂草；分蘖期、拔节期、孕穗期或冬春干旱时，有条件的地方要适当沟灌补水；每2～3次刈割或放牧后追施尿素60～75.2 kg/hm²；头茬一般在株高45～50 cm时刈割，留茬高度约5 cm。

株丛

栽培群体

植株秆节

花期植株局部

花序

杰特多花黑麦草 | *Lolium multiflorum*
Lam. 'Jivet'

品种来源 云南省草山饲料工作站申报，2014年通过全国草品种审定委员会审定；登记为引进品种，品种登记号为467；申报者为吴晓祥、李鸿祥、马兴跃、杨仕林、梁新民。

形态特征 一年生，直立草本。植株分蘖多，高110～160 cm。叶片多而宽，深绿色有光泽，长10～30 cm。穗状花序，长15～30 cm，小穗多达40个；每小穗含10～20小花；外稃有短芒。颖果长5～7 mm。

生物学特性 喜温暖湿润气候，适宜生长温度27℃，35℃以上生长不良。适合在年降雨量800～1500 mm、气候温和的地区种植。秋播，生育期270天左右。

饲用价值 再生快，产量高，纤维素含量低，适口性佳，消化率优于传统早熟品种。冬闲田种植时可割草4～6次。其化学成分见下表。

栽培要点 播种前精细整地，贫瘠土壤施用基肥可显著增产；长江以南冬闲田秋播，高海拔地区和其他夏季凉爽地区可春播或夏播；窄行条播，行距30 cm，播深1～2 cm；条播播种量为22～30 kg/hm^2；苗期要结合中耕松土及时除尽杂草；每2～3次刈割或放牧后可施氮肥并灌水。

杰特多花黑麦草的化学成分（%）

样品情况	占干物质					钙	磷
	粗蛋白	粗脂肪	粗纤维	无氮浸出物	粗灰分		
盛花期　绝干	16.94	22.84	18.23	34.89	7.10	0.49	0.15

数据来源：西南民族大学

长江 2 号多花黑麦草 | *Lolium multiflorum* Lam. 'Changjiang No. 2'

品种来源　四川农业大学和四川长江草业研究中心联合申报，2014年通过全国草品种审定委员会审定；登记为育成品种，品种登记号为287；申报者为张新全、杨春华、何光武、何丕阳、彭大才。

形态特征　一年生，疏丛草本，根系发达致密。植株分蘖多，秆粗壮，圆形，高可达180 cm，直径4～6 mm。叶片长35～45 cm，宽1.5～2.0 cm，叶色较深，叶量大。穗状花序长35～50 cm，小穗可多至42个；每小穗有16～21小花；外稃芒长5～10 mm。

生物学特性　适应性强，在各种土壤上均可种植，但在肥沃、湿润而土层深厚的地方生长茂盛，适宜在长江中上游亚热带地区生长，生育期229～236天。

饲用价值　冬春生长快，产量高，年可刈割3～5次，年均鲜草产量75 000～120 000 kg/hm²，年均种子产量800～1100 kg/hm²。茎叶柔嫩，叶量丰富，适口性好，各种畜禽及鱼类均喜采食。其化学成分见下表。

栽培要点　播种前精细整地，施足有机肥。长江中上游亚热带地区秋播，温凉地区宜春播。单播，播种量为1.5～2 kg/亩，收种田应稀播，播种量为1～1.5 kg/亩。可与紫云英、白三叶或红三叶等豆科牧草混播，可提高草产量和草品质。苗期加强水肥管理，分蘖期和拔节期酌情追施速效氮肥，每次刈割后也要追施尿素75～85 kg/hm²。

长江2号多花黑麦草的化学成分（%）

样品情况	干物质	占干物质					钙	磷
		粗蛋白	粗脂肪	粗纤维	无氮浸出物	粗灰分		
拔节期　干样	91.80	16.17	9.46	20.50	39.30	14.57	—	—

数据来源：四川农业大学

孕穗期群体　　叶片特征

株丛

栽培群体

剑宝多花黑麦草 | *Lolium multiflorum* Lam. 'Jumbo'

品种来源 四川省畜牧科学研究院申报，2015年通过全国草品种审定委员会审定；登记为引进品种，品种登记号为487；申报者为梁小玉、季杨、易军、邵建辉、周思龙。

形态特征 一年生，疏丛直立草本。秆粗壮，分蘖较多，高148～172 cm。叶片深绿色，长37～45 cm，宽1.7～1.8 cm。穗状花序，长36～47 cm，具小穗16～20个，每小穗有16～20小花；外稃芒长4.5～11 mm。

生物学特性 抗旱、耐寒、抗病，喜温凉湿润气候，适宜在我国西南、华东、华中等海拔300～1500 m的温暖湿润地区种植。在四川盆地种植时，宜秋播，11月中旬进入拔节期，翌年4月中下旬开始抽穗，6月初种子成熟，生育期228～233天。

饲用价值 草品质好，属优等牧草，牛、羊、兔等多种草食家畜喜食。在长江流域以南地区种植，出苗快、再生性强、产量高，每年可刈割4～5次，年均鲜草产量93 400～109 200 kg/hm²，年均干草产量16 000～18 000 kg/hm²。其化学成分见下表。

栽培要点 播种前需精细整地，贫瘠土壤施用基肥可显著增产。西南高海拔地区和其他夏季凉爽地区可春播或夏播；窄行条播为宜，也可撒播，行距30 cm，播深为1～2 cm；条播播种量为18～22 kg/hm²，撒播播种量为22～30 kg/hm²。苗期中耕松土，及时除尽杂草；分蘖期、拔节期、孕穗期或冬春干旱时，有条件的地方要适当沟灌补水；每刈割2～3次或放牧后追施尿素70～90 kg/hm²；头茬一般在株高45～50 cm时刈割，留茬高度约5 cm。

剑宝多花黑麦草的化学成分（%）

样品情况	占干物质					钙	磷
	粗蛋白	粗脂肪	粗纤维	无氮浸出物	粗灰分		
营养期　绝干	14.50	3.17	14.00	60.03	8.30	0.39	0.20

数据来源：四川农业大学

株丛

栽培群体

抽穗期株丛

花序局部

节部特征

川农 1 号多花黑麦草

Lolium multiflorum
Lam. 'Chuannong No. 1'

品种来源 四川农业大学、四川省金种燎原种业科技有限责任公司、贵州省草业研究所联合申报，2018年通过全国草品种审定委员会审定；登记为育成品种，品种登记号为508；申报者为张新全、马啸、吴佳海、黄琳凯、姚明玖。

形态特征 一年生，疏丛直立草本。秆粗壮，圆形，高可达180 cm。叶片深绿色，长34～50 cm，宽1.3～2.2 cm。花序长37～53 cm，具小穗22～46个，每小穗有14～23小花；颖质较硬，具5～7脉，长5～8 mm；外稃芒长4.5～11 mm。颖果长圆形。

生物学特性 喜壤土或砂壤土。耐低温，不耐热，耐湿和耐盐碱能力较强，适宜在亚热带温和湿润地区生长。一般9月中旬播种，5月上旬开花，6月上旬种子成熟，生育期250～260天。

饲用价值 茎叶柔嫩，适口性好，叶量丰富，营养价值高，各种畜禽及鱼类均喜采食。冬春季节生长快，产量高，年可刈割4～5次，年均鲜草产量80 000～120 000 kg/hm²，年均种子产量900～1000 kg/hm²。其化学成分见下表。

栽培要点 播种前精细整地，施足有机肥。长江中上游亚热带地区一般为秋播，9月中旬至10月中旬播种最佳，过早播种则虫害严重，播种量为1.5～2 kg/亩，种子生产应稀播，播种量为1～1.5 kg/亩；分蘖期和拔节期酌情施速效氮肥；株高40 cm左右时可刈割利用，每次刈割后追施尿素70～90 kg/hm²。种子生产时施磷钾肥，速效氮肥不宜过多，否则会倒伏，影响种子产量。

川农1号多花黑麦草的化学成分（%）

样品情况	干物质	占干物质					钙	磷
		粗蛋白	粗脂肪	粗纤维	无氮浸出物	粗灰分		
拔节期　干样	90.12	20.89	2.27	17.10	47.73	12.01	—	—

数据来源：四川农业大学

栽培草地

抽穗期栽培群体

花序局部

种子

叶片局部

节部特征

鞘口

黑麦草 | *Lolium perenne* L.

形态特征　多年生，丛生直立草本，具细弱根状茎。秆高30～90 cm，具3～4节，质软，基部节上生根。叶舌长约2 mm；叶片线形，长5～20 cm，宽3～6 mm，具微毛。穗状花序长10～20 cm，宽5～8 mm；小穗轴节间长约1 mm，平滑无毛；颖披针形，长约为小穗的1/3，具5脉，边缘狭膜质；外稃长圆形，草质，长5～9 mm，具5脉，平滑，基盘明显，第一外稃长约7 mm；内稃与外稃等长，两脊生短纤毛。颖果长约为宽的3倍。花果期5～7月。

生境与分布　喜土壤肥沃、湿润的生境。除海南外，长江以南普遍栽培。

饲用价值　生长快，分蘖多，且叶多质嫩，营养价值高，可直接喂养牛、羊、马、兔、鹿、猪、鹅、鸵鸟、鱼等，属优等牧草。牛、马、羊、鹿饲用尤以孕穗期至抽穗期刈割为佳；饲喂猪、兔、家禽和鱼，则以拔节期至孕穗期刈割为佳。另外，黑麦草属于细茎草类，干燥失水快，也可调制成优良的绿色干草和干草粉，供冬春饲喂。其化学成分见下表。

黑麦草的化学成分（%）

样品情况	干物质	占干物质					钙	磷
		粗蛋白	粗脂肪	粗纤维	无氮浸出物	粗灰分		
拔节期　干样[1]	92.68	12.46	3.72	30.54	42.73	10.55	0.69	0.40
结实期　绝干[2]	100.00	10.54	2.58	33.90	48.29	4.69	0.75	0.13

数据来源：1. 湖北省农业科学院畜牧兽医研究所；2. 贵州省草业研究所

花序局部

鞘口

秆叶局部

根系

图兰朵黑麦草 | *Lolium perenne*
L. 'Turandot'

品种来源 凉山彝族自治州畜牧兽医科学研究所、四川省金种燎原种业科技有限责任公司联合申报，2015年通过全国草品种审定委员会审定；登记为引进品种，品种登记号为488；申报者为王同军、姚明久、傅平、卢寰宗、李鸿祥。

形态特征 多年生，疏丛直立草本。株高60～110 cm，具3～4节。叶舌长约2 mm；叶片线形，深绿色有光泽，长10～18 cm，宽3～6 mm，柔软，具微毛。穗状花序直立，长20～30 cm，小穗轴节间长约1 mm，平滑无毛；颖披针形，长为小穗长的1/3，具5脉，边缘狭膜质；外稃长圆形，草质，长5～9 mm，具5脉，基盘明显，顶端无芒，第一外稃长约7 mm；内稃与外稃等长。颖果长4～7 mm。

生物学特性 适宜生长温度15～27℃，35℃以上生长不良，适宜在海拔800～2500 m、年降雨量700～1500 mm的长江流域温暖湿润地区种植。秋季播种后6～8天出苗，翌年3月中旬拔节，5月下旬抽穗，7月初种子完熟，生育期286天左右。

饲用价值 品质好，每年可刈割4～6次，在温和湿润地区可利用3～5年，年均干草产量约10 000 kg/hm²。其化学成分见下表。

栽培要点 秋播，行距15～30 cm，播深1～2 cm，播种量15～22.5 kg/hm²，与三叶草等混播时可撒播。分蘖期、拔节期、孕穗期或冬春干旱时，有条件的地方要适当沟灌补水。头茬刈割在抽穗前，留茬高度约5 cm，每次刈割或放牧后追施尿素50～100 kg/hm²。

图兰朵黑麦草的化学成分（%）

样品情况	干物质	占干物质					钙	磷
		粗蛋白	粗脂肪	粗纤维	无氮浸出物	粗灰分		
拔节期　干样	92.68	21.70	2.70	23.30	40.50	11.80	—	—

数据来源：四川农业大学

株丛　花序　叶舌

羊茅黑麦草 | *Lolium perenne* L. × *Festuca arundinacea* Schreb.

形态特征 多年生，直立草本。株高120～140 cm，主茎5～7节，分蘖30～40个。根系发达，入土深30 cm左右。叶片长15～30 cm，宽5～8 mm，浓绿色，有光泽。穗状花序，穗长30～40 cm，有小穗25～32个；每小穗6～10小花。颖果舟形，长5～6 mm，宽1～1.2 mm。种子千粒重2.1～2.3 g。

生境与分布 温带地区广泛种植。我国云贵高原、浙江、湖北、湖南及四川都有推广种植。

饲用价值 具生长快、分蘖力强、再生性好、产量高、品质优良、适口性好等优点。适宜刈割青饲、调制干草、青贮或放牧利用。生产上常与红三叶、白三叶和紫花苜蓿等豆科牧草混播，建植高产、优质的人工放牧草地。其化学成分见下表。

羊茅黑麦草的化学成分（%）

样品情况	占干物质					钙	磷
	粗蛋白	粗脂肪	粗纤维	无氮浸出物	粗灰分		
孕穗期　绝干	14.10	3.30	23.90	48.70	10.00	0.38	0.25

数据来源：四川农业大学

花序

栽培群体

叶片腹面

秆叶局部

臭草属
Melica L.

臭 草 | *Melica scabrosa* Trin.

形态特征 多年生，<u>丛生直立草本</u>。秆高20～90 cm，直径1～3 mm，基部分蘖多。叶舌透明膜质，长1～3 mm；叶片质较薄，扁平，长6～15 cm，宽2～7 mm，两面粗糙。圆锥花序狭窄，长8～22 cm，宽1～2 cm；小穗柄短，纤细，上部弯曲，被微毛；小穗长5～8 mm，具可育小花数朵；小穗轴节间光滑；颖膜质，窄披针形，背面中脉常生微小纤毛；外稃草质，7脉隆起，背面颗粒状粗糙，第一外稃长5～8 mm；内稃短于外稃，倒卵形，顶端钝，具2脊，脊被微小纤毛。颖果褐色，纺锤形，有光泽，长约1.5 mm。花果期5～8月。

生境与分布 喜温暖气候。常生于海拔3000 m以下的山坡草地。四川与云南有分布。

饲用价值 营养价值高，茎叶茂盛，马、牛、羊均采食。其化学成分见下表。

臭草的化学成分（%）

样品情况		干物质	占干物质					钙	磷
			粗蛋白	粗脂肪	粗纤维	无氮浸出物	粗灰分		
成熟期	干样[1]	92.96	13.52	2.12	25.54	50.02	8.80	1.81	0.17
抽穗期	绝干[2]	100.00	9.27	3.23	31.89	50.58	5.03	—	—

数据来源：1. 兰州大学；2. 四川农业大学

花序　　小穗　　鞘口

植株

细叶臭草 | *Melica radula* Franch.

形态特征 多年生，直立草本。叶鞘闭合至鞘口，均长于节间；叶舌短，膜质，长约0.5 mm；叶片常纵卷成线形，长约10 cm，宽约2 mm。圆锥花序极狭窄，长约10 cm；小穗柄短，顶端弯曲，被微毛；小穗淡绿色，长圆状卵形，长5~8 mm；小穗轴节间长约1.5 mm，光滑无毛；颖膜质，长圆状披针形，两颖几等长，顶端尖，长约5 mm，光滑无毛；外稃草质，卵状披针形，顶端膜质，第一外稃长约5.5 mm；内稃卵圆形，短于外稃，长约3 mm，背面稍弯曲，脊上被纤毛；花药长约2 mm。

生境与分布 生于沙质山坡。华中地区偶见分布。

饲用价值 牛、羊采食，属中等牧草。其化学成分见下表。

细叶臭草的化学成分（%）

样品情况	干物质	占干物质					钙	磷
		粗蛋白	粗脂肪	粗纤维	无氮浸出物	粗灰分		
结实期 干样	89.99	6.98	4.13	39.87	44.19	4.83	0.97	0.35

数据来源：湖北省农业科学院畜牧兽医研究所

花序局部

鞘口　　　　叶舌　　　　根系

广序臭草 | *Melica onoei*
Franch. et Sav.

形态特征 多年生，丛生草本，基部各节膝曲。叶鞘闭合几达鞘口，紧密抱茎，均长于节间；叶舌质硬，顶端截平，长约1 mm；叶片质地较厚，常转向一侧，长约20 cm，上面常带白粉色。圆锥花序开展，长达30 cm；小穗绿色，长约7 mm，含2~3可育小花；小穗轴节间粗糙；颖薄膜质，顶端尖，第一颖长约3 mm，具1脉，第二颖长约4 mm，具3~5脉；外稃硬纸质，边缘和顶端膜质，第一外稃长约4 mm；内稃长约4 mm；雄蕊3枚。颖果纺锤形，长约3 mm。

生境与分布 生于低海拔的山坡阴湿处及山沟或林下。西南及华中常见分布。

饲用价值 植株较高大，茎叶茂盛，但草质一般，仅幼嫩时的鲜草牛、马、羊少量采食。其化学成分见下表。

广序臭草的化学成分（%）

样品情况		干物质	占干物质					钙	磷
			粗蛋白	粗脂肪	粗纤维	无氮浸出物	粗灰分		
孕穗期	干样	95.15	13.54	3.17	28.19	49.16	5.94	0.95	0.33

数据来源：湖北省农业科学院畜牧兽医研究所

株丛及生境

叶片

花序局部

小穗

叶舌

鞘口

甜茅属
Glyceria R. Br.

甜 茅 | *Glyceria acutiflora* subsp. *japonica* (Steud.) T. Koyama et Kawano

形态特征 多年生，直立草本。秆质地柔软，压扁，高40～70 cm。叶鞘长于节间；叶舌透明膜质，长4～7 mm；叶片柔软质薄，长5～15 cm，宽4～5 mm。总状圆锥花序，长15～30 cm；小穗线形，长2～3.5 cm，含5～12小花；小穗轴第一节间长约2.5 mm；颖质薄，边缘膜质，长圆形至披针形，具1脉，第一颖长2.5～4 mm，第二颖长4～5 mm；外稃草质，顶端狭窄，具7脉，点状粗糙，第一外稃长7～9 mm；内稃较长于外稃，顶端2裂，背部弯曲略呈弓形，脊具狭翼，翼缘粗糙；雄蕊3枚，花药长1～1.5 mm。颖果长圆形，具腹沟，长约3 mm。

生境与分布 喜潮湿生境。生于农田、小溪及水沟边。江苏、安徽、浙江、江西、福建、河南、湖北、湖南、四川、云南等有分布。

饲用价值 植株幼嫩，牛有采食，但过量采食会中毒。其化学成分见下表。

甜茅的化学成分（%）

样品情况	干物质	占干物质					钙	磷
		粗蛋白	粗脂肪	粗纤维	无氮浸出物	粗灰分		
抽穗期 干样	92.41	8.67	4.43	28.51	48.84	9.55	0.56	0.24

数据来源：湖北省农业科学院畜牧兽医研究所

株丛　小穗　秆叶局部

生境

根系

花序局部

雀麦属
Bromus L.

雀麦 | *Bromus japonicus*
Thunb. ex Murr.

形态特征 一年生，直立草本。高40～90 cm。叶鞘闭合，被柔毛；叶舌先端近圆形，长1～2.5 mm；叶片长12～30 cm，宽4～8 mm。圆锥花序疏展，长20～30 cm，宽5～10 cm；小穗黄绿色，密生7～11小花；小穗轴短棒状，长约2 mm；颖近等长，第一颖长5～7 mm，具3～5脉，第二颖长5～7.5 mm，具7～9脉；外稃椭圆形，草质，边缘膜质，长8～10 mm，顶端钝三角形，芒自先端下部伸出，长5～10 mm；内稃长7～8 mm，宽约1 mm，两脊疏生细纤毛；花药长1 mm。颖果长7～8 mm。花果期5～7月。

生境与分布 生于海拔50～2500 m的山坡林缘、荒野路旁、河漫滩湿地。安徽、江苏、江西、湖南、湖北、四川、云南等均有分布。

饲用价值 雀麦属于细茎牧草，适口性好，营养价值高，牛、马等大畜喜采食，属良等牧草。其化学成分见下表。

雀麦的化学成分（%）

样品情况	干物质	占干物质					钙	磷
		粗蛋白	粗脂肪	粗纤维	无氮浸出物	粗灰分		
孕穗期　干样	92.51	11.87	1.38	26.96	49.61	10.18	1.41	0.64

数据来源：湖北省农业科学院畜牧兽医研究所

植株

成熟期群体

花序

小穗

华雀麦 | *Bromus sinensis* Keng

形态特征 多年生，疏丛直立草本。秆高50~70 cm，直径约2 mm。叶鞘生柔毛，具叶耳；叶舌长1~3 mm；叶片直立，长15~25 cm，宽3~5 mm，中脉在背面隆起。圆锥花序开展，长12~24 cm；小穗具5~8小花；小穗轴节间长2~3 mm，背面被短毛，倾斜脱节；颖先端渐尖，被短毛，第一颖长约8 mm，具1脉，第二颖长1~1.5 mm，具3脉；外稃披针形，具5脉，背面生柔毛，先端延伸成向外反曲之芒；内稃长0.8~1 cm，先端具2微齿，脊生小纤毛。花期7月。

生境与分布 生于阳坡草地或裸露石隙边。产四川西北部、云南、西藏等。

饲用价值 幼嫩时家畜喜采食，老时茎叶稍粗糙，适口性下降，属中上等牧草。其化学成分见下表。

华雀麦的化学成分（%）

样品情况		干物质	占干物质					钙	磷
			粗蛋白	粗脂肪	粗纤维	无氮浸出物	粗灰分		
成熟期	干样[1]	93.26	7.33	2.26	31.91	51.27	7.23	0.47	0.18
开花期	绝干[2]	100.00	8.30	1.80	39.20	44.10	6.60	—	—

数据来源：1. 兰州大学；2. 四川农业大学

旱雀麦 | *Bromus tectorum* L.

形态特征 一年生，丛生直立草本。高20～80 cm。叶鞘闭合，具柔毛，后渐脱落；叶舌膜质，常呈撕裂状；叶片被柔毛，长5～9 cm，宽2～4 mm。圆锥花序开展，长5～15 cm；每分枝生1～5小穗，小穗含4～7小花，幼时绿色，成熟后变紫色，小穗轴节间长2～3 mm；颖披针形，边缘薄膜质，第一颖长6～8 mm，具1脉，第二颖长10～11 mm；外稃背部粗糙，顶端渐尖，2裂，边缘与顶端膜质，芒自顶端齿间或稍下伸出，第一外稃长约13 mm；内稃短于外稃，脊具纤毛；花药长约1 mm。颖果贴生于稃内。花期7～9月。

生境与分布 生于海拔2300～4200 m的沟谷山坡草地、高寒灌丛草甸、河谷河滩草甸。四川、甘肃、青海等有分布。

饲用价值 草质柔软，适口性较好，为各种家畜所喜食，羊和马尤其喜食，属良等牧草，是春季牲畜采食的主要牧草之一。可刈制干草，也可作青贮料。其化学成分见下表。

旱雀麦的化学成分（%）

样品情况	干物质	占干物质					钙	磷
		粗蛋白	粗脂肪	粗纤维	无氮浸出物	粗灰分		
开花期 干样[1]	92.50	9.28	2.09	33.37	47.55	7.71	0.42	0.31
成熟期 干样[2]	92.14	8.62	1.48	29.34	54.45	6.12	0.42	0.13

数据来源：1. 四川农业大学； 2. 兰州大学

成熟期花序

成熟期群体

节部特征

小穗

花序

疏花雀麦 | *Bromus remotiflorus* (Steud.) Ohwi

形态特征　多年生，具短根状茎。节生柔毛。叶鞘闭合，密被倒生柔毛；叶舌长约2 mm；叶片长20～40 cm，腹面生柔毛。圆锥花序疏松开展，长20～30 cm，每节具2～4分枝；小穗疏生5～10小花；小穗轴节间长3～4 mm，着花疏松而外露；颖窄披针形，顶端渐尖至具小尖头，第一颖长5～7 mm，第二颖长8～12 mm，具3脉；外稃窄披针形，长约1 cm；内稃狭，短于外稃，脊具细纤毛；花药长2～3 mm。颖果长8～10 mm，贴生于稃内。

生境与分布　喜亚热带湿润气候。生于山坡、林缘、路旁、河边草地。华中、华东及西南常见分布，华南亦偶见分布。

饲用价值　植株较高大，叶量较多，适口性较好，抽穗前适宜青饲，抽穗后可晒制干草；栽培草地每年可刈割3～4次，年均鲜草产量约30 000 kg/hm²，属良等牧草。其化学成分见下表。

疏花雀麦的化学成分（%）

样品情况		干物质	占干物质					钙	磷
			粗蛋白	粗脂肪	粗纤维	无氮浸出物	粗灰分		
孕穗期	干样[1]	92.86	7.56	1.22	32.41	51.29	7.52	1.35	0.31
结实期	绝干[2]	100.00	9.20	2.40	33.90	50.10	4.40	—	—

数据来源：1. 湖北省农业科学院畜牧兽医研究所；2. 四川农业大学

花序

秆叶局部

叶舌

植株局部

群体及生境

多节雀麦 | *Bromus plurinodis* Keng

形态特征 多年生，直立草本。秆高100～140 cm。叶鞘无毛，长于节间；叶舌膜质，褐色，长达4 mm；叶片扁平，长20～30 cm，宽6～8 mm，腹面被白色柔毛。圆锥花序，长20～30 cm，每节分枝2～4枚，斜向上生，长达15 cm；小穗含5～6小花，长15～20 mm；小穗轴节间被短毛，长2.0～2.5 mm；颖披针形，边缘膜质，先端渐尖，第一颖具1脉，长5～5.5 mm，第二颖具3脉，长6～9 mm；外稃狭窄，具3脉，第一外稃长约10 mm，先端具长8～15 mm的芒；内稃长6～7 mm，脊上具细纤毛。花果期6～8月。

生境与分布 喜湿润阴凉的环境。适宜在褐土、棕色森林土、草甸土上生长。在四川西北部海拔2800～3800 m的沟谷山坡草地、山地林缘草坡、林缘灌丛草地、河谷林下、河谷滩地疏林下、砂砾河滩常见分布。

饲用价值 叶量丰富，青绿期草质柔软，马、牛、羊喜采食；抽穗后，适口性下降，宜晒制干草。栽培草地年均鲜草产量15 000 kg/hm²左右。其化学成分见下表。

多节雀麦的化学成分（%）

样品情况	干物质	占干物质					钙	磷
		粗蛋白	粗脂肪	粗纤维	无氮浸出物	粗灰分		
开花期 干样	94.60	7.63	2.82	36.08	44.24	9.23	0.32	0.26

数据来源：四川农业大学

花序

野生群体

叶鞘特征

节部特征

无芒雀麦 | *Bromus inermis* Leyss.

形态特征　多年生，疏丛草本。秆直立，高50～100 cm。叶鞘紧密抱茎；叶舌膜质；叶片淡绿色，长约20 cm，宽约1 cm。大型圆锥花序，长10～20 cm，穗轴每节轮生2～8个枝梗，每枝梗着生1～6小穗；小穗近于圆柱形；颖狭披针形，边缘膜质；外稃宽披针形，具5～7脉，顶端微缺，具短尖头；内稃较外稃短；子房上端有毛，花柱生于其前下方。颖果狭长卵形，扁平，暗褐色。种子千粒重3.2～4.0 g。

生境与分布　原产欧洲。东北、华北、西北均有野生，并有栽培品种，在四川西北部高原亦有引种种植，对高寒牧区有较强的适应性，是四川西北部高原建设人工草地的优良草种之一。

饲用价值　叶量大，茎叶柔软，营养丰富，牛、马、羊等各类牲畜都喜食，可供放牧、青饲、青贮和晒制干草。在四川西北部高原种植，每年刈割1～2次。其化学成分见下表。

无芒雀麦的化学成分（%）

样品情况	干物质	占干物质					钙	磷
		粗蛋白	粗脂肪	粗纤维	无氮浸出物	粗灰分		
抽穗期　干样	91.08	14.42	6.89	31.00	40.64	7.05	0.53	0.27

数据来源：四川农业大学

栽培草地

鞘口

株丛

小穗

花序

扁穗雀麦 | *Bromus catharticus* Vahl.

形态特征　一年生，直立草本。秆高60～100 cm，直径约5 mm。叶鞘闭合，被柔毛；叶舌长约2 mm；叶片长30～40 cm，宽4～6 mm，散生柔毛。圆锥花序开展，长约20 cm；分枝长约10 cm，粗糙；小穗两侧极压扁，长15～30 mm，宽8～10 mm，含6～11小花；小穗轴节间长约2 mm；颖窄披针形，第一颖长10～12 mm，具7脉，第二颖稍长，具7～11脉；外稃长15～20 mm，具11脉，沿脉粗糙，顶端具芒尖，基盘钝圆，无毛；内稃窄小，长约为外稃的1/2，两脊生纤毛；雄蕊3枚，花药长0.3～0.6 mm。颖果与内稃贴生，长7～8 mm。

生境与分布　生于山坡荫蔽沟边。江苏、福建、广东等有引种栽培，现已逸为野生。

饲用价值　再生性及分蘖力强，草产量高，适口性好，且耐寒性较强，在长江以南是保障冬春季节饲料供给的重要优良牧草之一。其化学成分见下表。

扁穗雀麦的化学成分（%）

样品情况		干物质	占干物质					钙	磷
			粗蛋白	粗脂肪	粗纤维	无氮浸出物	粗灰分		
开花期	干样	91.74	11.62	3.28	29.46	45.81	9.82	0.88	0.13

数据来源：兰州大学

生境

植株

鞘口

小穗

成熟期小穗

叶舌

花序

黔南扁穗雀麦 | *Bromus catharticus* Vahl. 'Qiannan'

品种来源　贵州省草业研究所和四川农业大学联合申报，2009年通过全国草品种审定委员会审定，登记为野生栽培品种，品种登记号为360；申报人为尚以顺、谢彩云、陈燕萍、张新全、薛世明。

形态特征　一年生，直立草本。高110～170 cm。叶鞘闭合，被柔毛；叶舌长约2 mm；叶片黄绿色，长30～40 cm，宽4～6 mm。圆锥花序开展，长约20 cm，分枝长约10 cm；小穗两侧极压扁，小穗轴节间长约2 mm；颖窄披针形，第一颖长约10 mm，具7脉，第二颖稍长；外稃长约20 mm，具11脉，沿脉粗糙，顶端具芒尖，基盘钝圆；内稃窄小，长约为外稃的1/2，两脊生纤毛；雄蕊3枚。颖果与内稃贴生。

生物学特性　喜温凉湿润气候。适宜在海拔500～2300 m的西南地区种植。贵州独山9月中下旬播种，9月底出苗，12月上旬分蘖，翌年4月初开花，5月中下旬种子蜡熟，生育期220天左右。

饲用价值　草产量高，亩产鲜草4500 kg，草质柔嫩，适口性好，可直接放牧或刈割青饲，也可单独青贮或与其他牧草混合青贮利用。其化学成分见下表。

饲用价值　可秋播或春播，秋播为9～10月，春播为3～4月。撒播、条播均可，条播播种量为90～120 kg/hm²，行距20～30 cm，播深5～8 cm，播后覆土；撒播播种量为120～150 kg/hm²。出苗后株高4～5 cm时，施尿素75 kg/hm²作提苗肥，在分蘖初期轻牧一次，利用后追施尿素120 kg/hm²，入夏前后停止刈割或放牧，可进行一次中耕，并追施尿素、硫酸钾各150 kg/hm²。

黔南扁穗雀麦的化学成分（%）

样品情况		干物质	占干物质					钙	磷
			粗蛋白	粗脂肪	粗纤维	无氮浸出物	粗灰分		
分蘖期	干样	99.94	17.56	4.27	22.92	40.44	14.80	0.83	—
拔节期	干样	98.07	4.52	32.85	31.65	13.36	0.83	—	4.43

数据来源：贵州省草业研究所

栽培草地（营养期）

栽培草地（成熟期）

花序

秆叶局部

短柄草属
Brachypodium P. Beauv.

短柄草 | *Brachypodium sylvaticum* (Huds.) Beauv.

形态特征　多年生，丛生草本。秆高50～90 cm，具6～7节，节密生细毛。叶鞘短于节间，被倒向柔毛；叶舌厚膜质，长1～2 mm；叶片长10～30 cm，宽6～12 mm，两面散生柔毛。穗形总状花序，长10～18 cm；穗轴节间长1～2 cm；小穗柄长约1 mm；小穗圆筒形，长20～30 mm；颖披针形，上部与边缘被短毛，第一颖长7～9 mm，具5～7脉，第二颖长8～12 mm，具7～9脉；外稃长圆状披针形，长6～13 mm，具7～9脉，背面上部与基盘贴生短毛；芒细直，长8～12 mm；内稃短于外稃，顶端截平钝圆，脊具纤毛；花药长约3 mm；子房顶端具毛。

生境与分布　生于海拔2700～3700 m的灌丛草地。分布于西藏、四川等。

饲用价值　草质柔软，适口性好，牛、马、绵羊等牲畜喜食，属中上等牧草。其化学成分见下表。

短柄草的化学成分（%）

样品情况		干物质	占干物质					钙	磷
			粗蛋白	粗脂肪	粗纤维	无氮浸出物	粗灰分		
开花期	干样[1]	91.68	11.21	2.86	35.49	41.58	8.86	0.38	0.16
成熟期	干样[1]	93.62	8.16	2.10	30.56	48.15	11.02	0.45	0.10
结实期	绝干[2]	100.00	8.85	1.40	36.90	45.85	7.00	—	—
开花期	干样[3]	90.99	6.82	1.67	38.45	44.65	8.40	0.20	0.11

数据来源：1. 兰州大学；2. 重庆市畜牧科学院；3. 西南民族大学

叶片

鞘口及节部

叶舌

花序

生境

披碱草属
Elymus L.

披碱草 | *Elymus dahuricus* Turcz. ex Griseb.

形态特征　多年生，疏丛草本。秆直立，高70～140 cm。叶鞘光滑无毛；叶片扁平，腹面粗糙，背面光滑。穗状花序直立；穗轴边缘具小纤毛；小穗绿色，成熟后草黄色，含3～5小花；颖披针形，长8～10 mm，先端具长达5 mm的短芒，背面具3～5明显粗糙的脉；外稃披针形，上部具5条明显的脉，第一外稃长9 mm，先端延伸成芒，芒粗糙，成熟后向外展开；内稃与外稃等长，先端截平，脊上具纤毛。

生境与分布　喜温凉气候，是高寒草甸类草地中的优势种或伴生种。川西北高原是其重要分布区域。

饲用价值　适口性好，各类家畜所喜食，为优质牧草。其化学成分见下表。

披碱草的化学成分（%）

样品情况		干物质	占干物质					钙	磷
			粗蛋白	粗脂肪	粗纤维	无氮浸出物	粗灰分		
抽穗期	绝干[1]	100.00	19.94	2.67	29.61	36.36	11.42	—	—
成熟期	绝干[1]	100.00	10.08	2.77	35.82	40.43	10.90	—	—
开花期	干样[2]	91.50	10.70	2.48	33.61	43.27	9.94	0.45	0.26
成熟期	干样[2]	93.01	8.96	1.99	34.86	48.63	5.57	0.31	0.14

数据来源：1. 四川农业大学；2. 兰州大学

节部特征

花期群体

花序局部

鞘口

黑紫披碱草 | *Elymus atratus* (Nevski) Hand.-Mazz.

形态特征 多年生，疏丛草本。秆直立，较细弱，高40～60 cm。叶鞘无毛；叶舌不明显；叶片线形，多少内卷，长3～10 cm，宽仅2 mm。穗状花序较紧密，曲折而下垂，长5～8 cm，小穗多少偏于一侧，通常每节具2个而接近先端各节仅具1个小穗；小穗成熟后变成黑紫色，长8～10 mm，含2～3小花；颖甚小，长2～4 mm，狭长圆形，具1～3脉，主脉粗糙，侧脉不显著，顶端渐尖；外稃披针形，密生微小短毛，具5脉，第一外稃长7～8 mm，顶端延伸成芒；内稃与外稃等长，先端钝圆，脊具纤毛，其毛接近基部渐不明显。

生境与分布 中生植物，生于海拔3000～3700 m的山地阴坡高寒灌丛草甸和沟谷草甸。分布于四川、西藏、青海、甘肃及新疆等。

饲用价值 适口性好，为优等牧草。生产性能好，草产量和种子产量均较高，是建植人工草地的当家草种，亦可用于草地补播改良。可制作青贮饲料，亦可晒制成干草。其化学成分见下表。

黑紫披碱草的化学成分（%）

样品情况	干物质	占干物质					钙	磷
		粗蛋白	粗脂肪	粗纤维	无氮浸出物	粗灰分		
开花期　干样[1]	99.46	6.95	1.18	36.46	49.03	6.38	0.37	0.12
成熟期　干样[2]	92.20	8.05	1.55	35.21	48.66	6.54	0.25	0.15

数据来源：1. 四川农业大学；2. 兰州大学

花期群体

花序

小穗

花序局部

圆柱披碱草 | *Elymus dahuricus* var. *cylindricus* Franch.

形态特征　多年生，疏丛草本。秆直立，高35～85 cm。叶鞘无毛；叶舌先端钝圆；叶片扁平，长5～20 cm，宽2～5 mm。穗状花序长6～10 cm，宽4～5 mm，穗轴边缘具小纤毛，除接近先端各节仅具1小穗外，其余各节具2小穗；小穗绿色或带紫色，长7～10 mm，通常含2～3小花，仅1～2小花发育；颖披针形，长7～8 mm，脉明显而粗糙，先端渐尖或具长达4 mm的短芒；外稃披针形，第一外稃长7～8 mm，顶端芒粗糙，直立或稍展开，长6～13 mm；内稃与外稃等长，先端钝圆，脊上有纤毛。

生境与分布　喜弱酸性土壤，喜湿，喜肥沃地。生于山坡草原化草甸、河谷草甸。川西北高原有分布。

饲用价值　返青至开花前，质地较柔嫩，适口性好，马、牛、羊均喜食；开花后质地粗老，家畜主要采食较柔嫩的部分；成熟后质地较粗硬，适宜调制干草，属良等牧草。其化学成分见下表。

圆柱披碱草的化学成分（%）

样品情况		干物质	占干物质					钙	磷
			粗蛋白	粗脂肪	粗纤维	无氮浸出物	粗灰分		
开花期	干样[1]	92.11	9.16	1.44	41.83	41.36	6.21	0.22	0.21
抽穗期	干样[2]	92.00	9.05	1.85	33.83	46.21	9.07	0.24	0.23
成熟期	干样[2]	93.90	9.32	1.25	30.36	50.39	8.68	0.43	0.15
开花期	干样[3]	91.37	9.82	2.65	35.86	42.93	8.24	0.34	0.16

数据来源：1.四川农业大学；2.兰州大学；3.西南民族大学

节部特征　　　　　　　　　　　　　秆叶局部

生境

株丛

花序

花序（成熟期）

肥披碱草 | *Elymus excelsus*
Turcz. ex Griseb.

形态特征 多年生，疏丛草本。秆直立，高140～170 cm，直径达6 mm。叶鞘无毛；叶舌截平，长1～1.5 mm；叶片扁平，长15～30 cm，宽1～1.6 cm。穗状花序直立，长15～22 cm，宽10～12 mm；每节生2～3小穗，小穗长12～15 cm，含5～7小花；颖狭披针形，长10～13 mm，脉明显而粗糙，先端具长达7 mm的芒；外稃矩圆状披针形，背部无毛；第一外稃长8～12 mm，顶端芒粗糙，反曲，芒长12～20 mm；内稃稍短或等长于外稃。颖果长圆形，淡紫褐色。

生境与分布 生于干草原、森林平原地带的山坡或稍湿润的区域。川西北高寒草原区有大量分布。

饲用价值 抗寒性良好，返青早，分蘖拔节持续时间长，叶量较丰富。开花以前刈割，为各种家畜所喜食，成熟后纤维含量剧增，茎叶变硬，适口性降低。可在干旱和半干旱地区、轻度及中度盐渍化土壤上栽培，年均干草产量6000～9000 kg/hm²。其化学成分见下表。

肥披碱草的化学成分（%）

样品情况	干物质	占干物质					钙	磷
		粗蛋白	粗脂肪	粗纤维	无氮浸出物	粗灰分		
开花期 干样	92.97	10.56	2.85	38.57	39.26	8.76	—	—

数据来源：中国农业大学

节部特征

鞘口

株丛

花序

无芒披碱草 | *Elymus sinosubmuticus* S. L. Chen

形态特征 多年生，疏丛草本。秆直立，基部稍膝曲，高40～70 cm。叶鞘短于节间；叶舌不明显；叶片扁平，腹面粗糙，背面光滑，长4～12 cm，宽1.5～3 mm。穗状花序较稀疏，柔弱而下垂，灰绿色稍带紫色，长4～10 cm，穗轴边缘粗糙；每节通常具2小穗，小穗长9～13 mm，具2～4小花；颖长圆状披针形，长2～3 mm，具3脉，先端渐尖但不具小尖头；外稃披针形，具5脉，第一外稃长7～8 mm，先端具粗糙的短芒；内稃和外稃等长，脊上具纤毛。

生境与分布 喜阳、耐旱、耐寒、耐瘠薄，为旱中生植物。分布于海拔3000～3500 m的川西北高原亚高山草甸、亚高山灌丛草甸。

饲用价值 川西北亚高山天然草场补播改良或建立人工草地的重点草种。抽穗前秆叶鲜嫩柔软，适口性好，牛、马、羊均喜采食；抽穗到颖果成熟期，秆迅速老化，纤维素增多，营养价值降低，适口性较差。其主要成分较老芒麦（*Elymus sibiricus*）、垂穗披碱草（*E. nutans*）等优良牧草含量稍低，但比一般禾草高。其化学成分见下表。

无芒披碱草的化学成分（%）

样品情况	干物质	占干物质					钙	磷
		粗蛋白	粗脂肪	粗纤维	无氮浸出物	粗灰分		
开花期　干样	91.68	11.19	3.26	30.51	48.68	6.36	0.31	0.38

数据来源：四川农业大学

鞘口　　花序

成熟期株丛

栽培群体

肃　草 | *Elymus strictus*
(Keng) S. L. Chen

形态特征　多年生，疏丛直立草本，全株灰绿色。高50～130 cm，质较坚硬。叶片内卷，长8～16 cm，宽4～8 mm。穗状花序直立，长16～26 cm；每节着生1小穗；小穗灰绿色，含5～14小花；颖先端渐尖，长7～13 mm，第一颖较第二颖短1～2 mm，具5～7明显而强壮的脉，脉粗糙；外稃背部平滑，下部两侧接近边缘处具微毛，上部明显具5脉，脉粗糙，第一外稃长9～10 mm，先端具长14～22 mm的芒，粗糙，微反曲；内稃与外稃等长，顶端截平或微凹，脊间上部被微毛。

生境与分布　生于海拔1400～4300 m的山坡、林缘、草地、山沟冲积带以及干燥沙砾地。四川有分布。

饲用价值　叶量大，质地稍粗糙，但牛、马、羊均喜采食。抗寒性强，在-33℃低温下仍能越冬，为高寒牧区优质高产牧草，在川西高原地区及周边省区海拔3000 m以上区域广泛利用，每公顷可产鲜草20 470～21 265 kg、干草7235～7682 kg、种子1265 kg。

株丛

栽培草地

花序

麦薲草 | *Elymus tangutorum* (Nevski) Hand.-Mazz.

形态特征　多年生，疏丛草本。植株高大粗壮，高70～150 cm，具4～5节，基部膝曲。叶鞘光滑；叶舌截平，长约1 mm；叶片扁平，长10～20 cm，宽3～6 mm，腹面粗糙，背面光滑。穗状花序直立，长10～17 cm，粗6～10 mm；小穗稍偏于一侧，绿色稍带紫色，长9～15 mm，含3～4小花；颖披针形，长5～10 mm，脉明显而粗糙，先端尖；外稃矩圆状披针形，上部脉明显，第一外稃长8～12 mm，顶端芒粗糙，长5～10 mm；内稃与外稃等长，先端钝，脊上具纤毛。颖果披针形。

生境与分布　中生植物，抗寒性强，在海拔3000～3600 m的川西高原生长良好。四川、青海、甘肃、西藏、新疆、内蒙古、山西等有分布。

饲用价值　草质柔软，无异味，各种牲畜喜食。可以青饲、刈割调制干草，也可以青贮，以干草利用最为普遍，属优等牧草。其化学成分见下表。

麦薲草的化学成分（%）

样品情况		干物质	占干物质					钙	磷
			粗蛋白	粗脂肪	粗纤维	无氮浸出物	粗灰分		
开花期	干样[1]	89.88	12.46	3.22	26.75	50.85	6.72	0.35	0.20
抽穗期	干样[2]	92.10	6.97	2.29	32.92	49.75	8.07	0.31	0.22
成熟期	干样[2]	94.91	7.61	1.36	33.39	50.72	6.92	0.25	0.36

数据来源：1.四川农业大学；2.兰州大学

栽培群体

花序局部

花期株丛

花序

短颖披碱草 | *Elymus burchan-buddae* (Nevski) Tzvel.

形态特征 多年生，疏丛草本。秆质硬，细瘦，高50～70 cm，具2～3节。叶鞘疏松，光滑；叶片条形，长5～20 cm，宽1～3 cm。穗状花序下垂，长4.5～6.5 cm，含5～10小穗，每节1小穗；小穗长10～15 mm，含3～4小花，草黄色；颖披针形，常具3脉，第一颖长2～5 mm，第二颖长3～7 mm；外稃披针形，具5脉，第一外稃长8～10 mm，芒长7～18 mm；内稃与外稃等长。颖果淡褐色。

生境与分布 适应性强，在海拔1500～4000 m地区均生长发育良好。常生于山坡草地和河滩草甸。四川有分布。

饲用价值 植株高大，分蘖力强，草产量在600～1200 kg/hm²，条件好的年份可达1500 kg/hm²以上，是天然草场放牧利用的优等牧草。其化学成分见下表。

短颖披碱草的化学成分（%）

样品情况		占干物质					钙	磷
		粗蛋白	粗脂肪	粗纤维	无氮浸出物	粗灰分		
抽穗期	绝干	7.59	2.73	36.17	46.55	6.96	1.99	0.15
开花期	绝干	9.09	3.63	37.73	43.64	5.91	—	—

数据来源：《中国饲用植物》

花序

秆叶局部

栽培群体

野生群体

同德短芒披碱草 | *Elymus breviaristatus* (Keng) Keng f. 'Tongde'

品种来源 青海省牧草良种繁殖场和青海省畜牧兽医科学院草原研究所联合申报，2006年通过全国草品种审定委员会审定；登记为野生栽培品种，品种登记号为331；申报者为孙明德、周青平、牛建伟、韩志林、张生莲。

形态特征 多年生，直立草本，具短根茎。秆直立，下部节多膝曲。叶鞘光滑；叶舌顶端平截，长约0.5 mm；叶片扁平，长6～18 cm，宽5～10 mm。穗状花序疏松，长10～18 cm；小穗灰绿色，成熟后稍紫色，常以2枚生于穗轴一节，长10～15 mm，含4～6小花；颖长圆状披针形，长3～5 mm，具1～3脉；外稃披针形，背部被短小微毛，具5脉，第一外稃长7～9 mm，顶端具2～5 mm的短芒；内稃顶端钝圆，脊上具稀疏小纤毛；花药长约1.5 mm。颖果披针形，灰褐色，长6.4～8.6 mm。去稃后的种子先端具绒毛，灰白色，长4 mm，腹面微凹，有明显的纵肋。

生物学特性 耐旱，在高寒牧区旱作条件下生长发育良好；耐寒性好，越冬率可达95%；耐盐碱，在pH 8.5的土壤上生长良好。播种当年生长缓慢，第二年生长迅速，5月初返青，生育期为110～113天。

饲用价值 叶量丰富，茎叶柔软，适口性好，家畜均喜食。宜于开花期刈割，营养丰富。其化学成分见下表。

栽培要点 条播种植，行距30 cm，播深3～4 cm，播种量为22.5 kg/hm²。播种当年出苗后，清除杂草一次，每年中耕除草一次。

同德短芒披碱草的化学成分（%）

样品情况	占干物质					钙	磷
	粗蛋白	粗脂肪	粗纤维	无氮浸出物	粗灰分		
开花期　绝干	11.09	2.39	38.71	39.83	7.98	—	—

数据来源：西南民族大学

栽培群体

花序

垂穗披碱草 | *Elymus nutans* Griseb.

形态特征　多年生，疏丛草本。秆直立，高60～120 cm，一般具3节。叶鞘除基部外均短于节间；叶舌极短，长约0.5 mm；叶片扁平，长6～10 cm，宽3～5 mm，腹面疏生柔毛。穗状花序细长，排列较紧密，小穗多偏于穗轴的一侧，长5～12 cm；穗轴通常每节具2小穗，接近顶端各节具1小穗；小穗绿色，成熟后带紫色，长12～15 mm，含3～4小花，其中仅2～3小花发育；颖长圆形，长4～5 mm，具1～4 mm长的短芒；外稃长披针形，具5脉，背部密生短毛，芒长12～20 mm，粗糙，向外反曲或稍展开；内稃与外稃等长，顶端钝圆或平截。

生境与分布　抗寒、耐旱。生于高原平滩地、阳坡沟谷、半阴坡等地带，常形成优势种群。川西北草原有分布。

饲用价值　草质柔软，适口性好，主要用作调制干草，也可刈割青饲或调制青贮料，是冬春季家畜的良等保膘牧草。其化学成分见下表。

垂穗披碱草的化学成分（%）

样品情况		干物质	占干物质					钙	磷
			粗蛋白	粗脂肪	粗纤维	无氮浸出物	粗灰分		
开花期	干样[1]	87.38	10.12	2.56	42.72	37.15	7.45	0.25	0.18
开花期	干样[2]	90.93	14.37	2.84	27.12	46.26	9.41	0.61	0.18
成熟期	干样[2]	92.36	9.97	2.30	32.96	44.11	10.66	0.44	0.22
开花期	干样[3]	91.08	9.07	7.22	41.02	35.65	6.64	0.25	0.15

数据来源：1.四川农业大学；2.兰州大学；3.西南民族大学

花序

节部特征

鞘口

花期株丛

花期群体

康巴垂穗披碱草 | *Elymus nutans* Griseb. 'Kangba'

品种来源 四川省草原工作总站、四川省金种燎原种业科技有限责任公司和甘孜藏族自治州草原工作站等单位联合申报，2005年通过全国草品种审定委员会审定；登记为野生栽培品种，品种登记号为307；申报者为张新跃、谢永良、张瑞珍、李太强、刘登锴。

形态特征 多年生，疏丛草本，须根发达。秆直立，高60～120 cm，基部节稍膝曲。叶片条形，扁平，长6～10 cm，宽3～5 mm。穗状花序较紧密，长10～16 cm；小穗绿色，成熟后带紫色，长12～15 mm，含3～4小花，其中仅2～3小花发育；颖椭圆形，长4～5 mm。

生物学特性 耐寒，较耐瘠薄，抗倒伏能力相对较差。种子发芽力高，播种当年生长速度快，翌年萌发返青早；根系发达，保持水土能力强。

饲用价值 叶层高，叶量丰富，叶质柔嫩，草质优良。初花期刈割，草质柔嫩，营养价值高，适口性较好，马、牛、羊均喜食，属优等牧草。其化学成分见下表。

栽培要点 种子有长芒，播种前应去芒。春播，撒播、条播均可，条播行距30～45 cm。用于割草地建设时播种量为30 kg/hm²，用于种子生产时播种量为15 kg/hm²。单播、混播均可，播种后覆土1～2 cm为宜。苗期结合降水追施适量氮肥，拔节期至孕穗期追施适量磷钾肥，种子进入完熟期后应适时收获。

康巴垂穗披碱草的化学成分（%）

样品情况	干物质	占干物质					钙	磷
		粗蛋白	粗脂肪	粗纤维	无氮浸出物	粗灰分		
抽穗期 干样	90.00	11.40	2.70	33.80	45.20	6.90	0.64	0.29

数据来源：四川农业大学

栽培群体（营养期）

栽培群体（成熟期）

栽培群体

阿坝垂穗披碱草 | *Elymus nutans* Griseb. 'Aba'

品种来源　四川省草原科学研究院申报，2010年通过全国草品种审定委员会审定；登记为野生栽培品种，品种登记号为407；申报者为张昌兵、张玉、李达旭、游明鸿、白史且。

形态特征　多年生，疏丛草本，根系发达。秆基部膝曲，植株斜生，株高90～120 cm，具3～4节。茎叶灰绿色，旗叶长约11 cm，宽约8 mm；倒二叶长约14 cm，宽约9 mm。穗状花序较紧凑，小穗多偏于穗轴一侧，每节多具2～3小穗；小穗灰紫色。

生物学特性　对土壤要求不严，在瘠薄、弱酸、微碱的土壤中均生长良好。适宜在海拔3000～4500 m、年降雨量600 mm以上的地区种植，在川西北高寒地区栽培，4月中旬返青，6月下旬孕穗，7月中旬抽穗，9月上旬种子成熟，生育期为140～153天。

饲用价值　营养枝多，叶量丰富，草质柔软，适口性好，马、牛、羊均喜食，尤其是马和牦牛喜食。川西北牧区年可刈割一次，年均干草产量为7905.5 kg/hm²。其化学成分见下表。

栽培要点　川西北高原最适播种期为5月中下旬，最迟不能超过6月中旬。条播时播种量为30～37.5 kg/hm²，撒播时播种量为37.5～45 kg/hm²，作退化草地补播改良时播种量为15～22.5 kg/hm²，播深为1～2 cm。拔节期施75～120 kg/hm²尿素和45～75 kg/hm²复合肥并及时防除阔叶杂草。

阿坝垂穗披碱草的化学成分（%）

样品情况	干物质	占干物质					钙	磷
		粗蛋白	粗脂肪	粗纤维	无氮浸出物	粗灰分		
抽穗期　干样	89.40	10.48	3.46	31.49	49.31	5.10	—	—

数据来源：四川农业大学

花序　　　　节部特征

株丛

花期群体

康北垂穗披碱草 | *Elymus nutans* Griseb. 'Kangbei'

品种来源　四川农业大学、西南民族大学、甘孜藏族自治州畜牧业科学研究所联合申报，2017年通过全国草品种审定委员会审定；登记为野生栽培品种，品种登记号527；申报者为张新全、陈仕勇、马啸、蒋忠荣、刘志华。

形态特征　多年生，疏丛草本，根系发达。植株粗壮高大，秆直立，高115～140 cm，具3～5节，基部稍有膝曲。叶片条形，扁平，长6～25 cm，宽7～15 mm。穗状花序较紧密且下垂，长16～28 cm，具23～30节，每节多具2～3小穗；颖长圆形，长4～6 mm；外稃延长成芒，长1.8～2.3 mm，成熟后芒稍展开或向外反曲。颖果长椭圆形，深褐色。

生物学特性　对土壤要求不严，耐瘠薄；抗寒性表现优良；直立性强、抗倒伏。在甘孜地区栽培，5月上中旬播种，2周后出苗，1个月左右开始分蘖，播种当年部分植株能够完成其生育期，翌年3月下旬返青，6月下旬孕穗，7月上旬抽穗，7月中下旬开花，8月中下旬种子成熟。

饲用价值　草产量高，年均鲜草产量一般达20 000～30 000 kg/hm²，年均干草产量一般达6000～9000 kg/hm²，草质柔软，叶量丰富，适口性好，牛、羊等家畜均喜采食。其化学成分见下表。

栽培要点　川西北高原最适播种期为4月中旬至5月中旬。建植人工草地可单播，也可混播，条播行距20～30 cm为宜；种子生产，条播播种量为30～37.5 kg/hm²，退化草地补播改良时播种量为15～22.5 kg/hm²。分蘖拔节期施75～150 kg/hm²尿素和45～75 kg/hm²复合肥。在抽穗期收获其营养价值最高，刈割留茬高度在5～6 cm为宜。

康北垂穗披碱草的化学成分（%）

样品情况	干物质	占干物质					钙	磷
		粗蛋白	粗脂肪	粗纤维	无氮浸出物	粗灰分		
开花期　干样	90.12	7.60	2.67	36.8	47.73	5.20	0.18	0.14

数据来源：四川农业大学

花序

栽培草地

抽穗期株丛

花期株丛

老芒麦 | *Elymus sibiricus* L.

形态特征 多年生，丛生草本。秆粉绿色，直立，高60～90 cm，下部的节稍呈膝曲状。叶鞘光滑无毛；叶片平展，长10～20 cm，宽约1 cm。穗状花序较疏散下垂，长15～20 cm，每节具2小穗；小穗灰绿色或带紫色，具4～5小花；颖窄披针形，背部无毛，先端尖；外稃披针形，背部粗糙被微毛，上部5脉，第一外稃长8～11 mm，顶端芒粗糙，反曲；内稃与外稃近等长，先端2裂，脊被纤毛。花果期6～9月。

生境与分布 喜阳，耐旱。常见于高海拔的山坡草地。川西北高原常见牧草。

饲用价值 适口性较好，各类家畜喜食，属优质牧草。其化学成分见下表。

老芒麦的化学成分（%）

样品情况		干物质	占干物质					钙	磷
			粗蛋白	粗脂肪	粗纤维	无氮浸出物	粗灰分		
孕穗期	干样[1]	91.03	15.09	2.43	29.54	42.91	10.03	0.27	0.26
开花期	干样[1]	90.76	9.28	1.97	40.11	42.78	5.86	0.21	0.28
开花期	干样[2]	93.05	10.39	3.01	29.34	52.17	5.09	0.44	0.12
成熟期	干样[2]	92.08	6.39	2.04	35.24	49.12	7.21	0.46	0.10

数据来源：1. 四川农业大学；2. 兰州大学

栽培群体　　　　　　　　　　　　　　　　　　　花序

生境

节部特征

成熟花序

株丛

秆叶局部

川草 1 号老芒麦 | *Elymus sibiricus* L. 'Chuancao No. 1'

品种来源 四川省草原科学研究院申报，1990年通过全国草品种审定委员会审定；登记为育成品种，品种登记号为051；申报者为杨智永、王元富、盘朝邦、胡启元、柏正强。

形态特征 多年生，疏丛草本。高90～100 cm，4～5节，基部斜弯，中上部直立。叶片长17～21 cm，宽6～9 mm。穗状花序稍弯曲下垂，长20 cm；穗轴每节有2小穗，顶部1小穗；中部小穗有7～11小花；外稃淡紫红色，具芒，芒长约13 mm。

生物学特性 分蘖力强、抗寒、耐湿、抗病，适宜在川西北高原地区种植。在高原低热量条件下，春播当年生长快，能有较大的生长量，且有少许枝条抽穗；翌年一般于4月中旬返青，7月上中旬抽穗，9月初种子成熟，枯黄期为10月底或11月初。

饲用价值 草产量高，在四川省阿坝藏族羌族自治州红原县播种第2～4年年均干草产量达9072 kg/hm²，比本地老芒麦增产21.6%～40%；利用年限长达5年，比本地老芒麦长2～3年；品质优，叶量丰富，粗蛋白含量比本地老芒麦高；持青期长，比本地老芒麦长1个月。其化学成分见下表。

栽培要点 川西北高原宜选择草甸草场种植，春播或夏播，播种期不晚于6月中旬。播种前翻耕整地，施腐熟有机肥作基肥。条播行距20 cm，播深2～3 cm，播种量30～37.5 kg/hm²，苗期及返青后追施氮肥，每公顷施尿素150 kg；分蘖期至拔节期及时除杂草。

川草1号老芒麦的化学成分（%）

样品情况	干物质	占干物质					钙	磷
		粗蛋白	粗脂肪	粗纤维	无氮浸出物	粗灰分		
开花期　干样	91.22	8.79	2.52	39.14	46.26	3.29	0.14	0.23

数据来源：四川省草原科学研究院

鞘口

花序

株丛

栽培基地

川草 2 号老芒麦 | *Elymus sibiricus*
L. 'Chuancao No. 2'

品种来源 四川省草原科学研究院申报，1991年通过全国草品种审定委员会审定；登记为育成品种，品种登记号为052；申报者为杨智永、王元富、盘朝帮、柏正强。

形态特征 多年生，疏丛草本，根系发达。秆中等粗细，具5～6节，基部弯曲，中上部直立。叶片基部斜伸至中上部弯垂呈弧形，叶鞘和叶片绿色深浅中等偏淡。穗状花序，灰绿色带紫色，具穗节具小穗30个左右，基部穗节具1～2小穗；外稃灰绿色，基部及脉淡紫色，具长约1.2 cm的芒。

生物学特性 对土壤要求不严，在瘠薄、弱酸、微碱或腐殖质含量较高的土壤中均生长良好。具有生长旺盛、分蘖力强、植株高大、叶量丰富、越冬良好等特性，适于在川西北高原推广。

饲用价值 营养枝多，叶量丰富，草质柔软，适口性好，马、牛、羊均喜食，尤其是马和牦牛喜食。在川西北牧区年可刈割一次，年均干草产量达7500～9300 kg/hm²。其化学成分见下表。

栽培要点 川西北高原播种期为5月至6月中旬。种子生产以行距40 cm条播为宜，饲草生产可条播（行距30～40 cm），亦可撒播，播深1～2 cm。种子生产播种量为18～22 kg/hm²，饲草生产播种量为27～30 kg/hm²；分蘖期和每次刈割后分别追施120～180 kg/hm²尿素或复合肥。

川草2号老芒麦的化学成分（%）

样品情况	干物质	占干物质					钙	磷
		粗蛋白	粗脂肪	粗纤维	无氮浸出物	粗灰分		
分蘖期 干样	80.38	13.46	10.70	27.67	40.61	7.56	0.14	0.20
开花期 干样	89.85	10.13	2.58	33.87	48.05	5.38	0.32	1.40

数据来源：四川农业大学

花序　　　　　节部特征

花期株丛

秆叶局部

青牧 1 号老芒麦 | *Elymus sibiricus* L. 'Qingmu No. 1'

品种来源 青海省牧草良种繁殖场、青海省畜牧兽医科学院草原研究所和青海省草原总站联合申报，2004年通过全国草品种审定委员会审定；登记为育成品种，品种登记号为279；申报者为周青平、孙明德、颜红波、张海梅、徐有学。

形态特征 多年生，直立草本。株高90～140 cm。叶鞘无毛，短于节间；叶片扁平，长约20 cm。穗状花序较疏松而下垂，每节具2小穗；小穗灰绿色或稍带紫色，含4～5小花；颖狭披针形，长4～5 mm，具3～5明显的脉，脉上粗糙，背部无毛，先端渐尖或具长达4 mm的短芒；外稃披针形，背部粗糙无毛，具5脉；第一外稃长约8 mm，顶端具15～20 mm长芒；内稃几与外稃等长，先端2裂，脊上全部具小纤毛，脊间亦被稀少而微小的短毛。

生物学特性 具有耐寒、耐旱、耐盐碱、青绿期长、对土壤要求不严格等优点。适宜在青藏高原海拔2000～4200 m、年降雨量400 mm左右的地区栽培。生育期126～145天。

饲用价值 分蘖多，叶量大，叶位高，优质高产。其化学成分见下表。

栽培要点 播种前深翻土地，施足基肥，耙耱平整。有灌溉条件的地区，可在播种前灌水，以保证播种时墒情。种子具长芒，播种前应截芒，增强种子流动性，加大播种机的排种齿轮间隙或去掉输种管。播种过程中应注意种子流动情况，防止堵塞，保证播种质量。播种量为18.75～22.5 kg/hm²，种子田可酌量减少。

青牧1号老芒麦的化学成分（%）

样品情况	干物质	占干物质					钙	磷
		粗蛋白	粗脂肪	粗纤维	无氮浸出物	粗灰分		
孕穗期 干样	93.42	11.98	2.95	27.63	49.09	8.35	—	—
抽穗期 干样	90.93	11.14	2.84	27.25	52.84	5.92	—	—
开花期 干样	90.76	11.71	2.05	31.37	47.17	7.70	—	—

数据来源：西南民族大学

栽培草地

花序

阿坝老芒麦 | *Elymus sibiricus* L. 'Aba'

品种来源 四川阿坝大草原草业科技有限责任公司、四川省金种燎原种业科技有限责任公司和阿坝藏族羌族自治州阿坝州草原工作站联合申报，2010年通过全国草品种审定委员会审定；登记为野生栽培品种，品种登记号为392；申报者为刘斌、姚明久、陈涛、任朝明、高燕蓉。

形态特征 多年生，疏丛草本，须根发达。秆直立，株高60～120 cm，基部节稍膝曲。叶片条形，扁平，长10～20 cm，宽5～8 mm。穗状花序，长15～20 cm；小穗排列较疏松，含4～5小花；外稃具5脉，顶端延伸成向外反曲的长芒，芒长12～20 mm。颖果长扁圆形。

生物学特性 根系发达，保持水土能力强。返青早，青草期长，在–25℃的生境中能顺利越冬。适宜在四川阿坝海拔2000～4000 m的地区推广种植。

饲用价值 叶片宽，叶层高，叶量丰富，年刈割2～3次，年均干草产量约8000 kg/hm²，属优等牧草。在海拔2000～4000 m的地区栽培能够获得较高的种子产量和牧草产量。其化学成分见下表。

栽培要点 在川西北高原种植，宜春播或夏播，春播当年可获得一定产量；夏播，播种期不晚于6月中旬。种子生产，宜采用条播，播种量为15～22.5 kg/hm²，行距为30 cm，播深为3～4 cm。建植人工草地每公顷用种30 kg，条播行距为15～30 cm，撒播一般采用人工和飞机撒播。拔节至孕穗期，有灌溉条件的，及时灌水，同时追施尿素75～150 kg/hm²。刈割期为始花期，每年刈割1～2次，留茬高度4～6 cm。

阿坝老芒麦的化学成分（%）

样品情况	占干物质					钙	磷
	粗蛋白	粗脂肪	粗纤维	无氮浸出物	粗灰分		
抽穗期　绝干	12.10	2.60	37.50	43.40	4.40	0.40	0.10

数据来源：四川农业大学

栽培草地

株丛

花序

花期群体

康巴老芒麦 | *Elymus sibiricus* L. 'Kangba'

品种来源 甘孜藏族自治州畜牧科学研究所申报，2013年通过全国草品种审定委员会审定；登记为野生栽培品种，品种登记号为461；申报者为龙兴发、蒋忠荣、李太强、朱连发、杨秀全。

形态特征 多年生，疏丛草本。秆基部稍倾斜，淡绿色，高约130 cm。叶鞘光滑；叶舌膜质；无叶耳；叶片扁平，长约25 cm，宽约1.2 cm，两面粗糙。穗状花序较疏松，长约24 cm，弯曲下垂，每节2～3小穗，顶部有2～5 cm小穗不结实；小穗灰绿色，含4～5小花；颖狭披针形，粗糙，外稃芒长1.5 cm。颖果长扁圆形，成熟后易脱落。

生物学特性 具返青早、青绿期长、叶量丰富、抗性强等特点。适宜在川西北高原种植，在四川甘孜藏族自治州高原5～6月播种，播种后13～18天出苗，出苗后25天开始分蘖，35天开始拔节，翌年3月中旬至4月下旬返青，7月上中旬开花，8月中旬种子成熟。

饲用价值 再生性能好，耐践踏，适于放牧利用或刈割调制干草。播种当年生长快，生长旺盛，草层密度大，可刈割1～2次，年均干草产量8000～12 000 kg/hm²。其化学成分见下表。

栽培要点 种子具有较长的芒，如用机播，播种前需进行脱芒处理，以增加种子的流动性。在川西北牧区种植视具体情况可以在4～6月播种。撒播或条播均可，牧草生产以撒播为宜，播种量为22.5～30 kg/hm²，草地补播的播种量为15～22.5 kg/hm²。播种后及时覆土镇压1～2 cm，使种子与土壤紧密结合，以利保墒出苗。播种当年苗期生长相对缓慢，最好禁牧一段时间，同时注意杂草及鼠虫害等的防治。分蘖期、拔节期可视情况追施复合肥150～225 kg/hm²。

康巴老芒麦的化学成分（%）

样品情况	干物质	占干物质					钙	磷
		粗蛋白	粗脂肪	粗纤维	无氮浸出物	粗灰分		
开花期 干样	89.50	13.52	2.68	33.41	43.35	7.04	0.47	0.2
开花期 干样	90.12	13.43	2.66	33.18	43.75	6.99	—	—

数据来源：四川农业大学

花期群体局部

花序

株丛

栽培草地

民大 1 号老芒麦 | *Elymus sibiricus* L. 'Minda No. 1'

品种来源 西南民族大学申报，2018年通过四川省草品种审定委员会审定；登记为育成品种，品种登记号为2018008；申报者为周青平、陈有军、刘文辉、陈仕勇、田莉华。

形态特征 多年生，疏丛草本。秆光滑，高85～120 cm，具3～5节。叶鞘无毛，短于节间；叶片扁平，长6～18 cm，宽3～10 mm。穗状花序疏松下垂，长15～30 cm；穗轴细弱，常弯曲，棱边具小纤毛；每节常具2小穗；小穗长18～24 mm，含4～6小花；颖狭披针形，具1～3脉，背部粗糙或具短刺毛，长4～6 mm，顶端尖或具长达3～5 mm的短芒。种子黄色，长3～5.5 mm，宽1.2～1.5 mm。

生物学特性 适应性强，在海拔2200～3500 m高寒地区均能种植。在高寒牧区，通常5月下旬播种，15天后相继出苗，30天后开始分蘖，播种当年除少量抽穗外，基本上处于营养期。翌年4月中旬返青，5月下旬进入拔节期，6月中旬为孕穗期，6月底抽穗，7月中下旬开花，8月中旬进入灌浆期，9月初种子成熟。

饲用价值 草质柔软，叶量丰富，适口性好，为优等牧草。可以单播建植人工割草地和放牧地，也可以与其他禾本科、豆科牧草混播，建植优质、高产的人工草地。其化学成分见下表。

栽培要点 播种前整地，施磷酸二铵80 kg/hm² 或农家肥312 kg/hm² 作基肥。在海拔3200 m以下地区，4月下旬至7月中旬播种；在海拔3200 m以上地区，5月中下旬至6月下旬播种。饲草生产可条播或撒播，播种量20～25 kg/hm²，条播行距30～35 cm。种子生产采用条播，行距40 cm，播种量15 kg/hm²。播深2～3 cm，播种后镇压。

民大1号老芒麦的化学成分（%）

样品情况		干物质	占干物质					钙	磷
			粗蛋白	粗脂肪	粗纤维	无氮浸出物	粗灰分		
开花期	干样	93.13	15.34	13.22	31.95	35.43	4.06	1.04	0.43

数据来源：西南民族大学

小穗

颖果

花序

株丛

鹅观草 | *Elymus kamoji*
(Ohwi) S. L. Chen

形态特征　多年生，丛生草本。秆直立，高50～100 cm。叶鞘通常无毛；叶片平展，长5～40 cm，宽3～13 mm。穗状花序直立，长7～20 cm；穗轴每节具1小穗，小穗长10～25 mm，具5～8小花；颖卵状披针形，第一颖长4～6 mm，第二颖长5～9 mm；外稃披针形，具有较宽的膜质边缘，背部以及基盘近于无毛或仅基盘两侧具有极微小的短毛，上部具明显的5脉，脉上稍粗糙，第一外稃长8～11 mm，先端延伸成芒，长20～40 mm；内稃约与外稃等长，脊显著具翼，翼缘具有细小纤毛。

生境与分布　适应性较强，生于海拔100～2300 m的林间、山坡或路旁。福建、广西、贵州、云南、四川、湖北、浙江、安徽等均有分布。

饲用价值　孕穗期前，叶量大，茎叶鲜嫩柔软，品质优良，马、牛、羊、兔、鹅均喜欢采食。抽穗后适口性下降，喜粗饲的牛可以利用。适宜青饲利用，也可调制成干草。其籽粒也是良好的精饲料。此外，其还是一种良好的水土保持植物。其化学成分见下表。

鹅观草的化学成分（%）

样品情况		干物质	占干物质					钙	磷
			粗蛋白	粗脂肪	粗纤维	无氮浸出物	粗灰分		
初花期	干样[1]	89.47	14.33	4.24	33.47	41.63	6.33	1.63	0.31
孕穗期	干样[2]	91.22	13.62	0.34	21.65	56.76	7.63	1.52	0.30
结实期	干样[3]	77.01	8.29	1.91	29.39	55.41	5.00	—	—

数据来源：1. 西南民族大学；2. 湖北省农业科学院畜牧兽医研究所；3. 重庆市畜牧科学院

花序局部

植株局部

鞘口

花序特写（小穗）

川引鹅观草 | *Elymus kamoji* (Ohwi) S. L. Chen 'Chuanyin'

品种来源　四川农业大学申报，2017年通过全国草品种审定委员会审定；登记为野生栽培品种，品种登记号为532；申报者为张海琴、周永红、沙莉娜、王益、马啸。

形态特征　多年生，疏丛草本。秆直立或基部倾斜，高80～130 cm。叶片扁平，略被白粉。穗状花序长7～20 cm，下垂；每节着生1小穗，每小穗含3～10小花；颖披针形，顶端具2～7 mm短芒；外稃披针形，芒长2～4 cm；内稃几与外稃等长。

生物学特性　对土壤要求不严格，在各种土壤上均可生长。适宜在长江流域海拔500～2500 m的亚热带丘陵、平坝地区种植。播种后20～25天出苗，11月下旬进入分蘖期，翌年3月中旬拔节，4月初孕穗，5月中上旬进入完熟期，生育期244天左右。

饲用价值　植株茎叶比为1∶1.2，叶片柔软，适口性好，牛、羊喜食，也可用于养兔、鹅、鱼等。可直接利用鲜草，也可青贮或晒制干草。年可刈割1～2次，年均鲜草产量50 000～72 000 kg/hm²、年均干草产量10 000～21 000 kg/hm²、年均种子产量1200～2200 kg/hm²。其化学成分见下表。

栽培要点　长江中上游亚热带地区一般为秋播，在寒温带地区宜春播，温凉地区可春播或秋播。条播、撒播均可，也可与其他禾本科、豆科牧草混播。条播行距30 cm左右，播幅5～10 cm，播深2 cm左右，播种量为1.5～2 kg/亩；撒播播种量适当增加。每次刈割后追施尿素8～10 kg/亩。

川引鹅观草的化学成分（%）

样品情况	干物质	占干物质					钙	磷
		粗蛋白	粗脂肪	粗纤维	无氮浸出物	粗灰分		
抽穗期　干样	93.50	14.60	23.50	19.10	34.10	8.70	0.71	0.30

数据来源：四川农业大学

花序

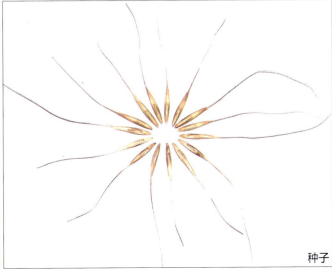
种子

栽培群体

花期株丛

纤毛鹅观草 | *Elymus ciliaris*
(Trin. ex Bunge) Tzvel.

形态特征 一年生，直立草本。秆基部节常膝曲，常被白粉。叶鞘无毛；叶片扁平，长约20 cm，宽3～10 mm，两面均无毛，边缘粗糙。穗状花序，长约12 cm；小穗通常绿色；颖椭圆状披针形，先端常具短尖头，具5～7脉，边缘与边脉上具纤毛，第一颖长7～8 mm，第二颖长8～9 mm；外稃长圆状披针形，背部被粗毛，边缘具长而硬的纤毛，第一外稃长8～9 mm，顶端延伸成粗糙反曲的芒，长10～30 mm；内稃长为外稃的2/3，先端钝头，脊的上部具少许短小纤毛。

生境与分布 生于路旁或潮湿草地以及山坡上。长江以南除海南之外均有分布。

饲用价值 抽穗期之前，茎叶比较鲜嫩柔软，马、牛、羊、兔、鹅均喜欢采食。适宜作放牧用，不宜作割草用。拔节期以前的株丛几乎能全部为畜群所利用，属中等牧草。其化学成分见下表。

纤毛鹅观草的化学成分（%）

样品情况	干物质	占干物质					钙	磷
		粗蛋白	粗脂肪	粗纤维	无氮浸出物	粗灰分		
抽穗期　干样	94.35	9.64	1.80	35.23	46.78	6.54	0.29	0.25

数据来源：湖北省农业科学院畜牧兽医研究所

生境

小穗

鞘口

群体花序

竖立鹅观草 | *Elymus ciliaris* var. *hackelianus* (Honda) G. Zhu et S. L. Chen

形态特征 一年生，疏丛草本。秆直立，高70～90 cm。叶片线形，扁平，长17～25 cm，宽约9 mm，腹面及边缘粗糙，背面较平滑。穗状花序，长10～22 cm；小穗长14～17 mm，含7～9小花；颖椭圆状披针形，先端锐尖，具5～7明显的脉，第一颖长6～7 mm，第二颖长7～8 mm；外稃长圆状披针形，边缘具短纤毛，背部粗糙，稀具短毛，先端两侧具细齿，上部具明显5脉，第一外稃长8～8.5 mm，芒粗糙，长2～2.5 cm；内稃长约为外稃的2/3，先端截平，脊上部1/3粗糙。

生境与分布 喜生于湿润的山坡或路边。除海南之外，长江以南均有分布。

饲用价值 开花前质地柔软、茎叶茂盛，马、牛、羊等喜食；开花后茎秆稍硬，但各类家畜喜食茎秆上部及叶。其化学成分见下表。

竖立鹅观草的化学成分（%）

样品情况	干物质	占干物质					钙	磷
		粗蛋白	粗脂肪	粗纤维	无氮浸出物	粗灰分		
抽穗期　干样	92.17	9.84	2.10	35.23	48.79	4.04	0.30	0.21

数据来源：湖北省农业科学院畜牧兽医研究所

根系　小穗

花序

秆叶局部

植株

赖草属
Leymus Hochst.

赖 草 | *Leymus secalinus* (Georgi) Tzvel.

形态特征 多年生，疏丛草本。秆直立，生殖枝高45～100 cm，营养枝高20～35 cm。叶鞘光滑无毛，基部残留叶鞘呈纤维状；叶片长8～30 cm，宽4～7 mm，腹面平滑，背面粗糙，深绿色，平展。穗状花序直立，长10～15 cm，宽10～17 mm，穗轴每节具2～3小穗；小穗长10～15 mm，含4～7小花；颖线状披针形，长8～12 mm，具1脉，边缘具纤毛；外稃披针形，被短柔毛，先端渐尖，第一外稃长8～10 mm；内稃与外稃等长，先端略显分裂。

生境与分布 生态适应性广，从暖温带、中温带的森林草原到干草原，以至海拔4500 m以上的高寒地带都有分布。四川有分布。

饲用价值 幼嫩时为山羊、绵羊所喜食，可放牧利用。水肥条件稍好时生长茂盛，属中等牧草。其化学成分见下表。

赖草的化学成分（%）

样品情况		干物质	占干物质					钙	磷
			粗蛋白	粗脂肪	粗纤维	无氮浸出物	粗灰分		
抽穗期	干样	91.32	12.22	1.93	34.21	45.95	5.69	0.19	0.18
开花期	干样	90.57	10.96	2.69	39.11	39.79	7.45	0.18	0.50

数据来源：四川农业大学

幼期花序

成熟期花序

小穗

新麦草属
Psathyrostachys Nevski

华山新麦草 | *Psathyrostachys huashanica* Keng ex P. C. Kuo

形态特征　多年生，丛生草本，具根茎。秆高约60 cm。叶鞘无毛，长于节间；叶舌长约0.5 mm；叶片扁平，宽约5 mm，长8～20 cm，边缘粗糙，腹面具柔毛，背面无毛。穗状花序长5～8 cm，宽约1 cm；穗轴成熟时逐节断落；小穗2～3枚生于1节，黄绿色，含1～2小花；小穗轴节间长约3.5 mm；颖锥形，粗糙，长10～12 mm；外稃无毛，粗糙，第一外稃长8～10 mm，先端具长5～7 mm的芒；内稃等长于外稃，具2脊，脊上部疏生微小纤毛；花药黄色，长约6 mm。花果期5～7月。

生境与分布　喜生于干旱的山坡路旁或岩缝间。中国特有种，产河南及陕西。

利用价值　华山新麦草是禾本科中少有的国家I级重点保护野生植物，具有重要的研究价值，为引起重视、加强保护，予以收录。

盆栽株丛

花序

秆叶局部

成熟期花序

叶片背腹面特征

以礼草属
Kengyilia C. Yen et J. L. Yang

糙毛以礼草 | *Kengyilia hirsuta* (Keng) J. L. Yang et al.

形态特征 多年生，丛生草本，具短根茎。秆直立，高60～120 cm，具2～3节。叶鞘无毛；叶片扁平，条形，长10～16 cm，宽3～9 mm。穗状花序直立，长6～8 cm，宽7～10 mm，穗轴节间被短柔毛，上部穗轴节间长1.3～3.5 mm，下部穗轴节间长5～15 mm；小穗呈覆瓦状排列，长10～15 mm，含4～7小花；颖卵状长圆形，先端渐尖，第一颖具3脉，长4.5～6 mm，第二颖具4脉，长5～7 mm；外稃具5脉，被长硬毛，第一外稃长8～10 mm，先端延长成芒；内稃与外稃等长或稍短，先端微凹。

生境与分布 生于海拔2800～4200 m的滩地、阳坡、高山灌丛及沟谷地带。川西北高原有分布。

饲用价值 开花前期草质柔软，适口性佳，营养价值高，为马、牛、羊所喜食。开花后茎秆稍硬，但茎秆上部仍为家畜所喜食。种子成熟时，茎秆变硬，适口性降低，可用于晒制干草，是冬春季补饲的重要牧草。单一栽培草地，在无灌溉条件下，播种当年干草产量1500～3000 kg/hm²，第2～6年年均干草产量4500～7500 kg/hm²。其化学成分见下表。

糙毛以礼草的化学成分（%）

样品情况		干物质	占干物质					钙	磷
			粗蛋白	粗脂肪	粗纤维	无氮浸出物	粗灰分		
抽穗期	干样	91.36	12.38	2.39	40.17	38.93	6.13	0.32	0.47
开花期	干样	93.70	11.63	2.16	42.23	37.46	6.52	0.32	0.29

数据来源：四川农业大学

花序

栽培群体

株丛

黑药以礼草 | *Kengyilia melanthera* (Keng) J. L. Yang et al.

形态特征 多年生，疏丛直立草本。株高20～70 cm，具2～3节。叶鞘平滑无毛；叶片扁平，长2.5～10 cm，宽2～5 mm。穗状花序直立，白黄褐色，长4～7 cm，宽10～15 mm；穗轴节间无毛，上部穗轴节间长约2 mm，下部穗轴节间长可达6 mm；小穗常偏于穗轴一侧，长10～14 mm，含3～5小花；颖长圆状披针形，具3～5脉，第一颖长约6 mm，第二颖长约6 mm；外稃背面密生柔毛，顶端具长约4 mm的短芒，第一外稃长约8 mm，内稃与外稃等长，顶端微凹或平截；花药长约2 mm，紫黑色。

生境与分布 抗寒、抗旱、抗风蚀、耐瘠薄，适生于海拔3300～4700 m的沙土草甸、沙质河岸和沙丘。四川若尔盖草原有分布。

饲用价值 高寒草原的重要草种，为高寒牧区草食家畜喜采食的重要牧草之一，年均鲜草产量3000～16 000 kg/hm²，年均种子产量450～600 kg/hm²。其化学成分见下表。

黑药以礼草的化学成分（%）

样品情况	干物质	占干物质					钙	磷
		粗蛋白	粗脂肪	粗纤维	无氮浸出物	粗灰分		
开花期　干样	92.30	7.63	2.69	36.25	46.61	6.82	1.36	0.27

数据来源：四川农业大学

花序

鞘口

节部特写

花期株丛

栽培群体

阿坝硬秆以礼草 | *Kengyilia rigidula* (Keng) J. L. Yang et al. 'Aba'

品种来源 四川省草原科学研究院、川草生态草业科技开发有限责任公司联合申报，2009年通过全国草品种审定委员会审定；登记为野生栽培品种，品种登记号为365；申报者为杨满业、肖冰雪、郑群英、白史且、陈琴。

形态特征 多年生，丛生草本，具短根茎。秆丛生，直立或基部稍膝曲，高可达50 cm以上。叶鞘光滑无毛，均短于节间；叶舌膜质，顶端平截；叶片内卷或扁平，无毛或表面疏生柔毛。穗状花序粗阔，绿色或带紫色。颖果长圆形，表面覆有白色绒毛。

生物学特性 抗寒、抗旱、耐瘠薄，适宜在川西北高寒牧区及类似气候区栽培。在川西北牧区4月上旬开始返青，7月中旬进入开花期，8月中旬进入成熟期，生育期140天左右。

饲用价值 生态型牧草品种，以治理退化草地、沙化草地为主，饲用为辅。作为饲草利用年可刈割一次，年均鲜草产量12 000～15 000 kg/hm²，年均干草产量4500～6000 kg/hm²。分蘖期营养价值高，饲用价值高。其化学成分见下表。

栽培要点 选择土壤肥沃、土层深厚的地块作为种植地，在处理坪床的同时，施复合肥750～1500 kg/hm²作基肥，提高土壤肥力。最适播种期为4月下旬至5月上旬，进行种子生产时应稀播，播种量为15～22.5 kg/hm²，条播行距45～50 cm，播深2～3 cm。苗期生长比较缓慢，容易受杂草危害，应加强中耕除草，拔节期酌情追施速效氮肥，同时配合追施磷钾肥。

阿坝硬秆以礼草的化学成分（％）

样品情况	干物质	占干物质					钙	磷
		粗蛋白	粗脂肪	粗纤维	无氮浸出物	粗灰分		
分蘖期　干样	93.44	11.59	8.79	31.06	42.68	5.89	0.15	0.21
开花期　干样	89.70	7.81	3.11	34.23	49.77	5.08	0.18	0.23

数据来源：四川农业大学

大麦属
Hordeum L.

大 麦 | *Hordeum vulgare* L.

形态特征 一年生，直立草本。秆粗壮，光滑无毛，高50～100 cm。叶鞘松弛抱茎；两侧有两披针形叶耳；叶舌膜质，长1～2 mm；叶片长9～20 cm，宽6～20 mm。穗状花序，长3～8 cm，径约1.5 cm，小穗稠密，每节着生3个发育的小穗；小穗均无柄，长1～1.5 cm；颖线状披针形，外被短柔毛，先端常延伸为长8～14 mm的芒；外稃具5脉，先端延伸成长8～15 cm的芒，边具细刺；内稃与外稃几等长。颖果熟时黏着于稃内，不脱出。

生境与分布 喜暖凉的气候条件。长江以南多见于云南、贵州、四川等，华中偶见栽培。

饲用价值 抽穗期可刈割青饲或调制青贮料，是奶牛等家畜的季节性补给优等饲料。收获的籽粒是家畜日粮中不可缺少的重要组成部分，尤其在瘦肉型猪的日粮中更不可缺少，一般占23%～32%。收获后的秸秆也是重要的饲料资源，是冬季补饲的重要饲草。其化学成分见下表。

大麦的化学成分（%）

样品情况	占干物质					钙	磷
	粗蛋白	粗脂肪	粗纤维	无氮浸出物	粗灰分		
营养期 绝干	20.79	2.52	30.87	36.27	9.55	0.58	0.19

数据来源：江苏省农业科学院

花序

小穗

叶舌

鞘口

斯特泼春大麦 | *Hordeum vulgare* L. 'Stepoe'

品种来源 四川省古蔺县畜牧局申报，1991年通过全国草品种审定委员会审定；登记为引进品种，品种登记号为105；申报者为叶玉林、夏锡兰、罗宗玉、胡奎虎、郑启坤。

形态特征 一年生，疏丛直立草本。秆粗壮，光滑无毛，株高约115 cm，茎粗约4 mm。叶鞘松弛抱茎，多无毛，紫色；两侧有披针形叶耳，叶耳紫色；叶舌膜质，长1～2 mm；叶片浅绿色，长约27 cm，宽1.7 cm，扁平。穗状花序长8～10 cm，径约1.5 cm，六棱，小穗稠密，平均有25个小穗；小穗均无柄；颖线状披针形，外被短柔毛，先端常延伸为芒；外稃具5脉，先端延伸成芒；内稃薄，与种子易分离。

生物学特性 分蘖力强，较耐旱，生长快，抗倒伏，抗条锈病、叶锈病及蚜虫的能力较强，抗白粉病能力中等。适宜在海拔300～1500 m的地区种植。在川东平原种植，生育期200～215天。

饲用价值 冬春季可刈割青苗作各种畜禽的青饲料，成熟后收获的籽粒是畜禽的精饲料来源之一，而秸秆经氨化处理可作补饲利用。其化学成分见下表。

栽培要点 播种前施足有机肥作基肥。在海拔800 m以下地区，10月下旬至11月上旬播种；在海拔800～1500 m地区，10月中旬播种。条播，行距20～30 cm，播种量为18～23 kg/hm²。生长期间结合追肥中耕除草2次，抽穗前追施尿素120 kg/hm²或复合肥150 kg/hm²。

斯特泼春大麦的化学成分（%）

样品情况	占干物质					钙	磷
	粗蛋白	粗脂肪	粗纤维	无氮浸出物	粗灰分		
成熟期　绝干	11.40	1.85	6.22	77.80	2.73	—	—

数据来源：四川农业大学

花序

栽培群体

株丛

鞘口

青 稞 | *Hordeum vulgare* var. *coeleste* L.

形态特征 一年生，直立草本。秆空心，高70～120 cm，具3～8节，每一茎秆有4～8片叶。叶鞘光滑，短于节间；叶舌膜质，长约2 mm，两侧具有2个叶耳；叶片长15～20 cm，宽8～22 mm。穗状花序直立，长4～8 cm，宽1.8～2 cm，穗轴每节并列着生3个完全发育的小穗；小穗无柄，每小穗仅有1花，每小穗基部外面有两片护颖；颖条状，先端渐尖呈芒状，长8～16 mm；外稃矩圆形，长10～11 mm，芒长10～11 mm。籽粒成熟后与颖完全分离，籽粒一般长6～9 mm，宽2～3 mm。

生境与分布 耐寒、耐旱。喜黏壤土或壤土。四川、云南、贵州多见栽培，江苏、浙江、安徽、湖北也偶有栽培。

饲用价值 青稞是高寒地区主要的口粮和饲料。可产籽粒2550～3000 kg/hm²，籽粒营养价值高，富含淀粉、蛋白质和可溶性糖，是优良的精饲料。其秸秆质地柔软，是高寒地区冬季的主要饲草；青稞麦糠也是家畜的粗料。其化学成分见下表。

青稞的化学成分（%）

样品情况		干物质	占干物质					钙	磷
			粗蛋白	粗脂肪	粗纤维	无氮浸出物	粗灰分		
抽穗期	干样	92.57	13.26	1.98	28.20	54.80	1.76	1.03	0.16
完熟期	干样	93.68	4.62	1.24	40.31	45.88	7.95	0.18	0.07

数据来源：四川农业大学

栽培群体

花序

鞘口

花序局部

小麦属
Triticum L.

小 麦 | *Triticum aestivum* L.

形态特征　一年生，丛生直立草本。秆具6～7节，高约1 m。叶鞘松弛抱茎；叶舌膜质，长约 1 mm；叶片长披针形。穗状花序直立，长5～10 cm，宽约1.5 cm；小穗含3～9小花，上部者 不发育；颖卵圆形，长约8 mm，主脉于背面上部具脊，于顶端延伸为长约1 mm的齿，侧脉的 背脊及顶齿均不明显；外稃长圆状披针形，顶端具芒；内稃与外稃几等长。

生境与分布　适应性较强，全国广为栽培，品种较多。

饲用价值　小麦是重要的粮食作物，栽培面积广，每年均产生大量的秸秆物可供利用。其秸 秆适口性一般，直接投喂只有反刍家畜采食，云南、贵州等西南地区喜粉碎之后用作猪的粗 饲料。另外，籽粒加工产生的麦麸是重要的精饲料，各类家畜均喜食。

秆节特征

花序群体

叶舌

鞘口

偃麦草属
Elytrigia Desv.

偃麦草 | *Elytrigia repens* (L.) Nevski

形态特征　多年生，直立草本，具横走根茎。秆高40～120 cm，光滑无毛，常被白霜。叶鞘光滑无毛，短于节间；叶舌短小；叶片扁平，表面粗糙，长10～20 cm，宽5～10 mm。穗状花序直立，长5～18 cm；穗轴扁平，光滑；小穗交互着生于穗轴上，含4～7小花，小穗轴节间无毛；颖披针形，光滑无毛，边缘膜质；外稃长圆状披针形，顶端渐尖，具短尖头，具5～7脉，第一外稃长约12 mm；内稃稍短于外稃，具2脊，脊上生短刺毛。花果期6～8月。

生境与分布　抗寒性极强，不耐高温，适宜冷凉干旱的气候。常生于高海拔的山谷草甸。川西北草原有分布。

饲用价值　鲜草和干草适口性中等，牛、羊采食。其化学成分见下表。

偃麦草的化学成分（%）

样品情况	占干物质					钙	磷
	粗蛋白	粗脂肪	粗纤维	无氮浸出物	粗灰分		
营养期　绝干	8.25	1.50	35.80	45.30	9.15	0.45	0.25

数据来源：重庆市畜牧科学院

鹧鸪草属
Eriachne R. Br.

鹧鸪草 | *Eriachne pallescens*
R. Br.

形态特征 多年生，披散草本。秆直立，丛生，较细而坚硬，光滑无毛，高20～60 cm，具5～8节，基部有分枝。叶鞘圆筒形，鞘口具短毛；叶舌硬而短；叶片质地硬，多纵卷成针状，稍扁平，长2～10 cm。圆锥花序稀疏开展，长5～10 cm；小穗含2小花，长约5.5 mm，带紫色；颖硬纸质，卵状披针形，背部圆形，长3～4 mm，具9～10脉；外稃质地较硬，长约3.5 mm，全部密生短糙毛，顶端具1直芒，与稃体几相等或稍短；内稃与外稃等长，质同；雄蕊3枚，花药长约2 mm。颖果长圆形，长约2 mm。花果期5～10月。

生境与分布 喜干热，耐贫瘠。多生于砂粒多、水分少的淋溶性土壤上。多见于海南、广东、广西及江西等干燥山坡松林下，是干热矮丛草地的标志性成分，通常与岗松（*Baeckea frutescens*）、华三芒草（*Aristida chinensis*）、纤毛鸭嘴草（*Ischaemum ciliare*）等伴生。

饲用价值 抽穗前牛、羊采食，属劣等牧草，只适宜放牧利用。其化学成分见下表。

鹧鸪草的化学成分（%）

样品情况	干物质	占干物质					钙	磷
		粗蛋白	粗脂肪	粗纤维	无氮浸出物	粗灰分		
结实期　干样	93.44	3.94	0.89	46.96	44.08	4.13	0.04	0.03

数据来源：中国热带农业科学院热带作物品种资源研究所

株丛

生境

花序

小穗

落草属
Koeleria Pers.

落 草 | *Koeleria cristata*
(L.) Pers.

形态特征 多年生，丛生草本，具短根茎。叶鞘无毛，短于节间；叶舌膜质；叶片扁平。圆锥花序紧密呈穗状，下部有间断，分枝较短，密生绒毛，基部残存纤维状枯萎叶鞘；小穗含2~4两性小花，小穗轴延伸于顶生内稃之后呈刺状；颖披针形，宿存，边缘膜质而有光泽，具1~3脉；外稃纸质，有光泽，边缘及先端宽膜质，具3~5脉，基盘钝圆，顶端尖处伸出1短芒；内稃与外稃几等长，膜质。花果期6~7月。

生境与分布 喜温凉气候，耐干旱。生于高海拔的山坡草地或路旁。川西北草原有分布。

饲用价值 叶量丰富，柔软优质，适口性好，为各类家畜所喜食。其化学成分见下表。

落草的化学成分（%）

样品情况	占干物质					钙	磷
	粗蛋白	粗脂肪	粗纤维	无氮浸出物	粗灰分		
盛花期 绝干	9.20	1.90	37.30	42.00	9.60	0.46	0.16

数据来源：兰州大学

花序　　　　　　　　小穗　　　　　　　　叶舌　　　　　　　　叶鞘绒毛

生境及植株

三毛草属
Trisetum Pers.

三毛草 | *Trisetum bifidum* (Thunb.) Ohwi

形态特征 多年生，直立草本。秆光滑无毛，高30～100 cm。叶鞘松弛，常短于节间；叶舌膜质，长0.5～2 mm；叶片扁平，长5～15 cm，宽3～6 mm。圆锥花序疏展，长10～25 cm，宽2～4 cm；小穗长6～8 mm，含2～3小花；颖膜质，先端尖，第一颖长2～3.5 mm，第二颖长4～6 mm；外稃黄绿色，先端浅2裂，第一外稃长约7 mm，顶端以下约2 mm处生芒；内稃透明膜质，甚短于外稃，长约4 mm，先端微2裂，具2脊；鳞被2，透明膜质，长约1 mm，先端齿裂；雄蕊3枚，花药黄色，长约1 mm。

生境与分布 喜潮湿、荫蔽环境。常生于海拔490～2500 m的山坡路旁、林荫处及沟边湿地。浙江、福建、江西、湖北、湖南、四川、贵州、云南、广西、广东等均有分布。

饲用价值 茎叶质地较柔嫩，牛、羊等家畜喜食。其化学成分见下表。

三毛草的化学成分（%）

样品情况		干物质	占干物质					钙	磷
			粗蛋白	粗脂肪	粗纤维	无氮浸出物	粗灰分		
开花期	绝干[1]	100.00	4.13	1.70	39.58	46.87	7.72	—	—
拔节期	干样[2]	90.46	5.98	2.16	27.12	59.20	5.49	0.56	0.48

数据来源：1.江苏省农业科学院；2.湖北省农业科学院畜牧兽医研究所

花序

小穂

叶舌

鞘口

株丛

湖北三毛草 | *Trisetum henryi*
Rendle

形态特征　多年生，直立草本。秆光滑，高80～140 cm。叶鞘大都长于节间；叶舌硬膜质，长约2 mm；叶片扁平，宽线形，长15～35 cm，宽5～15 mm。圆锥花序开展，长10～20 cm，宽3～6 cm；小穗长5～7 mm，含2～3小花；颖不等长，膜质，第一颖长约4 mm，第二颖长4～6 mm；外稃背部稍粗糙，顶端具2微齿，第一外稃长约6 mm，基盘钝，被短毛，自稃体先端以下约2 mm处生芒；内稃略短于外稃，具2脊，脊上粗糙；雄蕊3枚，花药长约3 mm。

生境与分布　喜潮湿、荫蔽的环境。常生于海拔2380 m以下的山野路旁草地或林下潮湿处。江苏、安徽、浙江、江西、湖北、四川等有分布。

饲用价值　草质柔软、适口性好，各类家畜喜食，属良等牧草。其化学成分见下表。

湖北三毛草的化学成分（%）

样品情况		干物质	占干物质					钙	磷
			粗蛋白	粗脂肪	粗纤维	无氮浸出物	粗灰分		
抽穗期	干样	89.00	5.61	2.54	49.24	37.12	5.49	0.23	0.11

数据来源：湖北省农业科学院畜牧兽医研究所

花序局部

节部特征

叶舌

花期株丛

发草属
Deschampsia P. Beauv.

发草 | *Deschampsia caespitosa*
(L.) Beauv.

形态特征 多年生，丛生草本。秆直立，高30～100 cm。叶片较硬，纵卷或扁平。圆锥花序，长10～25 cm；小穗褐紫色，长4～5 mm，含2小花，小穗轴被柔毛，轴节间长1 mm；颖和小穗等长，第一颖长3.5～4.5 mm，第二颖稍长于第一颖，具3脉；第一外稃顶端啮蚀状，长3～3.5 mm，基盘两侧具短毛；内稃等长或略短于外稃；花药长约2 mm。花果期7～9月。

生境与分布 喜温凉气候。常生于海拔1500～4500 m的河滩地、灌丛及草甸草原。川西草原有分布。

饲用价值 耐低温，抗霜冻，春季返青早，是早春放牧利用的重要草种之一。其开花前草质柔嫩，粗蛋白含量较高，适口性好，各类家畜喜食，孕穗后，粗蛋白含量下降，适口性明显降低。其化学成分见下表。

发草的化学成分（%）

样品情况		干物质	占干物质					钙	磷
			粗蛋白	粗脂肪	粗纤维	无氮浸出物	粗灰分		
开花期	干样[1]	90.22	9.56	1.34	34.24	48.50	6.35	0.31	0.18
成熟期	干样[1]	92.60	7.63	1.79	30.55	53.50	6.52	0.18	0.21
结实期	绝干[2]	100.00	10.80	1.40	29.90	52.40	5.50	—	—

数据来源：1. 兰州大学；2. 四川农业大学

株丛及生境

根系

天然草地

节部特征

鞘口

花序

花序局部

燕麦属
Avena L.

燕 麦 | *Avena sativa* L.

形态特征　一年生，疏丛草本。秆直立，高90～130 cm。叶片扁平，长15～40 cm，宽6～12 mm。圆锥花序；小穗含2～3小花；颖具8～9脉；外稃质地坚硬，第一外稃背部无毛，基盘仅具少数短毛或近于无毛，第二外稃无毛，通常无芒。颖果纺锤形，具簇毛，有纵沟，果实成熟时不脱落。

生境与分布　耐寒性较好，抗旱性弱，适宜生长在气候凉爽、雨量充足的地区。不耐高温，开花期和灌浆期遇高温危害时，影响结实形成瘪粒。云南、贵州、四川有种植。

饲用价值　优良的粮饲兼用型作物。籽粒产量一般为2250～3000 kg/hm²，籽粒蛋白质、粗纤维含量高，是各类家畜的良好精饲料。年均鲜草产量可达22 500 kg/hm²，鲜草柔嫩多汁，适口性好，消化率高，是极好的青饲料。其化学成分见下表。

燕麦的化学成分（%）

样品情况	干物质	占干物质					钙	磷
		粗蛋白	粗脂肪	粗纤维	无氮浸出物	粗灰分		
抽穗期　干样	91.20	11.68	3.43	25.02	52.39	7.48	0.46	0.17
乳熟期　干样	88.70	8.95	2.95	29.82	51.92	6.36	0.78	0.61

数据来源：四川农业大学

栽培草地

株丛局部

花序

营养期株丛

抽穗期植株局部

野燕麦 | *Avena fatua* L.

形态特征　一年生，疏丛直立草本。秆光滑无毛，高60～120 cm，具2～4节。叶鞘松弛；叶舌透明膜质，长1～5 mm；叶片扁平，长10～30 cm，宽4～12 mm。圆锥花序开展，长10～25 cm，分枝具棱角，粗糙；小穗长18～25 mm，含2～3小花；外稃质地坚硬，第一外稃长15～20 mm，芒自稃体中部稍下处伸出，长2～4 cm，膝曲，芒柱棕色，扭转。颖果被淡棕色柔毛，腹面具纵沟，长6～8 mm。

生境与分布　适应性较强，常生于荒芜田野。因其再生、分蘖的性能均较强，也有作为栽培利用的，偶见于西南各省。

饲用价值　开花前茎叶茂盛，草质柔嫩，适口性好，马、牛、羊均喜采食。开花后，草质变得粗老，营养价值变低，秆叶的粗蛋白含量下降，粗纤维含量升高，适口性也有所下降。籽粒是马、牛的精饲料。其化学成分见下表。

野燕麦的化学成分（%）

样品情况		干物质	占干物质					钙	磷
			粗蛋白	粗脂肪	粗纤维	无氮浸出物	粗灰分		
营养期	绝干[1]	100.00	13.44	4.95	12.36	65.91	3.34	0.34	0.33
抽穗期	干样[2]	93.49	6.20	2.29	36.85	46.68	7.98	0.43	0.32
抽穗期	鲜样[3]	15.52	18.08	4.22	17.22	53.03	7.45	—	—
结实期	绝干[3]	100.00	14.06	3.87	24.30	48.32	9.45	—	—

数据来源：1. 江苏省农业科学院；2. 湖北省农业科学院畜牧兽医研究所；3. 重庆市畜牧科学院

植株局部

花序

稃片毛状物

小穗整体

秆节

株丛

叶舌

青海 444 燕麦 | *Avena sativa*
L. 'Qinghai 444'

品种来源 青海省畜牧兽医科学院草原研究所申报，1992年通过全国草品种审定委员会审定；登记为引进品种，品种登记号为109；申报者为郎百宁、李文召、陆家宝、韩志林、杨仁和。

形态特征 一年生，疏丛直立草本。高130～160 cm，茎粗约6 mm，具3～5节。叶片扁平，深绿色，长约35 cm，宽约2.5 cm。圆锥花序，周散型；小穗轴不易断落，近于无毛或疏生短毛；颖具8～9脉；外稃质地坚硬；第一外稃背部无毛，基盘仅具少数短毛，第二外稃无毛。颖果具短芒，纺锤形，有纵沟，果实成熟时不脱落。种子千粒重24.5～35 g。

生物学特性 抗逆性强，抗倒伏。在海拔2500 m以下的旱区可建立种子田；在海拔2600～3200 m的河谷地区既可供青饲，又可获得籽粒；在海拔3300～4000 m的地区适宜作为青饲料利用。在西宁生育期为90～110天。

饲用价值 草籽兼用型品种。乳熟期鲜草产量高，适口性好，消化率高，青饲多种牲畜喜食。也可晒制干草，干草品质优良，家畜喜食。其化学成分见下表。

栽培要点 播种前平整土层，施足基肥。农区在4月上旬播种，海拔较高的牧区可与青稞同期播种。种子生产适宜条播，行距20～25 cm，播深3～4 cm，播种后覆土镇压，播种量180～195 kg/hm^2；饲草生产，撒播，播种量225～240 kg/hm^2。

青海444燕麦的化学成分（%）

样品情况	干物质	占干物质					钙	磷
		粗蛋白	粗脂肪	粗纤维	无氮浸出物	粗灰分		
盛花期　干样	93.29	18.22	10.93	25.27	37.66	7.92	0.56	0.24

数据来源：西南民族大学

栽培群体

株丛

青引 1 号燕麦 | *Avena sativa* L.'Qingyin No. 1'

品种来源　青海省畜牧兽医科学院草原研究所申报，2004年通过全国草品种审定委员会审定；登记为引进品种，品种登记号为281；申报者为韩志林、周青平、王柳英、颜红波、德科加。

形态特征　一年生，疏丛草本。秆直立，高152～180 cm，具3～5节。叶片扁平，长约40 cm，宽约2 cm。圆锥花序，小穗含2～3小花，小穗轴不易断落，近于无毛或疏生短毛；颖具8～9脉；外稃质地坚硬，第一外稃背部无毛，基盘仅具少数短毛或近于无毛，有芒或无，第二外稃无毛，通常无芒。颖果纺锤形，具簇毛，有纵沟，果实成熟时不脱落。

生物学特性　耐寒、抗倒伏、早熟，适宜在海拔3000 m以下的地区种植，在青海西宁生育期95天左右，在海拔2700 m的西宁市湟中区生育期约110天。

饲用价值　粮饲兼用型品种。鲜叶柔嫩多汁，适口性好，消化率高，是极好的青饲料。籽粒蛋白质、粗纤维含量高，是各类家畜的良好精饲料。其化学成分见下表。

栽培要点　播种前平整土层，施足基肥。在4月上中旬播种，牧区与青稞同期播种，种子生产适宜条播，行距20～25 cm，播深3～4 cm，播种后覆土镇压，播种量180～195 kg/hm^2；饲草生产，撒播，播种量225～240 kg/hm^2。

青引1号燕麦的化学成分（%）

样品情况	干物质	占干物质					钙	磷
		粗蛋白	粗脂肪	粗纤维	无氮浸出物	粗灰分		
盛花期　干样	94.29	16.28	11.18	24.39	42.04	6.11	1.23	0.18

数据来源：西南民族大学

群体

栽培草地·成熟期

花序

小穗

青引 2 号燕麦 | *Avena sativa* L.'Qingyin No. 2'

品种来源 青海省畜牧兽医科学院草原研究所申报，2004年通过全国草品种审定委员会审定；登记为引进品种，品种登记号为282；申报者为周青平、韩志林、颜红波、徐成林、刘文辉。

形态特征 一年生，疏丛草本。秆直立，高144～161 cm，茎粗约6 mm，具3～5节。叶片扁平，长约40 cm，宽约1.7 cm。圆锥花序较紧密，长18～22 cm，小穗含2～3小花，小穗轴不易断落，近于无毛或疏生短毛；颖具8～9脉；外稃质地坚硬，第一外稃背部无毛，基盘仅具少数短毛或近于无毛，第二外稃无毛。颖果纺锤形，具簇毛，有纵沟，果实成熟时不脱落。

生物学特性 耐瘠薄、耐寒、抗倒伏。青海种植，在海拔3000 m以下的东部农业区可完成生育期，在海拔3000 m以上的牧区，不利于籽粒发育，适宜作牧草利用。

饲用价值 粮饲兼用型品种。鲜叶柔嫩多汁，适口性好，消化率高，是极好的青饲料。籽粒蛋白质、粗纤维含量高，是各类家畜的良好精饲料。其化学成分见下表。

栽培要点 播种前平整土层，施足基肥。在4月上旬播种，牧区与青稞同期播种，种子生产适宜条播，行距20～25 cm，播深3～4 cm，播种后覆土镇压，播种量180～195 kg/hm²；饲草生产，撒播，播种量225～240 kg/hm²。

青引2号燕麦的化学成分（%）

样品情况	干物质	占干物质					钙	磷
		粗蛋白	粗脂肪	粗纤维	无氮浸出物	粗灰分		
盛花期 干样	92.10	14.29	12.38	24.29	40.44	8.60	2.11	0.37

数据来源：西南民族大学

抽穗期群体

栽培草地（营养期）

栽培草地（抽穗期）

小穗

花序局部

阿坝燕麦 | *Avena sativa* L.'Aba'

品种来源 四川省草原科学研究院申报，2010年通过全国草品种审定委员会审定；登记为地方品种，品种登记号为401；申报者为谢志远、刘刚、张晋侦、吴贤智、白史且。

形态特征 一年生，疏丛草本。秆直立，高100～170 cm，茎粗约5 mm，节浅绿色，具3～5节。叶鞘被少量白粉；叶片扁平，长23～31 cm，宽1.1～1.5 cm。圆锥花序较紧密，似穗状，长17～25 cm；小穗含2～3小花，小穗轴不易断落，近于无毛；颖具8～9脉；外稃质地坚硬，第一外稃背部无毛，基盘仅具少数短毛，第二外稃无毛。颖果纺锤形，具簇毛，有纵沟，果实成熟时不脱落。

生物学特性 抗倒伏，抗寒，较抗蚜虫和锈病，耐瘠薄。在高寒牧区能生长良好，在川西北栽培，4月中旬返青，6月下旬孕穗，7月中旬抽穗，7月下旬开花，9月上旬种子成熟，生育期120天左右。

饲用价值 草质细嫩，具清香甜味，消化率高，多种牲畜喜食，特别是做成青贮料后适口性更好。年刈割一次，年均鲜草产量达33 025～55 817 kg/hm²，年均干草产量达6786～14 205 kg/hm²。其化学成分见下表。

栽培要点 高寒牧区种植，种子生产一般在4月中下旬到5月中旬播种，牧草生产在4月中下旬到6月中旬均可播种。种子生产播种量为100 kg/hm²，牧草生产播种量为225 kg/hm²。条播，行距20～40 cm，播深2 cm，播种后覆土。苗期除杂，在分蘖末期和拔节初期需追施尿素150 kg/hm²。

阿坝燕麦的化学成分（％）

样品情况		干物质	占干物质					钙	磷
			粗蛋白	粗脂肪	粗纤维	无氮浸出物	粗灰分		
灌浆期	干样	89.53	15.30	2.09	28.20	46.38	8.05	0.18	0.09

数据来源：四川省草原科学研究院

花序　　　　鞘口

抽穗期株丛

秆叶局部

白燕 7 号燕麦 | *Avena sativa* L. 'Baiyan No. 7'

品种来源　青海省畜牧兽医科学院申报，2013年通过青海省农作物品种审定委员会审定；登记为育成品种，品种登记号为2012002；申报者为周青平、颜红波、刘文辉、梁国玲、贾志锋、雷生春、刘勇、纪亚君、李威、魏小星、鲍根生。

形态特征　一年生，疏丛草本。秆直立，高约127 cm，茎粗约5 mm，具3～5节。叶片扁平，深绿色，长约35 cm。圆锥花序较紧密，似穗状，长约17.5 cm，小穗22个；小穗轴不易断落，近于无毛；颖具8～9脉；外稃质地坚硬；第一外稃背部无毛；基盘仅具少数短毛或近于无毛；第二外稃无毛。颖果纺锤形，具簇毛，有纵沟，果实成熟时不脱落。

生物学特性　抗逆性强，适宜在高寒地区栽培，生长良好，生育期80天左右。

饲用价值　乳熟期鲜草产量高，适口性好，消化率高，多种牲畜喜食，也可晒制干草，干草品质优良，家畜喜食。其化学成分见下表。

栽培要点　播种前平整土层，施足基肥。3月下旬至4月中旬抢墒播种，种子生产适宜条播，行距20～25 cm，播深3～4 cm，播种后覆土镇压，播种量180～195 kg/hm²；饲草生产，撒播，播种量225～240 kg/hm²。

白燕7号燕麦的化学成分（%）

样品情况	干物质	占干物质					钙	磷
		粗蛋白	粗脂肪	粗纤维	无氮浸出物	粗灰分		
盛花期　干样	94.37	17.39	12.48	24.59	36.25	9.29	0.47	0.23

数据来源：西南民族大学

栽培群体

籽粒

异燕麦属
Helictotrichon Besser ex Schult. et Schult. f.

异燕麦 | *Helictotrichon hookeri* (Scribner) Henrard

形态特征 多年生，直立草本，具长根茎。秆光滑无毛，高25～70 cm。叶鞘松弛，背部有脊；叶舌膜质，长3～6 mm；叶片扁平，长5～10 cm，宽2.5～4 mm。圆锥花序，长约10 cm，宽约2 cm；小穗长11～17 mm，含3～6小花；第一颖长9～12 mm，第二颖长10～13 mm；第一外稃长10～13 mm，上部透明膜质，成熟后下部变硬且为褐色，基盘具长约1.5 mm的柔毛，芒长12～15 mm，自稃体中部稍上处伸出，较粗糙，下部约1/3处膝曲，芒柱扭转；内稃短于外稃，脊上部具细纤毛；花药长约4 mm；子房上部被短毛。花期6～9月。

生境与分布 抗旱和耐盐能力较好，适宜的土壤为暗栗钙土和黑钙土。喜生于海拔1600～3400 m的山坡草原、林缘及高山潮湿草地。长江以南主要在西南有分布。

饲用价值 通常于5月初返青，6月中旬进入生殖生长，10月初植株开始枯黄。开花前叶量丰富，茎叶柔软，适口性好，各类家畜喜食，开花后茎叶变粗糙，适口性有所下降。其化学成分见下表。

异燕麦的化学成分（%）

样品情况	干物质	占干物质					钙	磷
		粗蛋白	粗脂肪	粗纤维	无氮浸出物	粗灰分		
开花期　干样	91.70	10.64	1.37	32.73	42.80	12.45	1.04	0.23

数据来源：四川农业大学

花序

栽培草地

株丛

花序局部

康巴变绿异燕麦 | *Helictotrichon virescens* (Nees ex Steud.) Henr. 'Kangba'

品种来源 四川省草原工作总站和甘孜藏族自治州草原工作站等单位联合申报，2015年通过全国草品种审定委员会审定；登记为野生栽培品种，品种登记号为493；申报者为何光武、张瑞珍、马涛、刘登锴、姚明久。

形态特征 多年生，直立草本。秆高100～180 cm；节膨大，抽穗前绿色，密布白色绒毛，抽穗后变为黄色，白色绒毛消失。叶舌膜质；叶片扁平或边缘稍内卷，长10～25 cm，宽3～5 mm，粗糙或腹面疏生短毛。圆锥花序疏展，长15～45 cm，具8～16节；小穗淡绿色，小穗轴具柔毛。颖果锥状长椭圆形，穗粒可达40粒以上。

生物学特性 适应性强，在海拔2000～3200 m的地区栽培能获得较高的种子产量或牧草产量。在适宜的水热条件下，播种后7～10天即可出苗，春季返青早，青绿期长，较老芒麦（*Elymus sibiricus*）、披碱草（*E. dahuricus*）等其他禾本科牧草返青早10～15天，青绿期长10～20天。

饲用价值 叶量多，草质柔嫩，营养价值高，适口性好，马、牛、羊均喜食。栽培利用年限以4～6年为最佳，播种当年生长慢，第2～4年草产量和种子产量最高，年均鲜草产量22 500～30 000 kg/hm²，年均种子产量300～550 kg/hm²。其化学成分见下表。

栽培要点 春播、撒播、条播均可，条播行距30～45 cm。刈割草地播种量30 kg/hm²，用于种子生产时播种量为15 kg/hm²。单播、混播均可，播种后覆土1～2 cm为宜。苗期结合降水追施适量氮肥，拔节至孕穗期追施适量磷钾肥，种子进入完熟期后应适时收获。

康巴变绿异燕麦的化学成分（%）

样品情况	干物质	占干物质					钙	磷
		粗蛋白	粗脂肪	粗纤维	无氮浸出物	粗灰分		
抽穗期　干样	91.60	7.11	2.03	40.36	44.30	6.20	0.78	0.49
开花期　干样	93.60	9.40	1.90	36.30	47.30	5.10	0.68	0.52

数据来源：四川省草原工作总站

抽穗期群体

节部特征

栽培草地（苗期）

苗期株丛

虉草属
Phalaris L.

虉 草 | *Phalaris arundinacea* L.

形态特征 多年生，直立草本，具发达根状茎。秆高60～240 cm，呈圆筒形。叶鞘光滑无毛，下部者长于节间而上部者短于节间；叶舌薄膜质，长约3 mm；叶片扁平，呈灰绿色，幼嫩时微粗糙，长6～30 cm，宽约1.8 cm。圆锥花序紧密狭长成穗状，长8～20 cm，紫色至淡绿色，密生小穗；小穗由1朵两性小花及附于其下的2枚退化外稃组成，长约5 mm；颖具狭翼；可育外稃宽披针形；内稃舟形，具柔毛，背具1脊。颖果卵形，浅棕色至黑色，长约3 mm。

生境与分布 适宜湿润和半湿润的气候。喜生长在河、湖、河漫滩等近水潮湿处。四川、贵州、湖南、江苏、浙江、江西等有分布。

饲用价值 植株高大，生长繁茂，再生性好，叶量大，产量高，草质鲜嫩，营养价值高，适口性好，马、牛、羊等家畜喜食，可刈割青饲，也可晒制干草和青贮，还可以放牧利用，但幼嫩期含有少量碱类毒素，放牧不宜过早过量。四川红原县，播种当年生长较慢，翌年生长速度加快，产量达到高峰，年均干草产量12 000 kg/hm^2，是适于长江以南推广应用的优良牧草。其化学成分见下表。

虉草的化学成分（%）

样品情况		占干物质					钙	磷
		粗蛋白	粗脂肪	粗纤维	无氮浸出物	粗灰分		
抽穗期	绝干[1]	11.37	1.44	40.28	42.30	4.61	1.03	0.17
抽穗期	绝干[2]	7.46	2.58	19.95	60.94	9.07	0.47	0.17
开花期	绝干[3]	15.04	3.07	26.21	45.56	10.12	—	—
结实期	绝干[3]	5.23	1.89	32.56	51.54	8.78	—	—

数据来源：1.江苏省农业科学院；2.湖北省农业科学院畜牧兽医研究所；3.重庆市畜牧科学院

伴生于天然草地

花期株丛局部

株丛

花序

花序局部（小穗）

鞘口

川草引 3 号藕草 | *Phalaris arundinacea* L.'Chuancaoyin No. 3'

品种来源 四川省草原科学研究院申报，2007年通过全国草品种审定委员会审定；登记为引进品种，品种登记号为341；申报者为张昌兵、李达旭、卞志高、刘刚、仁青扎西。

形态特征 多年生，直立草本，具发达根状茎。秆高150～213 cm。叶鞘光滑，下部者长于节间而上部者短于节间；叶舌薄膜质，长2～3 mm；叶片扁平，呈灰绿色，幼嫩时微粗糙，长可达34 cm，宽1.4～2.8 cm。圆锥花序紧密狭长成穗状，长19～22 cm，紫色至淡绿色，密生小穗；小穗由1朵两性小花及附于其下的2枚退化外稃组成，长4～5 mm；颖具狭翼；可育外稃宽披针形；内稃舟形，具柔毛，背具1脊。颖果纺锤形，灰褐色，有光泽。

生物学特性 抗寒，耐涝，抗病能力强，在pH 4.9～8.4的土壤上能良好生长，适宜在海拔2800～3600 m的潮湿草甸栽培。从返青到种子成熟需125～138天。

饲用价值 主要作为川西北牧区饲草利用，利用年限可达10年以上，在高寒地区一年可刈割一次，年均鲜草产量34 014～53 578 kg/hm²，年均干草产量达11 222～15 162 kg/hm²。其化学成分见下表。

栽培要点 选择土壤肥沃、土层深厚的地块种植，种前深翻平整土地，结合整地施入7500～10 000 kg/hm²有机肥或150 kg/hm²复合肥作基肥，再用重耙平整土地，耙细耙平。高寒牧区适宜4月下旬至5月上旬播种，单独条播播种量为20～30 kg/hm²，撒播的播种量比条播稍大。在返青期一次追施尿素200 kg/hm²，翌年可在雨季追施尿素或硫酸铵300 kg/hm²。

川草引3号藕草的化学成分（%）

样品情况	干物质	占干物质					钙	磷
		粗蛋白	粗脂肪	粗纤维	无氮浸出物	粗灰分		
初花期 干样	89.85	10.93	2.76	35.67	42.36	8.28	0.29	0.86
盛花期 干样	89.58	9.04	2.57	35.30	46.80	6.30	0.16	1.29

数据来源：四川农业大学

花序

鞘口

栽培群体

秆叶局部

球茎䓖草 | *Phalaris tuberosa* L.

形态特征　多年生，高大直立草本。秆高1.5～2 m，基部膨大，略呈球形，浅红色，节上有芽，可不断发育成新茎，并向四周扩展形成稠密草丛。叶鞘略带紫红色；有明显的叶舌；叶片扁平，无毛，灰绿色，长27～40 cm，宽1～1.5 cm。圆锥花序长6～10 cm，呈淡紫色；小穗排列紧密，每小穗含2小花，1朵退化，1朵可育；不育外稃锥形，长约2 mm，被短柔毛；可育外稃披针形，长3～4.6 mm，密被短柔毛。颖果黄褐色，被毛。

生境与分布　喜凉爽而湿润的气候。生长期长，适应性强，对土壤要求不严格，耐涝、耐旱，在我国长江流域生长良好，存在夏季休眠。我国从澳大利亚引进，在广西、四川、江苏、湖南、甘肃等试种，长势良好。

饲用价值　叶量丰富，鲜草柔嫩，营养丰富，粗蛋白、无氮浸出物、灰分含量较高，粗纤维含量较低，牛、羊等家畜喜采食，刈割期以抽穗前品质最佳。球茎䓖草含有少量生物碱，以早秋和初冬的再生草含量较高，在饲草中补充钴元素可以减轻动物中毒危害。其化学成分见下表。

球茎䓖草的化学成分（%）

样品情况	干物质	占干物质					钙	磷
		粗蛋白	粗脂肪	粗纤维	无氮浸出物	粗灰分		
抽穗期　干样	91.50	15.74	5.35	28.84	42.36	7.71	0.37	0.33

数据来源：四川农业大学

茎基部特征

花序

栽培群体

威宁球茎草芦 | *Phalaris tuberosa*
L. 'Weiningcaolu'

品种来源 贵州省草业研究所申报，2007年通过全国草品种审定委员会审定；登记为野生栽培品种，品种登记号为342；申报者为龙忠富、吴佳海、罗天琼、张新全、刘华荣。

形态特征 多年生，直立草本。秆高80～130 cm，基部膨大，略呈球形，浅红色，节上有芽，可不断发育成新茎，并向四周扩展形成稠密草丛。叶鞘略带紫红色；有明显的叶舌；叶片扁平，长12～45 cm，宽1～2 cm，带灰绿色。圆锥花序长8～15 cm，呈淡紫色；小穗排列紧密，每小穗含2小花，1朵退化，1朵可育；不育外稃锥形，长约2 mm，被短柔毛；可育外稃披针形，长3～4.6 mm，密被短柔毛。颖果卵形，黄褐色。

生物学特性 再生性好，抗病性强，适宜在长江中下游海拔500～2900 m的地区推广种植。分株繁殖，一般栽后15天开始分蘖，30天左右拔节，4月下旬抽穗，6月中旬种子成熟，生育期270天左右；种子繁殖，2月下旬播种，10天左右出苗，6月下旬种子成熟。

饲用价值 利用期长，鲜草产量高，草质柔嫩，适口性好。除直接放牧或刈割青饲外，还可单独青贮或与其他牧草混合青贮加工利用。其化学成分见下表。

栽培要点 适宜在海拔1000 m左右、年降雨量1200 mm左右的湿润气候区种植。播种前整地，除净杂草，施足基肥。春、秋均可播种，条播行距20～35 cm，播深约2 cm。生长快、分蘖力强，喜氮肥，增施氮肥不仅可以提高草产量，亦可提高粗蛋白含量。刈割留茬高度约5 cm，刈割后追施尿素75～150 kg/hm^2。

威宁球茎草芦的化学成分（%）

样品情况		干物质	占干物质					钙	磷
			粗蛋白	粗脂肪	粗纤维	无氮浸出物	粗灰分		
拔节期	干样	93.47	16.44	5.34	33.30	36.36	8.55	0.39	0.37
抽穗期	干样	94.43	14.72	5.67	34.82	36.46	8.33	0.38	0.36

数据来源：贵州省草业研究所

栽培群体

花序

植株

野青茅属
Deyeuxia Clarion ex P. Beauv.

野青茅 | *Deyeuxia arundinacea* (L.) Beauv.

形态特征 多年生，丛生直立草本。秆高50~60 cm，平滑，基部被鳞片状芽。叶鞘疏松裹茎；叶舌膜质，长2~5 mm，顶端常撕裂；叶片长5~25 cm，宽2~7 mm，无毛，两面粗糙。圆锥花序紧缩似穗状，长6~10 cm，宽约2 cm；小穗长约6 mm；颖披针形，先端尖，稍粗糙，具1脉，第二颖具3脉；外稃长约5 mm，稍粗糙，顶端具微齿裂，基盘两侧的柔毛长为稃体的1/5~1/3，芒长约8 mm；延伸小穗轴长约2 mm，与其所被柔毛共长约4 mm；花药长约3 mm。花果期6~9月。

生境与分布 喜生于山坡草地、林缘、灌丛、山谷溪旁、河滩草丛。华中、西南有分布。

饲用价值 适口性中等，马喜采食，牛次之，山羊采食率低。但再生草质量较高，各种家畜均喜食，刈割青贮或晒制干草则各种家畜更喜采食。其化学成分见下表。

野青茅的化学成分（%）

样品情况		干物质	占干物质					钙	磷
			粗蛋白	粗脂肪	粗纤维	无氮浸出物	粗灰分		
抽穗期	干样[1]	87.83	12.63	3.29	36.32	35.50	12.26	1.11	0.27
花前期	绝干[2]	100.00	13.42	2.32	32.43	41.45	10.37	—	—
拔节期	绝干[3]	100.00	13.70	3.23	28.26	45.21	9.60	—	—

数据来源：1. 湖北省农业科学院畜牧兽医研究所；2. 湖南农业大学；3. 重庆市畜牧科学院

叶片　　　　　　　　　花序　　　　　　　　　节部特征

植株及生境

大叶章 | *Deyeuxia purpurea* (Trin.) Kunth

形态特征 多年生，直立草本，具横走根状茎。秆平滑无毛，具分枝。叶鞘短于节间，平滑无毛；叶舌长圆形；叶片线形，扁平，长约20 cm。圆锥花序疏松开展，长10～20 cm，宽5～10 cm；小穗长约4 mm；颖披针形，质薄，边缘呈膜质，两颖近等长，具1脉，第二颖具3脉，中脉具短纤毛；外稃膜质，长约4 mm，顶端2裂，基盘两侧的柔毛近等长于稃体，芒自稃体背中部附近伸出，长约3 mm；内稃长为外稃的1/2；花药长2～2.5 mm，淡褐色。

生境与分布 生于潮湿的山坡草地、林下或沟谷潮湿草地。四川、湖北有分布。

饲用价值 幼嫩时家畜喜采食，开花后草质粗老，家畜少有采食，属中等牧草。其化学成分见下表。

大叶章的化学成分（%）

样品情况	干物质	占干物质					钙	磷
		粗蛋白	粗脂肪	粗纤维	无氮浸出物	粗灰分		
开花期　干样	85.63	11.23	2.38	35.51	42.12	8.76	0.38	0.27

数据来源：湖北省农业科学院畜牧兽医研究所

花序局部特写

叶舌

花期群体

节部

糙野青茅 | *Deyeuxia scabrescens*
(Griseb.) Munro ex Duthie

形态特征 多年生，疏丛直立草本，具根头。秆高60～100 cm，粗糙，直径2～4 mm。叶鞘短于节间，无毛，疏松裹茎；叶舌膜质，披针形；叶片直立，长15～25 cm，宽3～5 mm，两面粗糙。圆锥花序紧密，长15～20 cm，宽约3 cm，分枝数枚簇生；小穗长约5 mm，黄色；颖长圆状披针形，粗糙，第一颖和第二颖近等长；外稃长约5 mm，顶端具细齿，背部粗糙，基盘两侧有柔毛；雄蕊3枚，花药长2～2.5 mm。花果期7～10月。

生境与分布 喜亚热带气候。生于海拔2000～4600 m的高山草地或林下。四川、云南、湖北等有分布。

饲用价值 开花期前草质优良，各类草食牲畜喜食；花期制备干草可作为牛、羊的冬贮饲草；生长末期，草质粗糙，适口性较差，家畜少采食。属品质中等的牧草。其化学成分见下表。

糙野青茅的化学成分（%）

样品情况	占干物质					钙	磷
	粗蛋白	粗脂肪	粗纤维	无氮浸出物	粗灰分		
开花期　绝干	10.90	2.20	36.30	40.03	10.57	—	—

数据来源：重庆市畜牧科学院

花序　　　　叶舌　　　　花序特写（小穗）

株丛及生境

拂子茅属
Calamagrostis Adans.

拂子茅 | *Calamagrostis epigeios* (L.) Roth

形态特征 多年生，直立草本，具根状茎。秆高45～100 cm，直径约3 mm。叶舌膜质，长约7 mm，长圆形；叶片长约20 cm，宽约8 mm，腹面及边缘粗糙。圆锥花序紧密，圆筒形，长10～25 cm，分枝粗糙；小穗长5～7 mm；两颖先端渐尖，第一颖具1脉，第二颖具3脉，主脉粗糙；外稃透明膜质，长约为颖之半，顶端具2齿，基盘的柔毛几与颖等长，芒自稃体背中部附近伸出，长2～3 mm；内稃长约为外稃的2/3，顶端细齿裂；雄蕊3枚，花药黄色，长约1.5 mm。

生境与分布 喜亚热带湿润气候。生于海拔160～3900 m的潮湿地及河岸沟渠旁，常形成小面积单优种种群。浙江、江苏、福建、广东、广西、贵州、云南等有分布。

饲用价值 早春、初夏草质较好，草食家畜喜采食，可供放牧利用；进入抽穗期后草质变粗，适口性明显下降，但可晒制干草供冬季补饲。属草质中等的牧草。其化学成分见下表。

拂子茅的化学成分（%）

样品情况		干物质	占干物质					钙	磷
			粗蛋白	粗脂肪	粗纤维	无氮浸出物	粗灰分		
开花期	干样[1]	91.42	7.67	1.35	31.56	50.45	8.98	0.17	0.09
成熟期	干样[1]	92.96	6.45	1.95	35.79	48.35	7.45	0.24	0.12
孕穗期	干样[2]	89.25	12.54	2.44	39.68	30.46	14.88	1.47	0.51
结实期	鲜样[3]	25.61	6.13	1.24	40.27	47.02	5.34	—	—

数据来源：1. 兰州大学；2. 湖北省农业科学院畜牧兽医研究所；3. 重庆市畜牧科学院

花序

成熟期花序局部

花序局部特写

成熟期野生群体

抽穗期群体

剪股颖属
Agrostis L.

剪股颖 | *Agrostis clavata* Trin.

形态特征　多年生，丛生直立草本，具根状茎。秆高20～50 cm，直径约1 mm，常具2节。叶鞘松弛，平滑；叶舌透明膜质，先端圆形；叶片直立，扁平，短于秆，微粗糙，腹面绿色。圆锥花序窄线形，绿色，每节具2～5细长分枝，主枝长达4 cm，直立；小穗柄棒状；第一颖长于第二颖，先端尖，平滑，脊上微粗糙；外稃无芒，具明显的5脉，先端钝，基盘无毛；内稃卵形，长约0.3 mm。花果期4～7月。

生境与分布　生于林下、林边、丘陵、河沟以及路旁潮湿地方。湖北、湖南、浙江及江苏等有分布。

饲用价值　草质柔软，各类家畜均喜食，为优良牧草。其化学成分见下表。

剪股颖的化学成分（%）

样品情况	干物质	占干物质					钙	磷
		粗蛋白	粗脂肪	粗纤维	无氮浸出物	粗灰分		
开花期　干样	92.84	7.81	4.06	30.39	50.58	7.16	—	—

数据来源：四川农业大学

株丛局部

株丛及生境

花序

小糠草 | *Agrostis alba* L.

形态特征 多年生,疏丛草本。秆高40~130 cm。叶鞘无毛;叶舌长3~5 mm,先端齿裂;叶片线形,扁平,长达20 cm,宽约5 mm,腹面微粗糙,背面有小刺毛。圆锥花序尖塔形,疏松开展,长14~30 cm,宽6~10 cm,每节具多数簇生的分枝;小穗长约2.5 mm;第二颖先端尖,有1脉成脊;外稃长约2 mm,光滑,不具芒,基盘有短毛;内稃长圆形,全缘或微有齿,长为外稃的2/3~3/4,具2脉。种子细小,千粒重0.1 g左右。花果期7~9月。

生境与分布 适应性强,对土壤条件要求不高,以黏壤土及壤土为佳,在较干的沙土上亦能生长。四川西部有分布。

饲用价值 茎叶柔软,叶量多,适口性好,为优质牧草。其化学成分见下表。

小糠草的化学成分(%)

样品情况	占干物质					钙	磷
	粗蛋白	粗脂肪	粗纤维	无氮浸出物	粗灰分		
盛花期 绝干	7.40	2.80	32.30	50.80	6.70	0.33	0.23

数据来源:山西省农业科学院畜牧兽医研究所

花期株丛

节部特征

花序

棒头草属
Polypogon Desf.

棒头草 | *Polypogon fugax*
Nees ex Steud.

形态特征　一年生，丛生直立草本。秆高10～75 cm，光滑。叶鞘光滑无毛；叶舌膜质，长4～8 mm；叶片扁平，腹面微粗糙，背面光滑，长4～15 cm。圆锥花序顶生，长圆形，较疏松，具缺刻；小穗灰绿色，长约2.5 mm；颖长圆形，疏被短纤毛，先端2浅裂，芒从裂口处伸出，微粗糙；外稃光滑，先端具微齿，中脉延伸成易于脱落的芒；雄蕊3枚，花药长0.7 mm。颖果椭圆形。花果期4～9月。

生境与分布　适应性较强，垂直分布较广，从低海拔到较高海拔区域均能生长。生于田野、路边、河滩等潮湿处。华东、华中及西南均有分布，华南除海南之外也有分布。

饲用价值　开花结实前草质柔嫩，叶量丰富，草食牲畜均喜采食，抽穗结实后适口性下降，总体属优等牧草。其化学成分见下表。

棒头草的化学成分（%）

样品情况		干物质	占干物质					钙	磷
			粗蛋白	粗脂肪	粗纤维	无氮浸出物	粗灰分		
开花期	绝干[1]	100.00	11.32	2.05	32.82	42.59	11.22	0.55	0.29
开花期	干样[2]	92.39	10.85	2.53	27.65	48.01	10.95	0.52	0.33
成熟期	干样[2]	93.57	8.69	2.69	26.53	50.33	11.77	0.48	0.35

数据来源：1. 重庆市畜牧科学院；2. 兰州大学

成熟期花序　　花序　　花序局部特写　　叶舌

成熟期群体

天然草地伴生

长芒棒头草 | *Polypogon monspeliensis* (L.) Desf.

形态特征　一年生，丛生直立草本。秆高8～60 cm。叶鞘松弛抱茎；叶舌膜质，长约5 mm；叶片长约10 cm，宽约5 mm，腹面及边缘粗糙，背面较光滑。圆锥花序穗状，长可达10 cm，宽5～20 mm；小穗淡灰绿色，成熟后枯黄色，长约2.5 mm；颖倒卵状长圆形，被短纤毛，先端2浅裂，芒自裂口处伸出，细长而粗糙，长3～7 mm；外稃光滑无毛，长约1.2 mm，先端具微齿，中脉延伸成约与稃体等长而易脱落的细芒；雄蕊3枚。颖果倒卵状长圆形。花果期5～10月。

生境与分布　适应性较强，垂直分布较广，从低海拔到较高海拔区域均能生长。生于田野、路边、河滩等潮湿处。华东、华中及西南均有分布，华南除海南之外也有分布。

饲用价值　上繁牧草，叶片多而分布均匀，叶质柔软，适口性好，无论放牧、刈割青饲还是晒制成干草，均为牛、马、羊、兔等各类草食家畜所喜食。

伴生于天然草地　花序　花序（成熟期）

菵草属
Beckmannia Host

菵 草 | *Beckmannia syzigachne*
(Steud.) Fern.

形态特征 一年生，疏丛直立草本。秆高45～80 cm，光滑无毛。叶鞘多长于节间；叶舌显著，透明膜质，长3～8 mm；叶片扁平，长6～15 cm，宽约7 mm。圆锥花序，长10～30 cm；小穗通常单生，扁平，近圆形，基部有节，脱落于颖；颖半圆形，泡状膨大，背面弯曲，稍革质；内稃、外稃等长，膜质，有2脉，被微毛，顶部具芒尖。花果期6～9月。

生境与分布 喜亚热带气候。生于湿地、水沟边及浅的流水中。华东、西南等的水边湿地常有分布。

饲用价值 春、夏两季生长迅速，枝叶繁茂，草质柔软，营养价值较高，马、牛、羊均喜食。开花后适口性下降，营养价值显著降低。因此，要注意适时收割利用，一般在抽穗期为最佳。每公顷可产干草650～1000 kg。果实可作为精饲料，亦可食用。其化学成分见下表。

菵草的化学成分（%）

样品情况		干物质	占干物质					钙	磷
			粗蛋白	粗脂肪	粗纤维	无氮浸出物	粗灰分		
开花期	干样[1]	90.02	8.49	2.63	29.08	49.06	10.74	0.10	0.15
成熟期	干样[1]	92.76	10.36	4.36	28.83	47.02	9.43	0.26	0.31
抽穗期	干样[2]	92.33	13.71	3.35	29.60	43.89	9.45	0.47	0.39
抽穗期	干样[3]	95.39	12.16	2.10	28.30	50.62	6.81	—	—

数据来源：1. 兰州大学；2. 湖北省农业科学院畜牧兽医研究所；3. 四川农业大学

营养期群体

抽穗期群体

根系

花序

叶舌

花序局部

梯牧草属
Phleum L.

梯牧草 | *Phleum pratense* L.

形态特征　多年生，直立草本，短根茎。秆高40～120 cm，节外呈紫色。叶鞘松弛，光滑无毛；叶舌膜质，长2～5 mm；叶片扁平，长约20 cm，宽约6 mm。圆锥花序圆柱状，灰绿色，长约10 cm，宽约6 mm；小穗长圆形，含1小花；颖膜质，长约3.5 mm，具3脉，脊上具硬纤毛，顶端具尖头；外稃薄膜质，长约2 mm，具7脉，脉上具微毛，顶端钝圆；内稃略短于外稃；花药长约1.5 mm。颖果长圆形，灰白色，长约1 mm。花果期6～8月。

生境与分布　喜温凉湿润气候，耐寒耐阴。生于林下、山地草甸或河谷草甸。川西北等均有引种栽培。

饲用价值　草质柔软，适口性好，适于刈割利用。在湿润气候区一年可刈割2次，年均鲜草产量37 500～60 000 kg/hm^2。干旱地区年仅刈割一次，草产量低。其化学成分见下表。

梯牧草的化学成分（%）

样品情况	干物质	占干物质					钙	磷
		粗蛋白	粗脂肪	粗纤维	无氮浸出物	粗灰分		
开花期　干样[1]	90.64	6.93	2.08	34.85	51.37	4.77	0.18	0.13
初花期　干样[2]	88.61	11.14	3.44	42.32	37.44	5.66	0.32	0.13

数据来源：1. 四川农业大学；2. 西南民族大学

秆叶局部　　　　　花序

花期群体局部

根系

高山梯牧草 | *Phleum alpinum* L.

形态特征　多年生，直立草本，具短根茎。秆高20～50 cm。叶鞘松弛，无毛，下部长于节间，上部稍膨大；叶舌薄膜质，长约3 mm；叶片长3～10 cm，宽4～6 mm，先端尖。圆锥花序长圆柱形，长约3 cm，宽8～10 mm，暗紫色；小穗压扁，矩圆形，含1小花；颖等长，长约3 mm，具3脉，中脉成脊，脊上生硬纤毛，顶端具1短芒；外稃薄膜质，长约2 mm，顶端钝圆，具5脉，脉上有微毛；内稃稍短于外稃，两脊具微纤毛；花药长约1.5 mm。颖果长圆形，短于外稃。花期7～8月，果期8～9月。

生境与分布　喜寒冷而湿润的高山气候。生于海拔2000～4000 m的亚高山草甸和林缘。长江以南主要在云南、四川一带的高原有分布，四川主要分布于理县、马尔康市、红原县、松潘县等的高山草甸。

饲用价值　草质柔软，适口性好，营养价值中等，为各类家畜所喜食，属夏季放牧利用的良等牧草。根系发达，耐牧，但再生力不强，草产量较低，可与其他牧草混播建植人工放牧场。其化学成分见下表。

高山梯牧草的化学成分（%）

样品情况	占干物质					钙	磷
	粗蛋白	粗脂肪	粗纤维	无氮浸出物	粗灰分		
开花期　绝干	7.19	2.81	34.15	50.33	5.52	0.13	0.24

数据来源：四川农业大学

植株　　　　　花序局部特写　　　　花序

秆叶

看麦娘属
Alopecurus L.

看麦娘 | *Alopecurus aequalis* Sobol.

形态特征 一年生，丛生直立草本。秆软弱，光滑，基部常膝曲，高15～40 cm。叶鞘光滑，短于节间；叶舌膜质，长2～5 mm；叶片扁平，条形，长3～10 cm，宽2～6 mm。圆锥花序圆柱状，灰绿色，长约5 cm，宽3～6 mm；小穗长2～3 mm；颖膜质，基部互相连合，具3脉，脊上有细纤毛；外稃膜质，先端钝，下部边缘互相连合，芒长1.5～3.5 mm，约于稃体下部1/4处伸出；花药橙黄色，长0.5～0.8 mm。颖果长约1 mm。冬末春初开花结实。

生境与分布 生于农田边或潮湿之地。广泛分布于四川、湖北、湖南、贵州、陕西、安徽、江苏等。

饲用价值 草质柔软，牛、羊等牲畜喜食，幼嫩时也可用作猪的青饲料，鸡、鹅亦爱采食其幼嫩的叶片。长江以南多将看麦娘作为猪的青饲料利用，有的也晒制干草，如四川洪雅县等于春季大量刈割与其他冬性饲草混合晒干，粉碎成干草粉留作猪的冬季饲料。其化学成分见下表。

看麦娘的化学成分（％）

样品情况	干物质	占干物质					钙	磷
		粗蛋白	粗脂肪	粗纤维	无氮浸出物	粗灰分		
营养期　绝干	100.00	10.76	2.35	36.40	39.22	11.27	—	—

数据来源：江苏省农业科学院

株丛

花序局部

秆节特征

花序

日本看麦娘 | *Alopecurus japonicus* Steud.

形态特征　一年生，丛生草本。高20～50 cm。叶鞘松弛；叶舌膜质，长2～5 mm；叶片腹面粗糙，背面光滑，长3～12 mm，宽3～7 mm。圆锥花序圆柱状，长约5 cm，宽约5 mm；小穗长圆状卵形，长5～6 mm；颖仅基部互相连合，具3脉，脊上具纤毛；外稃略长于颖，厚膜质，下部边缘互相连合，芒长8～12 mm，近稃体基部伸出，上部粗糙，中部稍膝曲；花药长约1 mm。颖果半椭圆形，长2～2.5 mm。

生境与分布　生于海拔较低的田边及潮湿之地。湖北、湖南、广东、浙江、江苏等有分布。

饲用价值　牛、羊等牲畜喜食，幼嫩时也可用作猪的青饲料，鸡、鹅亦爱采食其幼嫩的叶片和茎梢。其化学成分见下表。

日本看麦娘的化学成分（%）

样品情况		干物质	占干物质					钙	磷
			粗蛋白	粗脂肪	粗纤维	无氮浸出物	粗灰分		
营养期	绝干[1]	100.00	16.91	3.41	34.66	37.18	7.84	0.53	0.38
抽穗期	干样[2]	80.06	11.40	6.37	28.07	43.95	10.20	0.17	0.11

数据来源：1. 江苏省农业科学院；2. 湖北省农业科学院畜牧兽医研究所

小穗

根系

杆节特征

花序

粟草属
Milium L.

粟 草 | *Milium effusum* L.

形态特征 多年生，直立草本。叶鞘松弛，基部者长于节间，上部者短于节间；叶舌透明膜质；叶片条状披针形，质软而薄，长5～20 cm，宽3～10 mm。圆锥花序疏松开展，长约20 cm，分枝细弱，每节多数簇生，下部裸露，上部着生小穗；小穗椭圆形，灰绿色，长约3.5 mm；颖纸质，具3脉；内稃、外稃软骨质，长约3 mm；花药长约2 mm。

生境与分布 喜温暖气候。生于林下及阴湿草地。华东及华中有分布。

饲用价值 茎叶质地柔嫩，马、牛、羊等均喜食，其籽粒可用作精饲料。开花结实后，茎秆老化，适口性降低，家畜仅采食其果穗和上部嫩茎叶。其化学成分见下表。

粟草的化学成分（%）

样品情况	干物质	占干物质					钙	磷
		粗蛋白	粗脂肪	粗纤维	无氮浸出物	粗灰分		
初花期　干样	92.00	10.13	1.51	39.11	43.38	5.87	0.41	0.22

数据来源：湖北省农业科学院畜牧兽医研究所

花序　　　　　　叶舌　　　　　　鞘口

小穗

植株基部及根系

生境

针茅属
Stipa L.

丝颖针茅 | *Stipa capillacea*
Keng

形态特征　多年生，丛生直立草本。秆高20～50 cm，直径约1.5 mm。叶鞘长于节间；叶舌膜质，极短；圆锥花序狭窄，幼嫩时基部常包藏于叶鞘内，长达14～18 cm；小穗淡绿色；颖细长披针形，长25～30 mm，第一颖具3脉，第二颖具5脉；外稃长约1 cm，具5脉，顶端生有一圈长约1.5 mm的糙毛，其下具小刺毛，基盘尖锐，长约2.5 mm，密生柔毛；芒二回膝曲扭转，芒针细弱，长达6 cm，芒全部具微毛；内稃具2脉，无脊。

生境与分布　生于海拔2900～5000 m的高山灌丛、草甸、丘陵顶部、山前平原或河谷阶地，是高寒草原或草甸草原的重要草种。川西北高寒草原有分布。

饲用价值　高寒草原的重要牧草之一，绵羊及牦牛喜食，为优等饲用植物。其化学成分见下表。

丝颖针茅的化学成分（%）

样品情况		干物质	占干物质					钙	磷
			粗蛋白	粗脂肪	粗纤维	无氮浸出物	粗灰分		
成熟期	干样	92.66	7.38	2.32	33.68	49.88	6.73	1.28	0.12

数据来源：兰州大学

花序局部

秆叶局部

叶舌

节部特征

成熟期植株

株丛

异针茅 | *Stipa aliena*
Keng

形态特征 多年生，密丛草本。高20～40 cm，具1～2节。叶鞘光滑，长于节间；叶舌顶端钝圆，背部具微毛，基生叶舌较短；叶片纵卷成线形，腹面粗糙，背面光滑。圆锥花序较紧缩，长10～15 cm，分枝斜向上升，下部裸露；小穗灰绿色而带紫色；颖披针形，先端细渐尖，具5～7脉，长约1.2 cm；外稃背部生短毛，具5脉，长约7.5 cm，内稃与外稃等长，具2脉，背部具短毛。颖果圆柱形，长约5 mm，具浅腹沟。花果期7～9月。

生境与分布 喜生于高海拔地区的阳坡灌丛、草甸、冲积扇或河谷阶地，在甘肃省碌曲县等生于灌丛草甸。川西北草原常见分布。

饲用价值 叶质柔软，为草原或草甸草原的优等牧草，各类家畜均喜食。其化学成分见下表。

异针茅的化学成分（%）

样品情况	干物质	占干物质					钙	磷
		粗蛋白	粗脂肪	粗纤维	无氮浸出物	粗灰分		
成熟期　干样	92.46	9.81	3.28	30.55	49.84	6.51	0.48	0.16

数据来源：兰州大学

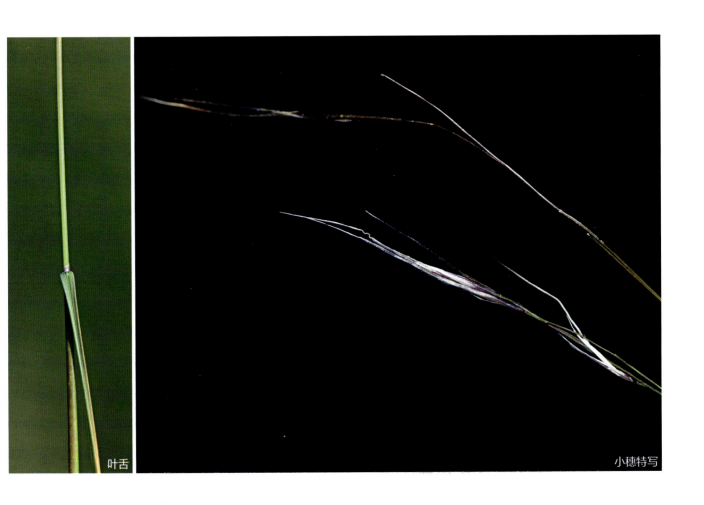

叶舌　　　　　　　　　　　　　　　　　　　　　　小穗特写

群体及生境

花序

芨芨草属
Achnatherum P. Beauv.

大叶直芒草 | *Achnatherum coreanum* (Honda) Ohwi

形态特征 多年生，直立草本，具短根茎。叶鞘常长于节间；叶舌质硬，长约2 mm；叶片扁平，基部狭窄，长10～30 cm，宽约1.5 cm。圆锥花序直立，狭窄，长20～30 cm；小穗绿色；两颖近等长，长约15 mm，披针形，顶端渐尖；外稃长约10 mm，质硬，背部稀疏地贴生短毛，边缘质较薄，幼嫩时相互覆盖，成熟后露出内稃，顶端微2裂，基盘短而钝，具髭毛，芒长约30 mm，劲直，基部两侧有纵沟纹；内稃与外稃同质，具2条不明显的脉，脉间疏生短毛；花药顶端无毛，长约7 mm。

生境与分布 喜亚热带气候。生于山坡、山谷林下、山沟草丛及路旁。江苏、安徽、浙江、江西、湖北均有分布。其化学成分见下表。

大叶直芒草的化学成分（%）

样品情况	干物质	占干物质					钙	磷
		粗蛋白	粗脂肪	粗纤维	无氮浸出物	粗灰分		
抽穗期 干样	81.15	10.57	2.48	43.39	35.32	8.24	1.45	0.31

数据来源：湖北省农业科学院畜牧兽医研究所

根状茎

籽粒

成熟期花序

小穗

叶舌

生境

株丛

隐子草属
Cleistogenes Keng

宽叶隐子草 | *Cleistogenes hackelii* var. *nakaii* (Keng) Ohwi

形态特征 多年生，丛生直立草本。秆基部具鳞芽，高30～85 cm，具多节。叶鞘常疏生疣毛，鞘口具较长的柔毛；叶片长3～10 cm，宽2～6 mm，两面均无毛，边缘粗糙。圆锥花序开展，长4～10 cm，基部分枝长3～5 cm；小穗灰绿色，长7～9 mm，含2～5小花；颖近膜质；外稃披针形，黄绿色，常具灰褐色斑纹，外稃边缘及基盘均具短柔毛，第一外稃长约5 mm，先端芒长3～9 mm。

生境与分布 生于山坡林缘、林下灌丛。江苏、湖北等长江以南有分布。

饲用价值 各种家畜均喜食，尤以马、羊为甚，春、秋两季放牧利用的价值最高。其化学成分见下表。

宽叶隐子草的化学成分（%）

样品情况		干物质	占干物质					钙	磷
			粗蛋白	粗脂肪	粗纤维	无氮浸出物	粗灰分		
孕穗期	干样	90.60	5.63	2.31	41.03	42.15	8.90	1.81	0.37

数据来源：湖北省农业科学院畜牧兽医研究所

根系　鞘口　叶片　花序

植株

画眉草属
Eragrostis Wolf

画眉草 | *Eragrostis pilosa*
(L.) Beauv.

形态特征 一年生，丛生草本。秆高15~60 cm，直径约2 mm，通常具4节，光滑。叶鞘松裹茎，压扁，鞘缘近膜质；叶舌长约0.5 mm；叶片长6~20 cm，宽约3 mm。圆锥花序长10~25 cm，宽2~10 cm，分枝多直立向上，腋间有长柔毛，小穗具柄，长3~10 mm，宽约1.5 mm，含4~14小花；颖膜质，披针形，第一颖长约1 mm，第二颖长约1.5 mm；第一外稃长约1.8 mm；内稃长约1.5 mm；雄蕊3枚，花药长约0.3 mm。颖果长圆形。花果期8~11月。

生境与分布 喜土壤湿润的生境。生于荒芜田野和草地上。各地均有分布。

饲用价值 牛、羊、马喜食，属良等牧草。其化学成分见下表。

画眉草的化学成分（%）

样品情况	占干物质					钙	磷
	粗蛋白	粗脂肪	粗纤维	无氮浸出物	粗灰分		
抽穗期　绝干[1]	7.18	1.85	38.52	39.58	12.87	0.24	—
营养期　绝干[2]	12.41	2.37	30.05	47.96	7.21	0.68	0.22
开花期　绝干[3]	8.85	1.78	33.56	49.97	5.84	—	—

数据来源：1. 中国热带农业科学院热带作物品种资源研究所；2. 江苏省农业科学院；3. 湖南农业大学

花序局部

花序

植株基部及根系

植株

鞘口　　　小穗　　　节部特征

知风草 | *Eragrostis ferruginea* (Thunb.) Beauv.

形态特征 多年生，直立草本。叶鞘两侧极压扁，基部相互跨覆，均长于节间；叶舌退化为一圈短毛；叶片长20～40 mm。圆锥花序大而开展；小穗柄长5～15 mm；小穗长圆形，长5～10 mm，宽约2.5 mm，有7～12小花；第一颖披针形，先端渐尖；第二颖长披针形，先端渐尖；外稃卵状披针形，第一外稃长约3 mm；内稃短于外稃，脊上具小纤毛，宿存；花药长约1 mm。颖果棕红色，长约1.5 mm。花果期8～12月。

生境与分布 适应性较强，分布较广泛，以路边、山坡草地最常见。长江以南中低海拔地区广泛分布。

饲用价值 植株柔软，鲜草适口性好，营养价值较高，春、夏季节牛、马、羊等各类家畜均喜食。秋、冬季节，草质干枯，基生叶脱落，草质下降，牛有少量采食。其草质致密，不易腐烂，即使干草被雨水、雪水淋湿也不容易变色，冬末和早春可供放牧。其化学成分见下表。

知风草的化学成分（%）

样品情况		占干物质					钙	磷
		粗蛋白	粗脂肪	粗纤维	无氮浸出物	粗灰分		
结实期	绝干[1]	3.84	1.45	43.37	44.11	7.23	0.09	0.56
营养期	绝干[2]	11.62	4.02	32.10	42.88	9.39	—	—
结实期	绝干[3]	9.98	1.10	34.60	47.52	6.80	—	—

数据来源：1. 江苏省农业科学院；2. 湖南农业大学；3. 重庆市畜牧科学院

株丛及生境

叶鞘

花序

鞘口

小穗特写

黑穗画眉草 | *Eragrostis nigra* Nees ex Steud.

形态特征 多年生，丛生直立草本。秆高30～60 cm，直径1.5～2.5 mm，基部常压扁，具2～3节。叶鞘长于节间，鞘口有白色柔毛；叶舌长约0.5 mm；叶片线形，扁平，长可达20 cm，宽约5 mm。圆锥花序开展；小穗长3～5 mm，宽约1.5 mm，黑色，含3～8小花；颖披针形，先端渐尖，膜质，具1脉，第一颖长约1.5 mm，第二颖长1.8～2 mm。颖果椭圆形，长约1 mm。花期4～9月。

生境与分布 喜热带、亚热带湿润气候。生于山坡草地。云南、贵州、四川、广西、江西等常见分布。

饲用价值 幼嫩期为牛、羊、马喜食，抽穗后适口性下降，属良等牧草。其化学成分见下表。

黑穗画眉草的化学成分（%）

样品情况		干物质	占干物质					钙	磷
			粗蛋白	粗脂肪	粗纤维	无氮浸出物	粗灰分		
开花期	干样[1]	92.47	7.08	1.25	43.01	42.69	5.97	0.23	—
开花期	干样[2]	92.61	16.12	3.29	25.99	45.48	9.11	0.54	0.35
成熟期	干样[2]	93.46	9.33	2.65	29.23	51.48	7.31	0.33	0.22

数据来源：1. 西南民族大学；2. 兰州大学

花序　　　　　　　　　　　　　　　　　　　　　　　　鞘口

植株

小穗形态

花序分枝腋间特征

小画眉草 | *Eragrostis minor*
Host

形态特征　一年生，纤细草本。叶鞘较节间短，松裹茎，叶鞘脉上有腺体，鞘口有长毛；叶舌为一圈长柔毛；叶片线形，长5～15 cm，宽约3 mm，背面光滑，腹面粗糙并疏生柔毛。圆锥花序开展而疏松，长5～15 cm；小穗长圆形，长3～8 mm，宽1.5～2 mm，含3～16小花；小穗柄长3～6 mm；第一颖长约1.6 mm，第二颖长约1.8 mm；第一外稃长约2 mm；内稃长约1.6 mm，脊上有纤毛，宿存；雄蕊3枚，花药长约0.3 mm。颖果红褐色，近球形，径约0.5 mm。

生境与分布　生于荒芜田野、草地和路旁。各地都有分布。

饲用价值　叶多且较柔嫩，适口性良好，青鲜时羊喜食，马和牛乐食。

花序

根系

小穗

鞘口

长画眉草 | *Eragrostis brownii* (Kunth) Nees

形态特征　多年生，丛生草本。秆纤细，高15～50 cm，基部节上常有分枝。叶鞘短于节间，鞘口有长柔毛；叶舌膜质；叶片线形，长3～10 cm，宽1～3 mm。圆锥花序开展，长3～7 cm，宽1.5～3.5 cm；小穗铅绿色，长椭圆形，长4～15 mm，宽约2 mm，小穗柄极短，通常2～4小穗密集在一起；颖卵状披针形，第一颖长约1.2 mm，具1脉，第二颖长约1.8 mm，具1脉；外稃卵圆形，长约2 mm，具3脉；内稃稍短于外稃，长约1.5 mm，脊上有毛，顶端微缺凹；雄蕊3枚，花药长约1.3 mm。颖果黄褐色，透明，长约0.5 mm。春季抽穗。

生境与分布　适应性强，在干燥或湿润之地均能生长，海南较常见于东方市、乐东黎族自治县等较干热区域的灌丛林缘。华东、华南、西南等均有分布。

饲用价值　牛、羊及坡鹿喜采食，属中上等饲用植物。其化学成分见下表。

长画眉草的化学成分（%）

样品情况		干物质	占干物质					钙	磷
			粗蛋白	粗脂肪	粗纤维	无氮浸出物	粗灰分		
结实期	干样[1]	90.30	3.84	1.45	43.37	44.11	7.23	0.09	0.56
营养期	绝干[2]	100.00	2.79	1.20	32.13	57.16	6.72	—	—

数据来源：1. 中国热带农业科学院热带作物品种资源研究所；2. 福建省农业科学院农业生态研究所

植株

成熟期花序

花序

株丛

纤毛画眉草 | *Eragrostis ciliata* (Roxb.) Nees

形态特征　多年生、丛生草本。秆高30～90 cm，基部节间较短，节下有一圈腺点。叶鞘光滑无毛，鞘口被长柔毛；叶片扁平，披针状线形。圆锥花序紧缩成穗状，圆柱形，长约4 cm，宽约1 cm；小穗成熟后小穗轴自上而下逐渐断落；颖膜质，披针形，先端短尖，背脊和边缘均有毛；外稃膜质，具明显的3脉，侧脉远离边缘，先端具短尖，背部及边缘被短毛；内稃稍短于外稃，边缘被纤毛；雄蕊2枚，花药长约0.4 mm。颖果红褐色，卵圆形，长约0.5 mm。冬季抽穗。

生境与分布　喜热带气候。生于干热沙质草地或山坡灌木丛下。产海南、广东及广西。

饲用价值　滨海干热区域常见禾草，其植株耐牧性强，牛、羊喜啃食，只适宜放牧利用。

植株　成熟期花序　花序

花期群体

叶片

鞘口

小穗

乱 草 | *Eragrostis japonica*
(Thunb.) Trin.

形态特征 一年生，丛生草本。秆膝曲，高30～100 cm。叶鞘长于节间；叶舌干膜质，长不足1 mm；叶片平展，长3～25 cm，宽3～5 mm。圆锥花序长圆形，长6～15 cm，宽1.5～6 cm；小穗卵圆形，长1～2 mm；颖近等长，先端钝，具1脉；第一外稃长约1 mm，广椭圆形，具3脉，侧脉明显；内稃长约0.8 mm，先端为3齿，具2脊，脊上疏生短纤毛；雄蕊2枚，花药长约0.2 mm。颖果棕红色并透明，卵圆形，长约0.5 mm。花果期6～11月。

生境与分布 喜热带气候。生于田野路旁、河边及潮湿地。安徽、浙江、福建、湖北、江西、广东、云南等均有分布。

饲用价值 植株柔嫩，牛、羊喜食，属良等牧草。其化学成分见下表。

乱草的化学成分（%）

样品情况		干物质	占干物质					钙	磷
			粗蛋白	粗脂肪	粗纤维	无氮浸出物	粗灰分		
营养期	干样[1]	92.56	8.98	1.28	42.15	41.46	6.13	0.31	0.14
抽穗期	绝干[2]	100.00	3.90	1.13	45.51	41.91	7.55	0.13	0.09

数据来源：1.中国热带农业科学院热带作物品种资源研究所；2.江苏省农业科学院

花序局部

小穗

生境

株丛

宿根画眉草 | *Eragrostis perennans* Keng

形态特征　多年生，直立草本。秆高50～110 cm。叶鞘质较硬，鞘口密生长柔毛；叶舌膜质，极短；叶片平展，长10～40 cm，宽约5 mm。圆锥花序开展，长达35 cm，宽3～6 cm，每节具分枝1个，腋间疏生柔毛；小穗柄长1～5 mm，小穗长可达20 mm，宽约3 mm，含多朵小花；颖广披针形，先端渐尖，第一颖长约1.5 mm，第二颖长约2 mm；外稃长圆状披针形，第一外稃长约2.5 mm，具3脉；内稃长约2 mm，脊上具纤毛；花药长约1 mm。颖果棕褐色，椭圆形，微扁，长约0.8 mm。花果期夏秋季。

生境与分布　适应性较强，在潮湿或干旱环境生长均较好。多见于田野路边以及山坡草地。广东、广西、海南、贵州及福建等常见分布。

饲用价值　植株青绿期长，冬季不枯黄，早春恢复生长快，是牛、马、羊喜食的放牧型良等牧草。其化学成分见下表。

宿根画眉草的化学成分（%）

样品情况		干物质	占干物质					钙	磷
			粗蛋白	粗脂肪	粗纤维	无氮浸出物	粗灰分		
成熟期	鲜样[1]	32.53	3.54	4.75	38.97	48.69	4.05	—	—
成熟期	绝干[2]	100.00	3.61	3.26	34.11	52.74	6.28	—	—

数据来源：1. 中国热带农业科学院热带作物品种资源研究所；2. 福建省农业科学院农业生态研究所

秆节特写　　　　花序

小穗　　　叶舌

株丛

鼠妇草 | *Eragrostis atrovirens* (Desf.) Trin. ex Steud.

形态特征　多年生，疏丛直立草本，根系粗壮。秆高50～100 cm。叶鞘较节间短；叶片扁平，长4～17 cm，宽约3 mm。圆锥花序开展，长5～20 cm，宽2～4 cm；小穗柄长约1 cm，小穗窄矩形，灰绿色，长5～10 mm，宽约2.5 mm，含多朵小花；颖具1脉，第一颖长约1.2 mm，卵圆形，先端尖；第二颖长约2 mm，长卵圆形，先端渐尖；花药长约0.8 mm。颖果长约1 mm。夏秋季抽穗。

生境与分布　生态适应性较强，在干旱、潮湿生境都能生长。多生于路边和溪旁，在河滩地常常形成单一优势种群。广东、广西、四川、贵州、云南等常见分布。

饲用价值　营养期草质柔软，牛、羊、马喜食。冬季结实后叶片渐枯萎，但不掉落，牛喜采食。其化学成分见下表。

鼠妇草的化学成分（%）

样品情况	干物质	占干物质					钙	磷
		粗蛋白	粗脂肪	粗纤维	无氮浸出物	粗灰分		
结实期　干样	91.90	3.77	1.33	46.87	44.58	3.45	0.09	0.06

数据来源：中国热带农业科学院热带作物品种资源研究所

叶鞘　　小穗　　秆节　　株丛

花序

天然草地

鲫鱼草 | *Eragrostis tenella*
(L.) Beauv. ex Roem. et Schult.

形态特征　一年生，纤细草本。秆高15～60 cm。叶鞘松裹茎，短于节间，鞘口和边缘均疏生长柔毛；叶舌为一圈短纤毛；叶片扁平，长2～10 cm，宽3～5 mm。圆锥花序开展，分枝单一；小穗卵形至长圆状卵形，长约2 mm，含4～10小花；颖膜质，具1脉，第一颖长约0.8 mm，第二颖长约1 mm；第一外稃长约1 mm；内稃脊上具有长纤毛；雄蕊3枚，花药长约0.3 mm。颖果长圆形，深红色，长约0.5 mm。花果期4～8月。

生境与分布　喜荫蔽和土壤湿润的地方。广东、广西、海南、湖北、湖南、福建、云南等有分布。

饲用价值　植株矮小，产量低，但耐踩踏，耐牧性好，茎叶比低，叶片柔嫩，牛、马、羊喜食，属良等牧草。其化学成分见下表。

鲫鱼草的化学成分（%）

样品情况	干物质	占干物质					钙	磷
		粗蛋白	粗脂肪	粗纤维	无氮浸出物	粗灰分		
结实期　干样	90.12	6.47	1.27	45.70	41.11	5.45	0.14	0.08

数据来源：中国热带农业科学院热带作物品种资源研究所

鞘口　　　　　　　　　　　　　　　　　　　　　　　　　节部特征

花序

小穗

株丛

牛虱草 | *Eragrostis unioloides* (Retz.) Nees ex Steud.

形态特征 多年生，披散草本。秆下部膝曲，具匍匐枝，高20～60 cm。叶鞘裹茎，光滑无毛；叶片平展，长2～20 cm，宽3～6 mm，腹面疏生长毛，背面光滑。圆锥花序开展，长5～20 cm，宽3～5 cm；小穗长圆形，长5～10 mm，宽2～4 mm，含10～20小花；小花覆瓦状排列，成熟时开展并呈紫色；颖披针形，具1脉，第一颖长约2 mm，第二颖长约2.5 mm；第一外稃长约2 mm；内稃稍短于外稃，长约1.8 mm，具2脊，脊上有纤毛，成熟时与外稃同时脱落；雄蕊2枚，花药紫色，长约0.5 mm。颖果椭圆形，长约0.8 mm。花果期8～10月。

生境与分布 喜潮湿环境。多生于湖边潮湿草地或低地草甸。海南、广东、广西、福建、云南、江西等均有分布。

饲用价值 匍匐枝发达，在低地草甸中通常形成密集的草坪。耐牧性较强，其秆叶柔嫩、适口性较好、恢复生长快，属放牧型良等牧草，牛、马、羊喜食，尤以水牛最为喜食。其化学成分见下表。

牛虱草的化学成分（%）

样品情况	干物质	占干物质					钙	磷
		粗蛋白	粗脂肪	粗纤维	无氮浸出物	粗灰分		
营养期 干样	92.00	9.68	2.47	38.70	42.60	6.55	0.22	0.17

数据来源：中国热带农业科学院热带作物品种资源研究所

花序

花序（收狭型）

小穗

秆叶特征

植株

天然草地

尖稃草属
Acrachne Wight et Arn. ex Chiov.

尖稃草 | *Acrachne racemosa*
(Heyne ex Roem. et Schult.) Ohwi

形态特征 一年生，直立草本。叶鞘光滑，压扁，短于节间；叶舌膜质，边缘具纤毛；叶片狭披针形，长5～15 cm，宽约9 mm，上面基部常疏生疣毛。穗状花序数个至多个，在主轴上分层排列成假轮生状，长5～15 cm；小穗长椭圆形，两侧压扁，成熟时草黄色，长约10 mm，小花多数；第一颖卵状长圆形，长约3 mm，第二颖稍大，长约4 mm；外稃硬纸质或厚膜质，宽卵形，具3脉，长约3 mm，主脉延伸成约1 mm的芒，成熟时自下而上脱落；内稃透明膜质，具2脊，迟落。囊果。秋季抽穗。

生境与分布 喜热带气候。生于低海拔的干燥山坡。云南及海南有分布。

饲用价值 整个生育期草质柔软，营养丰富，可饲率高，牛、羊及兔极喜采食，属良等牧草。

花序　　　鞘口　　　叶舌　　　小穗

植株基部特征

穗状花序局部

节部特征

植株及生境

千金子属
Leptochloa P. Beauv.

千金子 | *Leptochloa chinensis* (L.) Nees

形态特征　一年生，直立草本。秆基部膝曲，高30～90 cm。叶鞘无毛，大多短于节间；叶舌膜质，长约2 mm；叶片扁平，先端渐尖，两面微粗糙，长5～25 cm，宽2～6 mm。圆锥花序长10～30 cm；小穗多带紫色，长约4 mm，含3～7小花；颖具1脉，脊上粗糙，第一颖较短而狭窄，长1～1.5 mm，第二颖长1.2～1.8 mm；外稃顶端钝，第一外稃长约1.5 mm；花药长约0.5 mm。颖果长圆球形，长约1 mm。花果期8～11月。

生境与分布　喜潮湿环境。多生于潮湿草地或农田沟边。海南、广东、广西、福建、云南、江西等均有分布。

饲用价值　草质柔软，牲畜喜食，属长江以南农区常见的优质牧草。其化学成分见下表。

千金子的化学成分（%）

样品情况		干物质	占干物质					钙	磷
			粗蛋白	粗脂肪	粗纤维	无氮浸出物	粗灰分		
成熟期	鲜样[1]	26.70	5.80	0.45	28.28	57.47	8.00	0.38	0.47
结实期	干样[2]	93.80	10.41	2.32	37.99	42.07	7.22	0.64	0.28

数据来源：1.中国热带农业科学院热带作物品种资源研究所；2.湖北省农业科学院畜牧兽医研究所

小穗

叶舌

花序局部

秆节

叶鞘

花序

虮子草 | *Leptochloa panicea*
(Retz.) Ohwi

形态特征　一年生，细弱草本。秆高30～60 cm。叶鞘疏生疣基柔毛；叶舌膜质，长约2 mm；叶片扁平，长6～18 cm，宽3～6 mm。圆锥花序长10～30 cm，分枝细弱，微粗糙；小穗灰绿带紫色，长约2 mm，含2～4小花；颖膜质，具1脉，脊上粗糙，第一颖较狭窄，顶端渐尖，长约1 mm，第二颖较宽，长约1.4 mm；外稃具3脉，脉上被细短毛，第一外稃长约1 mm，顶端钝；内稃稍短于外稃，脊上具纤毛；花药长约0.2 mm。颖果圆球形，长约0.5 mm。花果期7～10月。

生境与分布　喜潮湿环境。多生于潮湿草地、低地草甸、农田沟边或园圃内。海南、广东、广西、福建、云南、江西等均有分布。

饲用价值　草质柔软，牲畜喜食，属优质牧草。其化学成分见下表。

虮子草的化学成分（%）

样品情况		干物质	占干物质					钙	磷
			粗蛋白	粗脂肪	粗纤维	无氮浸出物	粗灰分		
抽穗期	干样[1]	91.90	10.50	1.48	37.17	36.95	13.90	0.71	0.34
结实期	鲜样[2]	35.63	8.71	1.40	36.00	40.99	12.90	—	—

数据来源：1. 中国热带农业科学院热带作物品种资源研究所；2. 重庆市畜牧科学院

鞘口　　　　　　叶舌

节部特征

叶鞘

植株

草沙蚕属
Tripogon Roem. et Schult.

草沙蚕 | *Tripogon bromoides*
Roem. et Schult.

形态特征 多年生，密丛草本。叶鞘大都无毛；叶舌很短或近于缺；叶片质较硬，内卷，长3～10 cm，宽1～2 mm。穗状花序长6～13 cm；小穗铅绿色，排列较紧密，长5～8 mm；颖膜质，具1强壮的脉，第一颖长约3 mm，第二颖长约3.5 mm，先端2裂，裂齿间伸出短芒；外稃具3脉，脉均延伸成直芒，第一外稃长约3.5 mm，主芒长约4 mm，侧芒长约1.5 mm；内稃短于外稃，脊上具小纤毛，先端具纤毛。花期9月。

生境与分布 生于山坡石壁上。西南、华中常见分布。

饲用价值 分蘖期植株密集，草质柔软，适口性好，为各种家畜所喜食，属中等牧草。其化学成分见下表。

草沙蚕的化学成分（%）

样品情况		干物质	占干物质					钙	磷
			粗蛋白	粗脂肪	粗纤维	无氮浸出物	粗灰分		
成熟期	鲜样	88.52	8.17	2.33	37.92	42.19	9.39	1.32	0.47

数据来源：湖北省农业科学院畜牧兽医研究所

花序

株丛及生境

中华草沙蚕 | *Tripogon chinensis* (Franch.) Hackel

形态特征　多年生，密丛直立草本。秆高10～30 cm。叶舌膜质，长约0.5 mm；叶片狭线形，长约15 cm。穗状花序细弱，长约10 cm；小穗线状披针形，铅绿色，含3～5小花；颖具宽而透明的膜质边缘，第一颖长约2 mm，第二颖长约2.5 mm；外稃质薄似膜质，先端2裂，具3脉，主脉延伸成短且直的芒，第一外稃长约4 mm，基盘被长约1 mm的柔毛；内稃膜质，约等长于外稃，脊上粗糙，具微小纤毛；花药长约1.5 mm。

生境与分布　生于干燥山坡或岩石上。江苏、安徽、江西、四川等有分布。

饲用价值　基部分蘖叶密集、纤细，鹿、羊、马喜食，属中等牧草。其化学成分见下表。

中华草沙蚕的化学成分（%）

样品情况		干物质	占干物质					钙	磷
			粗蛋白	粗脂肪	粗纤维	无氮浸出物	粗灰分		
成熟期	鲜样	78.91	12.51	2.99	21.74	52.13	10.63	0.88	0.53

数据来源：湖北省农业科学院畜牧兽医研究所

成熟期花序局部

花序局部（小穗）

鞘口

根系

株丛及生境

龙爪茅属
Dactyloctenium Willd.

龙爪茅 | *Dactyloctenium aegyptium*
(L.) Beauv.

形态特征　一年生，矮小草本。秆高15～60 cm。叶鞘松弛，边缘被柔毛；叶舌膜质，长约2 mm，顶端具纤毛；叶片扁平，长5～18 cm，宽2～6 mm，两面被疣基毛。穗状花序，2～7个指状排列于秆顶，长约2 cm，宽3～6 mm；小穗长约4 mm，含3小花；第一颖龙骨状凸起上具短硬纤毛，第二颖顶端具短芒，芒长约2 mm；外稃中脉成脊，第一外稃长约3 mm；内稃近等长，顶端2裂，背部具2脊，背缘有翼，翼缘具细纤毛。花果期5～10月。

生境与分布　喜阳、耐旱，适应性较强。多生于山坡、草地、路沿及海滨干热沙质草地。华南、华东、华中及西南的低海拔地区均有分布。

饲用价值　叶柔软多汁，适口性好，是半干旱地区优质的一年生禾本科牧草，牛、羊喜食，幼嫩时可刈割饲喂鸡、鸭、鹅、兔及草食性鱼类。其化学成分见下表。

龙爪茅的化学成分（%）

样品情况		干物质	占干物质					钙	磷
			粗蛋白	粗脂肪	粗纤维	无氮浸出物	粗灰分		
营养期	鲜样[1]	15.60	13.48	2.43	22.59	47.70	13.80	1.36	0.29
抽穗期	鲜样[1]	20.70	9.82	1.11	24.39	52.38	12.30	1.16	0.20
成熟期	鲜样[1]	22.20	9.17	2.02	24.99	51.62	12.20	1.14	0.20
营养期	干样[2]	88.75	13.28	2.60	25.45	43.00	15.65	1.37	0.31

数据来源：1. 中国热带农业科学院热带作物品种资源研究所；2. 湖北省农业科学院畜牧兽医研究所

成熟期花序

花序

秆叶局部

穆属
Eleusine Gaertn.

牛筋草 | *Eleusine indica*
(L.) Gaertn.

形态特征　一年生，直立草本。叶鞘两侧压扁而具脊，松弛；叶片平展，线形，长10～25 cm，宽约5 mm。穗状花序2～7个指状着生于秆顶，长约5 cm，宽3～5 mm；小穗长4～7 mm，宽约3 mm，含3～6小花；颖披针形，具脊，第一颖长约2 mm，第二颖长约3 mm；第一外稃长约3 mm，具脊；内稃短于外稃，具2脊，脊上具狭翼；鳞被2，折叠，具5脉。囊果卵形，长约1.5 mm，基部下凹，具明显的波状皱纹。

生境与分布　生于荒芜之地及道路旁。从热带、亚热带、暖温带一直到温带均有分布，而以亚热带地区分布较多。全国广泛分布。

饲用价值　抽穗前叶片柔软，黄牛、水牛喜采食，特别是营养期适口性很好，黄牛和水牛均表现贪食的状况；抽穗后期，适口性明显下降，属中等饲用植物。其化学成分见下表。

牛筋草的化学成分（%）

样品情况		干物质	占干物质					钙	磷
			粗蛋白	粗脂肪	粗纤维	无氮浸出物	粗灰分		
营养期	鲜样[1]	18.40	11.90	2.27	27.54	48.69	9.60	1.05	0.15
抽穗期	鲜样[1]	21.20	10.33	2.33	29.34	48.60	9.40	0.99	0.39
成熟期	鲜样[1]	23.40	8.69	1.71	29.78	48.72	11.10	1.06	0.28
开花期	干样[2]	94.47	18.87	3.45	27.10	38.72	11.86	1.26	0.55
结实期	绝干[3]	100.00	14.60	2.02	23.43	44.08	15.87	—	—
开花期	干样[4]	91.84	13.17	1.86	31.02	44.02	9.86	0.42	0.15

数据来源：1. 中国热带农业科学院热带作物品种资源研究所；2. 湖北省农业科学院畜牧兽医研究所；3. 四川农业大学；4. 西南民族大学

花序

根系

秆叶局部

叶舌

小穗

植株

穆 子 | *Eleusine coracana* (L.) Gaertn.

形态特征 一年生，粗壮簇生直立草本。秆高50～120 cm。叶鞘长于节间，光滑；叶舌顶端密生长柔毛，长约2 mm；叶片线形。穗状花序，5～8个呈指状着生于秆顶，长5～10 cm，宽8～10 mm；小穗含5～6小花，长7～9 mm；颖坚纸质，顶端急尖，第一颖长约3 mm，第二颖长约4 mm；外稃三角状卵形，顶端急尖，背部具脊，具5脉；内稃狭卵形，具2脊，粗糙；鳞被折叠，具3脉；花柱自基部即分离。囊果、种子近球形，黄棕色，表面皱缩；胚长为种子的1/2～3/4，种脐点状。花果期5～9月。

生境与分布 适应性较强，冷、热气候条件均可栽培。华南、华中偶见栽培，云南、贵州较为常见。

饲用价值 牛、马、羊喜食，可作良等牧草。茎秆可用作编织或造纸，种子可食用或供酿造。其化学成分见下表。

穆子的化学成分（%）

样品情况	占干物质					钙	磷
	粗蛋白	粗脂肪	粗纤维	无氮浸出物	粗灰分		
营养期　绝干	11.40	2.21	31.23	46.51	8.65	0.47	0.13

数据来源：中国热带农业科学院热带作物品种资源研究所

栽培群体

成熟期栽培群体

成熟期花序

小穗

营养期花序

秆节特征

总苞草属
Elytrophorus P. Beauv.

总苞草 | *Elytrophorus spicatus* (Willd.) A. Camus

形态特征 一年生，丛生矮小草本。秆基部膝曲，高6～20 cm。叶鞘松弛，无毛；叶舌薄膜质，长约1 mm；叶片线状披针形，长2.5～15 cm，宽2～4 mm，腹面稍粗糙，背面无毛。圆锥花序穗状，长2～10 cm，直径6～8 mm，下部的小穗簇较上部的疏离，小穗簇下面的苞片长2～4 mm，边缘膜质，下部具纤毛；小穗宽卵圆形，长约3.5 mm，有3～7小花；颖长约2.5 mm；第一外稃长约3.5 mm；内稃长约1.5 mm，顶端具裂齿：花药长约0.5 mm。花果期5～12月。

生境与分布 生于田野潮湿的地方。产广东、海南和云南等。

饲用价值 秆叶柔软，适口性好，牛、羊喜食。其化学成分见下表。

总苞草的化学成分（%）

样品情况	占干物质					钙	磷
	粗蛋白	粗脂肪	粗纤维	无氮浸出物	粗灰分		
结实期 绝干	8.47	1.12	32.54	46.57	11.30	0.44	0.07

数据来源：中国热带农业科学院热带作物品种资源研究所

地下部及根系　　　　　花序特写

抽穗期植株

株丛及生境

虎尾草属
Chloris Sw.

虎尾草 | *Chloris virgata* Sw.

形态特征 一年生，直立草本。秆高12～75 cm，光滑无毛。叶鞘背部具脊；叶舌长约1 mm；叶片线形，长3～25 cm，宽3～6 mm。穗状花序5～10余枚，长1.5～5 cm，指状着生于秆顶；小穗无柄，长约3 mm；颖膜质，第一颖长约1.8 mm，第二颖等长于小穗；第一小花两性，外稃纸质，长约3 mm，两侧边缘上部1/3处有白色柔毛；内稃膜质，略短于外稃，具2脊，脊上被微毛；第二小花不育，仅存外稃，长约1.5 mm。颖果纺锤形，淡黄色，光滑无毛。花果期6～10月。

生境与分布 适应性较强，常生于路旁荒野、河岸沙地或干热海滨草地。广布于全国。

饲用价值 草质柔软，营养丰富，属具有栽培价值的良等牧草。其化学成分见下表。

虎尾草的化学成分（%）

样品情况	占干物质					钙	磷
	粗蛋白	粗脂肪	粗纤维	无氮浸出物	粗灰分		
结实期 绝干	8.42	2.08	33.51	48.54	7.45	0.34	0.11

数据来源：中国热带农业科学院热带作物品种资源研究所

花序局部　　植株基部

鞘口　　花序

植株

植株及生境

台湾虎尾草 | *Chloris formosana* (Honda) Keng

形态特征 一年生，直立草本。秆高20～70 cm，直径约3 mm。叶鞘两侧压扁，背部具脊；叶舌长约1 mm；叶片线形，长可达20 cm，宽可达7 mm。穗状花序4～11枚，长3～8 cm；小穗长约3 mm；第一颖三角钻形，长约2 mm，第二颖长椭圆状披针形，长约3 mm，先端常具长约3 mm的短芒；第一小花两性，与小穗近等长，倒卵状披针形，外稃纸质，具3脉，被白色柔毛；内稃倒长卵形，具2脉；第二小花有内稃，长约1.5 mm，具长4 mm左右的芒；第三小花仅存外稃。颖果纺锤形，长约2 mm。花果期8～10月。

生境与分布 喜阳、耐旱，适应性较强，多生于山坡草地及海滨干热沙质草地，通常形成株丛较密的居群。海南、广东、广西及福建等有分布。

饲用价值 抽穗前草质细嫩，牛、羊喜采食，也可用来饲喂火鸡、鹅及草食性鱼类，属一年生优等牧草。抽穗后草质老化，适口性下降。其化学成分见下表。

台湾虎尾草的化学成分（%）

样品情况		干物质	占干物质					钙	磷
			粗蛋白	粗脂肪	粗纤维	无氮浸出物	粗灰分		
营养期	鲜样	29.80	8.77	2.22	29.70	52.33	6.98	0.27	0.13
孕穗期	鲜样	32.60	8.17	1.83	33.40	49.39	7.21	0.27	0.11
结实期	鲜样	40.20	6.57	1.69	44.74	40.97	6.03	0.37	0.16

数据来源：中国热带农业科学院热带作物品种资源研究所

花序

株丛

非洲虎尾草 | *Chloris gayana* Kunth

形态特征　多年生，直立草本，具长匍匐枝。秆压扁，高100～150 cm。叶鞘无毛，鞘口具柔毛；叶舌长约1 mm；叶片长达30 cm，宽3～10 mm。穗状花序数至十余枚簇生于秆顶；小穗灰绿色，长4～4.5 mm；颖膜质，第一颖长约2 mm，第二颖长约3 mm；第一外稃长3～3.5 mm，基盘及边脉具柔毛，芒自近顶端以下伸出；内稃顶端微凹，稍短于外稃；花药浅黄色，长约2 mm；不育外稃2～3枚，第1枚较狭窄，先端尖而微凹，长约2.5 mm，有时可育，具长约3 mm的芒。

生境与分布　喜湿热环境。原产非洲。海南、广西、云南等引种栽培。

饲用价值　株丛密集，产量较本属其他种高很多，且茎叶柔软，饲用价值高，马、牛、羊等牲畜均喜食，是热带牧草中优良的青饲草种，也适于放牧利用，还是草地轮作中的优良品种之一。其化学成分见下表。

非洲虎尾草的化学成分（%）

样品情况		干物质	占干物质					钙	磷
			粗蛋白	粗脂肪	粗纤维	无氮浸出物	粗灰分		
生长3周再生草	鲜样	23.10	7.71	2.48	38.13	43.85	7.83	0.32	0.45
生长6周再生草	鲜样	25.60	5.48	1.37	38.45	47.21	7.48	0.31	0.51
生长9周再生草	鲜样	29.60	5.56	1.14	38.70	47.97	6.63	0.28	0.46

数据来源：中国热带农业科学院热带作物品种资源研究所

鞘口

穗状花序局部

栽培群体

花序

狗牙根属
Cynodon Rich.

弯穗狗牙根 | *Cynodon radiatus*
Roth ex Roemer et Schultes

形态特征 多年生，低矮草本。秆直立部分高30～50 cm，直径约1.5 mm，无毛。叶鞘无毛，鞘口疏生柔毛；叶舌膜质，上缘撕裂状或具细纤毛，长约0.3 mm；叶片线形，长2.5～10 cm，宽约4 mm。穗状花序5～7枚，指状着生于秆顶；小穗长卵状披针形，长约2.5 mm，小穗轴延伸至内稃之后，顶端不具退化小花；颖狭窄，具1脉，脊上粗糙，第一颖长约1 mm，第二颖长约1.2 mm；外稃与小穗等长，草质，具3脉，中脉凸起成脊，侧脉靠近边缘，脊和侧脉上被短柔毛；内稃略短，具2脊；花药黄色；柱头深紫色。花果期7～11月。

生境与分布 喜干热生境。生于旷野草地或路旁。产海南、广东及台湾南部。

饲用价值 草质较同属狗牙根稍差，但黄牛、水牛等牲畜喜采食，且耐牧，适宜放牧利用。其化学成分见下表。

弯穗狗牙根的化学成分（%）

样品情况	干物质	占干物质					钙	磷
		粗蛋白	粗脂肪	粗纤维	无氮浸出物	粗灰分		
营养期 干样	92.80	9.89	1.87	35.25	40.76	12.23	0.54	0.17

数据来源：中国热带农业科学院热带作物品种资源研究所

花序

株丛局部

匍匐茎

小穗

秆叶局部

小穗排列

狗牙根 | *Cynodon dactylon* (L.) Pers.

形态特征 多年生，低矮草本，具根状茎。秆细而坚韧，下部匍匐地面，节生不定根，直立部分高10～30 cm。叶鞘微具脊，鞘口常具柔毛；叶舌仅为一轮纤毛；叶片线形，长达10 cm，宽约3 mm。穗状花序3～5枚，长2～5 cm；小穗灰绿色，长2～2.5 mm，仅含1小花；颖长约2 mm，第二颖稍长；外稃舟形，具3脉；内稃与外稃近等长，具2脉；花药淡紫色；子房无毛，柱头紫红色。颖果长圆柱形。花果期5～10月。

生境与分布 适应性较强，多生于道旁河岸、荒地山坡及海滨沙地，有伴生状态的，也有形成密集坪状居群的。华南、华东、华中及西南低海拔地区均有分布。

饲用价值 草质柔软，味淡，基茎微甜，叶量丰富，黄牛、水牛、马、山羊及兔等均喜采食，幼嫩时亦为猪及家禽所采食。其化学成分见下表。

狗牙根的化学成分（%）

样品情况		干物质	占干物质					钙	磷
			粗蛋白	粗脂肪	粗纤维	无氮浸出物	粗灰分		
营养期	鲜样[1]	19.10	12.20	1.60	33.30	43.30	9.60	—	—
营养期	干样[1]	91.30	11.10	1.40	18.40	56.60	12.50	—	—
成熟期	鲜样[1]	30.20	8.80	1.70	33.30	48.80	7.40	—	—
花前期	绝干[2]	100.00	8.80	3.74	41.47	40.73	5.26	—	—

数据来源：1. 中国热带农业科学院热带作物品种资源研究所；2. 湖南农业大学

花序

小穗

秆叶局部

株丛

天然草地

南京狗牙根 | *Cynodon dactylon* (L.) Pers. 'Nanjing'

品种来源 江苏省中国科学院植物研究所申报，2001年通过全国草品种审定委员会审定；登记为野生栽培品种，品种登记号为231；申报者为刘建秀、贺善安、刘永东、陈守良、郭爱桂。

形态特征 多年生，低矮草本。草层高2.5～9.5 cm；具发达的匍匐茎，茎紫红色，节间长2.5～5 cm。叶片线形，长4～5 cm，宽2～2.5 mm，翠绿色。穗状花序3～4枚呈指状簇生于秆顶，花序长2～2.5 cm；小穗长2.1～2.3 mm。颖果卵圆形，长约1 mm，宽约0.4 mm。

生物学特性 适应性强，耐旱、耐盐碱。在长江中下游地区23～45天即可成坪，青绿期为270～285天，在海南种植全年保持青绿。

利用价值 适于建植足球场、高尔夫球场及公共绿地草坪，也是优良的水土保持植物。还具有饲用价值，用来建植放牧草地。

栽培要点 建植前用除草剂除草，翻耕整地，施足有机肥。采用条栽法种植，种植后保持地表湿润，直到成活后再逐步减少灌水。在草坪盖度达65%～75%时可进行第一次低修剪，修剪高度2 cm，待成坪后进行常规修剪，修剪高度3～4 cm。中等肥力的土壤，常规情况下全年施肥3～4次，主要包括施返青肥1次，施用量为尿素150～200 kg/hm^2；夏季追肥2次，分别在6月和8月施用，施用量为尿素150～200 kg/hm^2；最后一次剪草后施用秋肥1次，施用复合肥，施用量为100 kg/hm^2。

小穗整体及花序局部

匍匐茎

植株整体

阳江狗牙根 | *Cynodon dactylon*
(L.) Pers. 'Yangjiang'

品种来源　江苏省中国科学院植物研究所申报，2007年通过全国草品种审定委员会审定；登记为野生栽培品种，品种登记号为353；申报者为刘建秀、郭爱琴、郭海林、宣继萍、安渊。

形态特征　多年生，低矮草本，具发达匍匐茎和根状茎。草层高度为5～10 cm。匍匐茎棕褐色，节间长度为1.9～2.5 cm，直径约0.8 mm。叶片线形，深绿色，长2.8～3.5 cm，宽1.8～2.2 mm。穗状花序3～5枚呈指状簇生于秆顶部，长2.3～2.8 cm；小穗长1.9～2.2 mm，柱头浅紫色。颖果卵圆形，浅褐色，长0.9～1 mm，宽0.3～0.4 mm。

生物学特性　匍匐性强，密度高，成坪快。长江三角洲地区3月上中旬返青，6～7月为盛花期，9～10月有少量开花，11月中下旬枯萎，青绿期265～275天。

利用价值　适于建植足球场、高尔夫球场及公共绿地草坪，也是优良的水土保持植物。还具有饲用价值，可建植放牧草地。

栽培要点　建植前用除草剂除草，翻耕整地，施足有机肥。采用条栽法种植，种植后保持地表湿润，直到成活后再逐步减少灌水。在草坪盖度达65%～75%时可进行第一次低修剪，修剪高度2 cm，待成坪后进行常规修剪，修剪高度3～4 cm。中等肥力的土壤，常规情况下全年施肥3～4次，主要包括施返青肥1次，施用量为尿素150～200 kg/hm²；夏季追肥2次，分别在6月和8月施用，施用量为尿素150～200 kg/hm²；最后一次剪草后施用秋肥1次，施用复合肥，施用量为100 kg/hm²。

草坪

植株分枝及叶片

小穗整体及花序局部

匍匐枝

鄂引 3 号狗牙根 | *Cynodon dactylon*
(L.) Pers. 'Eyin No. 3'

品种来源 湖北省农业科学院畜牧兽医研究所申报，2009年通过全国草品种审定委员会审定；登记为引进品种，品种登记号为395；申报者为刘洋、田宏、张鹤山、王志勇、徐智明。

形态特征 多年生，直立草本，具发达的根状茎和细长的匍匐茎，匍匐茎扩展能力极强，长可达2 m。叶舌短；叶片披针形或线形，长15～20 cm，宽5～7 mm。穗状花序，长2～5 cm，3～11枚指状排列于秆顶；小穗排列于穗轴一侧，长2～2.5 mm，含1小花。颖果椭圆形，长约1 mm。种子千粒重0.23～0.28 g。

生物学特性 抗旱、耐热能力强，抗寒性好，在武汉青绿期长达270天，在海南全年保持青绿。再生性强，各茎节着地生根，可繁殖成新株。

饲用价值 草质柔软，叶量丰富，适口性好，家畜喜食，晒制干草后气味清香，是家畜良好的补充饲草。植株可刈割青饲、晒制干草或制作青贮料，也可放牧利用。其化学成分见下表。

栽培要点 播种前整地，耕深20～30 cm，施足基肥。条植，开畦2～3 m，行距25～30 cm，在返青后将匍匐茎和根状茎切成6～10 cm的小段，直接撒于整好的沟内，覆土2～3 cm后镇压。也可按株行距20 cm×25 cm栽植，栽后及时浇水，并保持湿润。栽后需注意除草并追肥1次，主要是尿素，施用量为120～150 kg/hm²。待草地可利用时，每次刈割后追施尿素90～120 kg/hm²。如作为刈割利用，当草层高度达30～40 cm时可刈割，留茬高度4～6 cm。每年可刈割4～6次，在霜冻前一个月应停止刈割利用。

鄂引3号狗牙根的化学成分（%）

样品情况	干物质	占干物质					钙	磷
		粗蛋白	粗脂肪	粗纤维	无氮浸出物	粗灰分		
营养期 干样	30.51	16.58	1.89	44.36	21.54	15.63	0.15	0.09

数据来源：湖北省农业科学院畜牧兽医研究所

植株基部

秆叶局部

叶舌

栽培草地

秆节特征

花序局部

花序

鞘口

鼠尾粟属
Sporobolus R. Br.

鼠尾粟 | *Sporobolus fertilis*
(Steud.) W. D. Clayt.

形态特征 多年生，直立草本。叶鞘疏松裹茎；叶舌极短；叶片质较硬，平滑无毛，长15～35 cm，宽约5 mm。圆锥花序紧缩成线形；小穗灰绿色且略带紫色，长约2 mm；颖膜质，第一颖极小，具1脉；外稃等长于小穗，先端稍尖；雄蕊3枚，花药黄色，长约1 mm。囊果长圆状倒卵形，成熟后红褐色，明显短于外稃和内稃，长约1.2 mm。花果期3～12月。

生境与分布 喜湿润气候。生于海拔120～2600 m的田野路边、山坡草地、山谷湿处和林下。华东、华中、华南、西南均有分布。

饲用价值 抽穗前叶柔软，无异味，牛、羊、马均采食。成熟后，适口性与粗蛋白含量下降，为中等饲用植物。其化学成分见下表。

鼠尾粟的化学成分（%）

样品情况		占干物质					钙	磷
		粗蛋白	粗脂肪	粗纤维	无氮浸出物	粗灰分		
成熟期	绝干[1]	3.15	1.16	37.45	52.09	6.15	0.50	0.18
盛花期	绝干[2]	5.85	2.54	41.57	44.16	5.88	0.84	0.16
开花期	绝干[3]	5.32	1.55	40.70	45.75	6.68	0.50	0.40

数据来源：1. 湖北省农业科学院畜牧兽医研究所；2. 贵州省草业研究所；3. 西南民族大学

栽培群体

天然草地

花序

花序局部

鞘口

植株

双蕊鼠尾粟 | *Sporobolus diander* (Retz.) Beauv.

形态特征 多年生，丛生直立草本。秆高30～90 cm，基部直径1～2 mm。叶鞘质较硬，光滑无毛；叶舌极短，呈纤毛状；叶片线形，光滑无毛，长5～20 cm。圆锥花序狭窄；小穗深灰绿色，排列较疏，长约2 mm；颖膜质，第一颖甚小，先端钝，第二颖较长，先端尖，具1不明显中脉；外稃等长于小穗，先端稍尖，具1清晰中脉；内稃较外稃略短；雄蕊常2枚，花药黄色或带紫色。囊果倒卵圆形，成熟后红棕色，长约1 mm，果皮遇潮湿易2裂。花果期8～10月。

生境与分布 喜湿润气候。生于山坡、路旁草地或海岸、田野上。海南、广东、广西、贵州及云南等有分布。

饲用价值 幼嫩时草质柔软，牛、羊、马喜食，为中等牧草。其化学成分见下表。

双蕊鼠尾粟的化学成分（%）

样品情况	干物质	占干物质					钙	磷
		粗蛋白	粗脂肪	粗纤维	无氮浸出物	粗灰分		
营养期　干样	92.43	11.05	1.93	42.48	36.61	7.93	0.31	0.18

数据来源：中国热带农业科学院热带作物品种资源研究所

花序局部　　花序　　植株

秆节特征

叶舌

植株基部及根系

盐地鼠尾粟 | *Sporobolus virginicus* (L.) Kunth

形态特征 多年生，丛生细弱草本。秆直立或基部倾斜，节上生根，直立部分高15～60 cm。叶鞘紧抱茎，仅鞘口疏生柔毛；叶舌极短；叶片线形，质地较硬，长3～8 cm，宽1～2 mm，两面无毛。圆锥花序紧缩成细圆柱状，长3～10 cm；小穗具柄，灰绿色或带草黄色，排列较密，长2～3 mm，小穗柄稍粗糙；颖质薄，稍不等长，顶端尖，具1脉，第一颖长为小穗的2/3以上，第二颖与小穗等长；外稃卵形，稍短于第二颖，顶端钝，具明显的中脉及2条不明显的侧脉；内稃与外稃等长；具2脉；雄蕊3枚，花药黄色，长1～1.5 mm。秋季抽穗。

生境与分布 生于海滩或海岸石缝间。海南、广东、广西、福建、浙江等均有分布。

利用价值 盐地鼠尾粟的分布面积不大，在华南海岸带上零星分布，饲用价值不高，但是本种作为重要的禾本科盐生植物，在海岛绿化或耐盐草坪草选育方面具有重要的研究价值。

生境及群体

株丛

秆叶局部

花序

花序局部

乱子草属
Muhlenbergia Schreb.

乱子草 | *Muhlenbergia huegelii* Trin.

形态特征 多年生，直立草本。秆质较硬，稍扁，有时带紫色。叶鞘疏松，平滑无毛；叶舌膜质，长约1 mm；叶片扁平，狭披针形，两面及边缘糙涩，深绿色。圆锥花序稍疏松开展，长达25 cm，每节簇生数分枝；小穗灰绿色，长约3 mm；颖薄膜质，白色透明，部分稍带紫色，变化较大，先端常钝；外稃与小穗等长，具铅绿色斑纹，中脉延伸成纤细的芒。

生境与分布 喜生于较潮湿的山谷、河边湿地、林下和灌丛中。西南、华东等有分布。

饲用价值 抽穗前叶片柔软，牛、羊、马均采食。成熟后，适口性与粗蛋白含量下降，为品质中等的牧草。其化学成分见下表。

乱子草的化学成分（%）

样品情况	干物质	占干物质					钙	磷
		粗蛋白	粗脂肪	粗纤维	无氮浸出物	粗灰分		
结实期　干样	92.02	3.63	1.75	30.15	57.31	7.22	1.37	0.56

数据来源：湖北省农业科学院畜牧兽医研究所

株丛

叶片

节部特征

鞘口

小穗及芒

花序

显子草属
Phaenosperma Munro ex Benth.

显子草 | *Phaenosperma globosa* Munro ex Benth.

形态特征　多年生，直立草本。秆高100～150 cm。叶鞘光滑，通常短于节间；叶舌质硬，长达15 mm；叶片宽线形，常翻转而使腹面向下呈灰绿色，背面向上呈深绿色，长10～40 cm，宽1～3 cm。圆锥花序长达40 cm；小穗背腹压扁，长约5 mm；两颖不等长，第一颖长约3 mm，第二颖长约4 mm，具3脉；外稃长约4.5 mm，具3～5脉，两边脉几不明显；内稃略短于或近等长于外稃；花药长1.5～2 mm。颖果倒卵球形，黑褐色，长约3 mm，表面具皱纹，成熟后露出稃外。花果期5～9月。

生境与分布　生于低海拔的沟谷两岸、山坡林下、溪旁及路边草丛。华东、中南、西南等有分布。

饲用价值　植株高大，叶片宽阔，营养期叶片牛喜采食，进入结实期后叶片高度纤维化，适口性降低，牲畜不采食或偶采食。籽粒大、富含淀粉，家畜喜采食。其化学成分见下表。

显子草的化学成分（%）

样品情况	占干物质					钙	磷
	粗蛋白	粗脂肪	粗纤维	无氮浸出物	粗灰分		
结实期　绝干[1]	5.87	2.54	47.50	34.97	9.12	0.54	0.28
分蘖期　绝干[2]	13.35	3.17	26.46	47.66	9.36	—	—
结实期　绝干[2]	9.73	1.20	35.90	45.07	8.10	—	—

数据来源：1. 中国热带农业科学院热带作物品种资源研究所；2. 重庆市畜牧科学院

株丛　　种子　　节部特征

花序

叶舌

生境

颖果

花期花序局部

三芒草属
Aristida L.

三芒草 | *Aristida adscensionis* L.

形态特征 一年生，直立草本。秆丛生光滑，高约30 cm。叶鞘短于节间，光滑无毛，疏松抱茎；叶片长约15 cm。圆锥花序狭窄，长约20 cm，分枝细弱；小穗灰绿色；颖膜质，披针形，具1脉，脉上粗糙，两颖稍不等长；外稃明显长于第二颖，长7～10 mm，具3脉，中脉粗糙，背部平滑，基盘尖，芒粗糙，主芒长约1.5 cm，两侧芒稍短；内稃披针形，长约2.5 mm。花果期6～10月。

生境与分布 喜干燥气候。多见于低海拔的干旱山坡、河滩沙地及石隙内。云南、四川有分布。

饲用价值 成熟期前，适口性较好，山羊、绵羊和马均喜食，但进入成熟期，其芒和外稃变硬，基盘锐尖，会钻入羊的毛中，刺伤其皮肤或口腔黏膜，适宜在成熟期前刈割或放牧利用。其化学成分见下表。

三芒草的化学成分（%）

样品情况		干物质	占干物质					钙	磷
			粗蛋白	粗脂肪	粗纤维	无氮浸出物	粗灰分		
抽穗期	干样	88.14	23.93	3.93	36.53	23.70	11.91	0.61	0.61
成熟期	干样	93.06	6.26	1.10	38.22	48.77	5.65	0.25	0.14

数据来源：《中国饲用植物》

成熟期花序局部

花序

秆叶局部

花期株丛局部

株丛

节部特征

天然草地

华三芒草 | *Aristida chinensis*
Munro

形态特征 多年生，簇生草本。秆纤细，直立，紧密丛生，高30～60 cm。叶鞘紧抱茎，光滑；叶舌短小；叶片狭线形，内卷，无毛，长10～20 cm。圆锥花序开展，纤细而疏离，广展下弯，长5～15 cm，下部裸露，分枝腋间有白色柔毛。小穗具长柄，线状圆筒形，灰绿色，长8～14 mm；第一颖较长，长8～14 mm，第二颖长为第一颖的1/2～2/3；外稃长5～8 mm，背部光滑，先端具3长芒，芒粗糙而无毛，主脉长6～15 mm，侧脉较短或与主脉近等长；内稃长约2 mm，宽披针形，基部具不明显2脉。花果期夏秋季。

生境与分布 喜干热生境。耐贫瘠。生于干旱草坡上，是干热矮灌丛草地的标志性成分，通常与岗松（*Baeckea frutescens*）、鹧鸪草（*Eriachne pallescens*）等伴生。多见于海南、广东、广西及江西等干燥山坡。

饲用价值 抽穗前牛、羊采食，进入抽穗期后，秆叶纤维化程度高，适口性差，牲畜不喜采食。属中下等牧草，但在极干旱的低矮灌丛草地中是非常重要的成分。其化学成分见下表。

华三芒草的化学成分（%）

样品情况	干物质	占干物质					钙	磷
		粗蛋白	粗脂肪	粗纤维	无氮浸出物	粗灰分		
结实期　干样	95.12	4.12	1.15	49.96	37.64	7.13	0.59	0.18

数据来源：中国热带农业科学院热带作物品种资源研究所

植株基部　　　　　鞘口　　　　　小穗局部

花序

株丛

茅根属
Perotis Aiton

茅 根 | *Perotis indica* (L.) Kuntze

形态特征 一年生，丛生草本。秆基部外倾，直立部高10～30 cm。叶鞘无毛，上部者稍短于节间；叶舌极短；叶片披针形，长1～4.5 cm，宽2～5 mm。穗形总状花序顶生，直立，长5～10 cm；穗轴稍粗壮，圆柱形，有棱和浅沟；小穗柄宿存，密生淡黄色微柔毛；小穗长2～2.5 mm，具基盘，含1小花；颖披针形，具1脉，成脊，脉在先端延伸为长约1 cm的芒；外稃披针形，膜质，具1脉，长约1 mm；内稃膜质而稍狭，稍短于外稃；花药淡黄色，椭圆形；花柱2，柱头帚状。颖果长椭圆形，成熟时淡棕红色，与小穗等长，其先端常略外露。

生境与分布 喜干热生境。生于近海沙质草地中。海南、广东、广西的沿海区域有分布。

饲用价值 牛、羊采食全株，草质中等，产量较低。其化学成分见下表。

茅根的化学成分（%）

样品情况		干物质	占干物质					钙	磷
			粗蛋白	粗脂肪	粗纤维	无氮浸出物	粗灰分		
营养期	鲜样	27.70	11.50	3.29	33.24	45.73	6.24	0.49	0.14
开花期	鲜样	32.30	9.26	2.33	34.29	49.19	4.93	0.42	0.10

数据来源：中国热带农业科学院热带作物品种资源研究所

花序

秆叶局部

根系

花期株丛局部

营养期植株

花期株丛及生境

结缕草属
Zoysia Willd.

结缕草 | *Zoysia japonica*
Steud.

形态特征　多年生，矮小草本，具横走根茎。叶鞘无毛，下部者松弛而互相跨覆，上部者紧密裹茎；叶舌纤毛状，长约1.5 mm；叶片长2.5～5 cm，宽约3 mm，腹面疏生柔毛，背面近无毛。总状花序呈穗状，长2～4 cm，宽3～5 mm；小穗柄通常弯曲，长可达5 mm；小穗长约3.5 mm，宽约1.5 mm，卵形；第一颖退化，第二颖质硬，略有光泽，具1脉；外稃膜质，长圆形，长约3 mm；雄蕊3枚，花丝短，花药长约1.5 mm；柱头帚状，开花时伸出稃体外。颖果卵形，长约2 mm。花果期5～8月。

生境与分布　喜生于土壤肥沃、通透的山坡草地或海滨草地上。全国均有栽培，少数为逸为野生的种群。

饲用价值　低矮禾草，草产量低，作为牧草栽培价值不大，主要用于草坪建植，但在亚热带草山草坡有分布，或以优势种形成矮草草地，仍适宜绵羊和山羊放牧利用。

匍匐茎及分枝　　　　　鞘口　　　　　花序

栽培草地

花期株丛

沟叶结缕草 | *Zoysia matrella*
(L.) Merr.

形态特征 多年生，匍匐草本，具横走根茎。秆直立，高12～20 cm，基部节间短，每节具一至数个分枝。叶鞘长于节间，鞘口具长柔毛；叶舌短而不明显，顶端撕裂为短柔毛；叶片质硬，内卷，腹面具沟，无毛，长可达3 cm，宽1～2 mm，顶端尖锐。总状花序柱形，长2～3 cm，宽约2 mm；小穗柄长约1.5 mm；小穗长2～3 mm，卵状披针形，黄褐色；第一颖退化，第二颖革质，沿中脉两侧压扁；外稃膜质，长2～2.5 mm，宽约1 mm；花药长约1.5 mm。颖果长卵形，棕褐色，长约1.5 mm。花果期7～10月。

生境与分布 生于海岸沙地上。广东、海南、广西及福建有分布。

利用价值 羊喜采食。沟叶结缕草的分布面积不大，在华南海滩上零星分布，饲用价值不高，但在海岛绿化或耐盐草坪草选育方面具有重要的研究价值。

株丛

天然草地

鞘口

秆叶局部

节部特征

小穗

华南半细叶结缕草 | *Zoysia matrella*
(L.) Merr. 'Huanan'

品种来源　中国热带农业科学院热带牧草研究中心申报，2000年通过全国草品种审定委员会审定；登记为野生栽培品种，品种登记号为199；申报者为白昌军、刘国道、韦家少、王东劲、周家锁。

形态特征　多年生，匍匐草本，具发达的根状茎和匍匐茎，根系入土深15～24 cm。秆直立，草层高5～8 cm。叶茎生，长5～20 cm，宽2～4 mm；叶舌具绒毛，抱茎或半抱茎。圆锥花序长1～2 cm；小穗排列紧凑，披针形，两侧压扁；每小穗发育小花1朵；花药3枚，紫色。种子成熟时种穗暗褐色。颖果细小，卵圆形。

生物学特性　适应性强，耐寒、耐干旱、耐瘠薄，在滨海滩涂地种植表现优良。刈割后生长恢复迅速，成坪期较短。

利用价值　耐践踏，适宜建植足球场和其他公共绿地，也可用作斜坡地的护坡草坪草。

栽培要点　建坪主要有扦插法、分株移栽和草块铺植三种。建坪前须翻耕整地，施用腐熟猪粪作基肥。商品草皮的繁殖常采用扦插法，一般按5～10 cm行距平行扦插根茎和匍匐茎，在2～3个月内可形成致密草坪。成坪后要加强养护与管理，包括镇压、施肥、浇水、除草和病虫害防治。修剪高度以4～6 cm为宜，在高尔夫球场中可修剪至2～3 cm高。

栽培草地

植株

基部秆节

花序局部

小穗

锋芒草属
Tragus Haller

虱子草 | *Tragus berteronianus* Schultes

形态特征 多年生，矮小草本。秆倾斜，基部常伏卧地面。叶鞘松弛裹茎；叶舌膜质；叶片披针形，长约3 cm，宽约5 mm，基部疏生细刺毛。花序呈穗状，长约5 cm；小穗长约3 mm，通常2个成簇；第一颖退化，第二颖革质，肋上具钩刺；外稃膜质，卵状披针形，疏生柔毛；内稃稍狭而短；雄蕊3枚，花药椭圆形，细小；花柱2裂，柱头帚状。颖果椭圆形，稍扁，与稃体分离。花果期7～10月。

生境与分布 适应性较强，多生于干旱山坡草地。全国广泛分布，云南、四川的金沙江流域干旱山坡常见分布。

饲用价值 植株矮小，草产量不高，但耐旱性强，是干旱地区重要的草种资源，绵羊和山羊喜食，属适口性中等的放牧型草种。

花期株丛局部

株丛及生境

营养期株丛

植株整体

花序特写

野古草属
Arundinella Raddi

野古草 | *Arundinella anomala* Steud.

形态特征　多年生，直立草本，具粗壮根茎。秆疏丛生，高60～110 cm，直径2～4 mm，节具髯毛。叶鞘无毛或被疣毛；叶舌短；叶片长12～35 cm，宽5～15 mm。花序长10～40 cm，主轴与分枝具棱；第一颖长3～3.5 mm，具3～5脉，第二颖长3～5 mm，具5脉；第一小花雄性，约等长于等二颖，外稃长约4 mm；第二小花长约3 mm，外稃上部略粗糙，3～5脉不明显，无芒，有时具约1 mm长芒状小尖头，基盘毛长1～1.3 mm，约为稃体的1/2；柱头紫红色。花果期7～10月。

生境与分布　生于热性山坡灌丛、道旁、林缘、田地边及水沟旁。长江以南均有分布，是热性山坡草地的主要伴生种或优势种。

饲用价值　返青期草质较幼嫩，草食家畜均喜食；抽穗后草质变硬，大畜仅采食上部茎叶。依其化学成分而论，属中下等牧草。其化学成分见下表。

野古草的化学成分（%）

样品情况		干物质	占干物质					钙	磷
			粗蛋白	粗脂肪	粗纤维	无氮浸出物	粗灰分		
营养期	干样[1]	94.00	6.52	1.62	42.10	41.20	8.56	0.12	0.07
抽穗期	干样[2]	90.41	6.98	1.40	35.56	49.96	6.09	1.81	0.07
盛花期	干样[3]	89.04	4.48	1.36	44.49	44.49	5.18	0.92	0.10

数据来源：1.中国热带农业科学院热带作物品种资源研究所；2.湖北省农业科学院畜牧兽医研究所；3.贵州省草业研究所

鞘口　　　　　叶鞘

花序

花序局部（小穗）

株丛

生境

刺芒野古草 | *Arundinella setosa*
Trin.

形态特征 多年生，丛生直立草本。秆高60～160 cm，质较硬；节淡褐色，无毛。叶鞘无毛至具长刺毛；叶片基部圆形，先端长渐尖，长10～30 cm，宽4～7 mm。圆锥花序排列疏展，长10～25 cm；小穗长约7 mm；第一颖长约5 mm，具3～5脉，脉上粗糙，第二颖长5～7 mm，具5脉；第一小花中性或雄性，外稃长约4 mm，内稃长约4.5 mm；第二小花披针形至卵状披针形，长2～3 mm，成熟时棕黄色；芒宿存，芒柱长2～4 mm，芒针长4～6 mm；花药紫色，长约1.5 mm。颖果褐色，长卵形，长约1 mm。花果期8～12月。

生境与分布 生于中低海拔的山坡草地、灌丛或松林下。产华东、华中、华南及西南，是长江以南热性山坡草地的主要伴生种或单优势种。

饲用价值 适口性随季节变化很大，营养期适口性中等，抽穗后植株老化，适口性迅速下降而不被家畜采食。饲用价值较低。其化学成分见下表。

刺芒野古草的化学成分（%）

样品情况	占干物质					钙	磷
	粗蛋白	粗脂肪	粗纤维	无氮浸出物	粗灰分		
营养期 绝干	6.30	1.36	33.10	53.70	5.54	—	—

数据来源：中国热带农业科学院热带作物品种资源研究所

栽培群体

秆叶局部

鞘口

生境

花序局部（小穗）

花序

孟加拉野古草 | *Arundinella bengalensis* (Spreng.) Druce

形态特征　多年生，直立草本，具粗壮根茎。秆高100～170 cm；节无毛或具白色髯毛。叶鞘常具硬疣毛；叶舌干膜质；叶片长6～30 cm，宽约1 cm，边缘粗糙，两面具硬疣毛。圆锥花序穗状至窄圆柱状，长6～35 cm，直径1～3 cm，分枝3～6枚对生或轮生；孪生小穗柄分别长0.5 mm及1 mm；小穗常带紫色，长约3.5 mm；第一颖长约2.5 mm，第二颖等长于小穗；第一小花雄性，长约2.5 mm；第二小花两性，长约2 mm；芒易断落，芒柱棕色，芒针长约1 mm；花药黄棕色，柱头淡紫色。花果期8～10月。

生境与分布　生于低海拔的平地、河谷、灌丛、山坡草地及林缘。四川、贵州、云南、广西、广东等有分布。

饲用价值　抽穗前牛、马、羊喜食，抽穗后茎秆硬化，适口性下降，家畜采食率降低，属品质中等的放牧利用型牧草。其化学成分见下表。

孟加拉野古草的化学成分（%）

样品情况	占干物质					钙	磷
	粗蛋白	粗脂肪	粗纤维	无氮浸出物	粗灰分		
抽穗期　绝干	7.26	1.29	38.84	39.41	13.20	—	—

数据来源：中国热带农业科学院热带作物品种资源研究所

冬季株丛　　　　　　　　　　　　　　　　　　　　　　　　　花序

花序局部

小穗

节部特征

秆叶局部

株丛

石芒草 | *Arundinella nepalensis* Trin.

形态特征 多年生，直立草本。秆下部坚硬，高90～190 cm；节淡灰色，被柔毛，节间上段常具白粉。叶鞘被短柔毛；叶舌干膜质；叶片线状披针形，长10～40 cm，宽约1 cm。圆锥花序疏散，主轴具纵棱；小穗长约3.5 mm；第一颖卵状披针形，长2.2～3.9 mm，具3～5脉，第二颖等长于小穗，具5脉，先端长渐尖；第一小花雄性，长2.5～3 mm；第二小花两性，外稃长1.6～2 mm；芒宿存，芒柱长约1.2 mm，芒针长1.7～3.4 mm；基盘具长0.3～0.7 mm的毛。颖果棕褐色，长卵形，长约1 mm，宽约0.3 mm。花果期9～11月。

生境与分布 喜阳、耐旱。多生于海拔2000 m以下的山坡草丛中，是长江以南丘陵热性草地的主要伴生种之一。福建、湖南、湖北、广东、海南、广西、贵州、云南等有分布。

饲用价值 抽穗前牛有采食，抽穗后茎叶老化，适口性变差，家畜少采食，为草质一般的放牧型牧草。其化学成分见下表。

石芒草的化学成分（%）

样品情况	干物质	占干物质					钙	磷
		粗蛋白	粗脂肪	粗纤维	无氮浸出物	粗灰分		
结实期 干样	94.83	5.23	1.17	40.66	42.82	10.12	0.61	0.21

数据来源：中国热带农业科学院热带作物品种资源研究所

小穗　花序局部　花序

秆节

叶鞘及鞘口

小穗成熟后完全脱落

株丛

毛秆野古草 | *Arundinella hirta* (Thunb.) Tanaka

形态特征　多年生，直立草本，具根茎。秆高约1 m，被白色疣毛，节密被短柔毛。叶鞘被疣毛，边缘具纤毛；叶片长达40 cm，宽约10 mm，两面被疣毛。圆锥花序长约30 cm；孪生小穗柄粗糙，具疏长柔毛；小穗长约4 mm，无毛；第一颖长约3 mm，先端渐尖，具3～7脉，第二颖长约3 mm，具5脉；第一小花雄性，外稃具3～5脉，内稃略短；第二小花长卵形，外稃长2.5 mm，无芒，常具小短尖头。花果期8～10月。

生境与分布　喜热带、亚热带气候。多生于海拔1000 m以下的山坡、路旁或灌丛中。江苏、江西、湖北、湖南等有分布。

饲用价值　幼嫩时家畜喜食，属良等牧草。

叶舌　　叶鞘

叶片疣毛　　花序（未展开）

株丛

柳叶箬属
Isachne R. Br.

柳叶箬 | *Isachne globosa* (Thunb.) Kuntze

形态特征 多年生，匍匐草本。秆基部节上生根而倾斜。叶鞘短于节间；叶舌纤毛状，长约2 mm；叶片披针形，长约4 cm，宽3~8 mm，基部钝圆。圆锥花序卵圆形，长3~11 cm，宽1.5~4 cm，盛开时抽出鞘外，分枝和小穗柄均具黄色腺斑；小穗椭圆状球形，长约2.5 mm，淡绿色，或成熟后带紫褐色；两颖近等长，坚纸质，具6~8脉，顶端钝，边缘狭膜质；第一小花通常雄性，幼时较第二小花稍狭窄，稃体质地亦稍软；第二小花雌性，近球形，外稃边缘和背部常有微毛；鳞被楔形，顶端平截或微凹。颖果近球形。花果期夏秋季。

生境与分布 浅水型水生草本，多生于低地草甸或农田边，常形成单优种种群。华南、华东、华中及西南均有分布。

饲用价值 在长江以南低地草甸中常形成连片的单一草地，其秆叶柔嫩，牛、羊、兔极喜食，尤以水牛最为喜食。刈割利用或轮牧后恢复生长快，属优等牧草。其化学成分见下表。

柳叶箬的化学成分（%）

样品情况		干物质	占干物质					钙	磷
			粗蛋白	粗脂肪	粗纤维	无氮浸出物	粗灰分		
营养期	鲜样[1]	25.45	8.94	2.78	29.55	53.18	5.55	0.19	0.12
抽穗期	绝干[2]	100.00	8.94	2.12	43.63	39.08	6.23	0.14	0.07

数据来源：1.中国热带农业科学院热带作物品种资源研究所；2.江苏省农业科学院

群体

秆叶局部

根系

花序

匍匐茎

平颖柳叶箬 | *Isachne truncata*
A. Camus

形态特征　多年生，丛生草本，具短根茎。秆直立或基部倾斜，高30～50 cm。叶鞘长于节间，基部呈跨覆状排列，边缘及鞘口具纤毛；叶舌纤毛状；叶片披针形，长4～9 cm，宽约1 cm，顶端渐尖，基部最宽，略呈心形。圆锥花序开展，长8～20 cm，每节具1～4个分枝；小穗绿色，倒卵形，长约2 mm；颖宽阔，第一颖较第二颖略短，顶端截平状；两小花同质同形，均为两性花；内、外稃均被细毛，软骨质；雄蕊3枚，花药长1～2 mm。颖果近球形。花果期8～10月。

生境与分布　喜土壤潮湿、有机质丰富的生境。多生于海拔1500 m左右的山坡草地、林缘或岩壁之上。安徽、浙江、江西、湖南、贵州、福建、广东、广西、海南等均有分布。

饲用价值　其秆叶柔嫩，叶量丰富，牛、羊喜食，属良等牧草。其化学成分见下表。

平颖柳叶箬的化学成分（%）

样品情况		干物质	占干物质					钙	磷
			粗蛋白	粗脂肪	粗纤维	无氮浸出物	粗灰分		
营养期	干样	94.45	7.12	1.84	33.15	50.34	7.55	0.24	0.21

数据来源：中国热带农业科学院热带作物品种资源研究所

叶片

秆叶局部

花序局部（小穗形态）

花序

弓果黍属
Cyrtococcum Stapf

弓果黍 | *Cyrtococcum patens*
(L.) A. Camus

形态特征　一年生，纤细草本。秆下部平卧地面，节上生根，直立部高约20 cm。叶鞘通常短于节间；叶舌膜质；叶片披针状线形，长约4 cm，宽约6 mm。圆锥花序长约10 cm，紧缩至极开展；小穗柄长于小穗，小穗长约1.5 mm；颖具3脉，第一颖卵形，长约为小穗的1/2，第二颖舟形，长约为小穗的2/3，具3脉，先端钝；第一小花外稃与小穗近等长，具5脉，顶端钝圆，边缘有纤毛；第二小花具极短的柄，长约1.5 mm，基部尖，外稃有光泽，背部凸起；第二内稃长椭圆形，包于外稃中；雄蕊3枚。冬季抽穗。

生境与分布　喜湿润、荫蔽的生境。多生于林下宽阔地。植株匍匐枝发达，通常形成株丛密集的草地。分布于华南，最常见于橡胶林下。

饲用价值　秆叶柔嫩，家畜喜食。弓果黍通常成片生长，耐踩踏，恢复生长快，适宜林下放牧利用，海南、广东等用来放养黑山羊。其化学成分见下表。

弓果黍的化学成分（%）

样品情况	干物质	占干物质					钙	磷
		粗蛋白	粗脂肪	粗纤维	无氮浸出物	粗灰分		
乳熟期　鲜样	27.58	10.18	2.34	27.15	51.78	8.55	0.54	0.31

数据来源：中国热带农业科学院热带作物品种资源研究所

野生群体

小穗

花序

散穗弓果黍 | *Cyrtococcum patens* var. *latifolium* (Honda) Ohwi

形态特征　一年生，纤细草本。秆下部平卧地面。叶舌长约1.2 mm，顶端近圆形，无毛；叶片常宽大而薄，线状椭圆形或披针形，长7～15 cm，宽1～2 cm，两面近无毛，脉间具小横脉，近基部边缘被疣基长毛。圆锥花序大而开展，长可达50 cm，宽达15 cm，分枝纤细；小穗柄远长于小穗。花果期5～12月。其他特征与原变种相似。

生境与分布　喜湿润、荫蔽的生境。生于山地或林下。产广东、广西、湖南、台湾、云南、贵州和西藏（墨脱县）等。

饲用价值　生物量远大于原变种，且秆叶柔嫩，牛、羊喜食，适宜放牧利用或刈割利用。其化学成分见下表。

散穗弓果黍的化学成分（%）

样品情况	干物质	占干物质					钙	磷
		粗蛋白	粗脂肪	粗纤维	无氮浸出物	粗灰分		
抽穗期　鲜样	33.40	10.55	2.52	31.70	49.02	6.21	0.40	0.17

数据来源：中国热带农业科学院热带作物品种资源研究所

株丛

叶舌

鞘口

秆叶局部

匍匐茎

叶片

花序

尖叶弓果黍 | *Cyrtococcum oxyphyllum* (Hochst. ex Steud.) Stapf

形态特征　一年生，披散草本。秆光滑无毛，花枝高15～50 cm。叶舌膜质，长约1.5 mm；叶片质较厚，长5～18 cm，宽5～15 mm。圆锥花序紧缩，具多数密聚的小穗，长3～12 cm，宽1～2 cm；小穗长约2 mm；颖及第一外稃质较厚，近纸质；颖具3脉，第一颖阔卵形，长约1.5 mm，顶端渐尖，第二颖舟形，略短于小穗，顶端略尖；第一外稃与小穗等长，阔椭圆形，具5脉，顶端钝，第二外稃长约1.5 mm，厚而坚硬，淡黄色，有光泽，近顶部有椭圆形鸡冠状小瘤体，边缘包卷长圆形的内稃；雄蕊3枚，花药长约1 mm。花果期10月至翌年3月。

生境与分布　喜湿润、荫蔽的生境，多生于林下宽阔之地。植株匍匐枝发达，形成株丛密集的草地。华南各省有分布。

饲用价值　秆叶柔嫩，牛、羊喜食。恢复生长快，适宜林下放牧利用，海南、广东等用来放养黑山羊。其化学成分见下表。

尖叶弓果黍的化学成分（%）

样品情况	干物质	占干物质					钙	磷
		粗蛋白	粗脂肪	粗纤维	无氮浸出物	粗灰分		
营养期　干样	81.44	8.78	1.74	33.24	47.12	9.12	0.54	0.31

数据来源：中国热带农业科学院热带作物品种资源研究所

叶舌

匍匐茎

叶片

株丛

花序

小穗

黍属
Panicum L.

大 黍 | *Panicum maximum*
Jacq.

形态特征 多年生，高大簇生草本。株高1～3 m，秆直立，节上密生柔毛。叶鞘具蜡粉，疏生疣基毛；叶舌膜质，长约1.5 mm；叶片宽线形，长20～80 cm，宽1～3 cm，中脉下部明显，腹面疏生绒毛，背面无毛。圆锥花序开展而稀疏，长25～40 cm；小穗长圆形，长约3 mm，呈绿色，顶端尖，微带紫色；第一颖卵圆形，长约为小穗的1/3，第二颖与小穗等长，具2脉；雄蕊3枚，花丝极短，白色，花药暗褐色，长约2 mm；第二小花的外稃长圆形，长约2.5 mm；内、外稃表面均具横皱纹。

生境与分布 喜生于光热丰富的山坡草地，形成株丛密集、个体高大的单优种种群。属于世界热带广布种。华南、西南低海拔地区有分布。

饲用价值 生长快，产量高，叶量大，茎秆所占比例小，叶片柔软，适口性好，饲喂家畜时，利用率高，适合作青饲料，也可以用来晒制干草或调制青贮料。其营养价值随草龄的增加而迅速下降，株高60～90 cm时刈割，营养最丰富，株高1～1.5 m时刈割，产量最高但适口性及养分含量均下降。若用于放牧，可与距瓣豆和柱花草混播。其化学成分见下表。

大黍的化学成分（%）

样品情况	干物质	占干物质					钙	磷
		粗蛋白	粗脂肪	粗纤维	无氮浸出物	粗灰分		
抽穗期　干样	89.20	7.06	1.57	33.63	45.30	12.44	—	—

数据来源：中国热带农业科学院热带作物品种资源研究所

叶舌　　叶鞘　　小穗

株丛

秆节

基部秆节特征

花序局部

花序

栽培草地

热研 8 号坚尼草 | *Panicum maximum* Jacq. 'Reyan No. 8'

品种来源 中国热带农业科学院热带牧草研究中心申报，2000年通过全国草品种审定委员会审定；登记为引进品种，品种登记号为213；申报者为韦家少、刘国道、白昌军、何华玄、蒋昌顺。

形态特征 多年生，丛生高大草本，根状茎粗。秆直立，多分蘖，高1.5～2.5 m，茎粗约7.5 mm，光滑，节上密生柔毛。叶鞘具蜡粉，光滑无毛；叶舌膜质，长约1.5 cm；叶片线形，长20～120 cm，宽1.5～3 cm，叶质较硬，腹面近基部被疣基硬毛，边缘粗糙，顶端长渐尖，基部宽，向下收狭成耳状。圆锥花序开展，长45～55 cm；小穗灰绿色，长椭圆形，顶端尖，长约4 mm，无毛。颖果长椭圆形。

生物学特性 喜湿润的热带气候。耐干旱、耐酸性瘦土、耐火烧。花期晚，通常9月中旬开花，10月下旬种子成熟，种子成熟后落粒性强。

饲用价值 生长快，产量高，叶量大，叶片柔软，适口性好，适合作青饲料，也可以用来晒制干草或调制青贮料。其化学成分见下表。

栽培要点 种子繁殖，按行距50 cm条播，播种后盖5 mm的薄土，播种量为7～11 kg/hm²。也可无性繁殖，选用生长粗壮的植株，割去上部，留茬高度15～20 cm，整株连根挖起，以每丛2～3条带根的分蘖，按株行距60 cm×80 cm挖穴定植，穴深20～25 cm。定植时需施用基肥，施用量为过磷酸钙150～225 kg/hm²、有机肥7500～15 000 kg/hm²。刈割周期40～60天，留茬高度15～20 cm。

热研8号坚尼草的化学成分（%）

样品情况		干物质	占干物质					钙	磷
			粗蛋白	粗脂肪	粗纤维	无氮浸出物	粗灰分		
营养期	鲜样	22.23	8.04	2.36	35.54	46.32	7.74	0.57	0.29

数据来源：中国热带农业科学院热带作物品种资源研究所

小穗

叶舌

节部

株丛

花序局部

花序

热研 9 号坚尼草 | *Panicum maximum* Jacq. 'Reyan No. 9'

品种来源 中国热带农业科学院热带牧草研究中心申报，2000年通过全国草品种审定委员会审定；登记为引进品种，品种登记号为214；申报者为韦家少、刘国道、何华玄、白昌军、蒋昌顺。

形态特征 多年生，丛生高大草本，具根状茎。秆直立，高1.5～2.2 m，茎粗约6 mm，多分蘖，节上密生柔毛。叶片线形，长20～80 cm，宽约2.5 cm，叶面具蜡粉，光滑无毛。圆锥花序开展，长35～40 cm，主轴粗，分枝细，斜向上升；小穗灰绿色，长圆形，长约3 mm，顶端尖，无毛；第一颖卵圆形，长约为小穗的1/3，具3脉，侧脉不甚明显，顶端尖，第二颖椭圆形，与小穗等长，具5脉，顶端喙尖。

生物学特性 喜湿润的热带气候。在年降雨量750～1000 mm的地区生长良好，适宜在我国热带、亚热带地区种植。耐干旱、耐酸性瘦土、较耐阴。回春后恢复生长快，通常7月中旬始花，8月中旬种子成熟，种子成熟后易落粒，生产上较难集中收种。

饲用价值 生长快，产量高，叶量大，茎秆所占比例小，叶片柔软，适口性好，饲喂家畜时，利用率高，适合作青饲料，也可以用来晒制干草或调制青贮料。其化学成分见下表。

栽培要点 可用种子繁殖，也可分蘖进行无性繁殖。种子繁殖按行距50 cm条播，也可撒播，播种后盖5 mm的薄土，播种量为7.5～11.25 kg/hm²。无性繁殖选用生长粗壮的植株，割去上部，留茬高度15～20 cm，整株连根挖起，以每丛2～3条带根的分蘖，按株行距80 cm×100 cm挖穴定植，穴深30 cm。定植时施用过磷酸钙150～225 kg/hm²、有机肥7500～15 000 kg/hm²作基肥。刈割周期40～60天，年刈割4～6次，留茬高度15～20 cm。

热研9号坚尼草的化学成分（%）

样品情况		干物质	占干物质					钙	磷
			粗蛋白	粗脂肪	粗纤维	无氮浸出物	粗灰分		
营养期	鲜样	24.31	8.39	2.40	34.05	46.74	8.42	0.58	0.24

数据来源：中国热带农业科学院热带作物品种资源研究所

花序

小穗

叶鞘及秆节　　　叶片背腹面　　　根系

株丛

热引 19 号坚尼草 | *Panicum maximum* Jacq. 'Reyin No. 19'

品种来源　中国热带农业科学院热带牧草研究中心申报，2007年通过全国草品种审定委员会审定；登记为引进品种，品种登记号为337；申报者为刘国道、白昌军、唐军、何华玄、王文强。

形态特征　多年生，丛生高大草本。秆直立光滑，高1.5～2.5 m，呈紫红色，被有稀疏蜡粉。叶片长20～60 cm，宽2.5～4 cm。圆锥花序顶生，长45～67 cm；第一颖长2～4 mm，第二颖长2.4～3 mm；雄蕊3枚，花丝极短，白色。颖果浅黄色，长约4 mm，宽2.1～2.3 mm。

生物学特性　喜温暖湿润气候。适宜在海南、广东、广西、云南等年降雨量大于1000 mm的地区种植。回春后恢复生长快，年利用率高，同时具耐酸性瘦土、耐高温、耐火烧等特性。

饲用价值　种植当年产量低，第二年以后年干草产量可达20 000～40 000 kg/hm²。适于刈割青饲或晒制干草。其化学成分见下表。

栽培要点　可用种子繁殖，也可分蘖进行无性繁殖。种子繁殖按行距50 cm条播，也可撒播，播种后盖5 cm的薄土，播种量为7.5～11.25 kg/hm²。无性繁殖选用生长粗壮的植株，割去上部，留茬高度15～20 cm，整株连根挖起，以每丛2～3条带根的分蘖，按株行距80 cm×100 cm挖穴定植，穴深20～25 cm。定植需施用基肥，施用量为过磷酸钙150～225 kg/hm²、有机肥7500～15 000 kg/hm²。刈割周期40～60天，年刈割4～6次，留茬高度15～20 cm。

热引19号坚尼草的化学成分（%）

样品情况		干物质	占干物质					钙	磷
			粗蛋白	粗脂肪	粗纤维	无氮浸出物	粗灰分		
营养期	鲜样	21.27	10.50	3.26	28.55	46.70	10.99	0.42	0.36

数据来源：中国热带农业科学院热带作物品种资源研究所

成熟小穗

植株基部

植株局部

植株

株丛

短叶黍 | *Panicum brevifolium* L.

形态特征 一年生，匍匐草本。基部常伏卧地面，节上生根，花枝高10～50 cm。叶鞘短于节间，被柔毛；叶舌膜质，顶端被纤毛；叶片卵形，长2～4 cm，宽1～2 cm。圆锥花序卵形，开展，长5～10 cm，通常在分枝和小穗柄着生处下具黄色腺点；小穗椭圆形，长约2 mm，具蜿蜒的长柄；颖背部被疏刺毛，第一颖近膜质，长圆状披针形，稍短于小穗，第二颖薄纸质，与小穗等长，背部凸起，顶端喙尖，具5脉；第一外稃长圆形，与第二颖近等长；第二外稃卵圆形，长约1.2 mm。花果期5～12月。

生境与分布 喜荫蔽生境。多生于阴湿地和林缘。海南、广东、广西和云南最常见分布于橡胶林下。

饲用价值 草质柔软，牛、羊、马喜食，为优质牧草。其化学成分见下表。

短叶黍的化学成分（%）

样品情况		干物质	占干物质					钙	磷
			粗蛋白	粗脂肪	粗纤维	无氮浸出物	粗灰分		
营养期	鲜样	21.20	18.36	4.61	19.59	47.98	9.46	0.35	0.14

数据来源：中国热带农业科学院热带作物品种资源研究所

花序

小穗

秆节

叶鞘及鞘口

秆叶局部

株丛

铺地黍 | *Panicum repens* L.

形态特征 多年生，直立草本，具粗壮根茎。秆高50～100 cm。叶鞘光滑，边缘被纤毛；叶舌极短，膜质；叶片质硬，长5～25 cm，宽2.5～5 mm。圆锥花序开展，长5～20 cm；小穗长圆形，长约3 mm；第一颖薄膜质，长约为小穗的1/4，基部包卷小穗；第二颖约与小穗近等长，顶端喙尖，具7脉；第一小花雄性，外稃与第二颖等长；雄蕊3枚，花丝极短，花药长约1.6 mm，暗褐色；第二小花结实，长约2 mm，平滑，顶端尖。花果期6～11月。

生境与分布 适应性较强，在干、湿或滨海沙滩均能生长，在邻海低地草甸生长最为繁茂，形成以铺地黍与双穗雀稗（*Paspalum distichum*）为主要优势种的草甸。此外，在海滨沙滩会形成匍匐茎发达、地上枝较为稀疏的单优种种群。海南、广东、广西、福建等华南省区均有分布。

饲用价值 营养期草质柔嫩，牛、羊喜食。是沿海低地草甸中最常见的优势草种，形成茎叶比低、个体密集的草地，为水牛最喜采食的水生牧草，适宜放牧利用，放牧后恢复生长快，属优等放牧型牧草。其化学成分见下表。

铺地黍的化学成分（%）

样品情况		干物质	占干物质					钙	磷
			粗蛋白	粗脂肪	粗纤维	无氮浸出物	粗灰分		
营养期	鲜样	18.80	12.05	2.48	25.44	54.33	5.70	0.21	0.25
孕穗期	鲜样	23.00	10.93	1.70	27.12	53.05	7.20	0.28	0.24
抽穗期	鲜样	25.70	8.78	1.77	31.15	51.28	7.02	0.22	0.26

数据来源：中国热带农业科学院热带作物品种资源研究所

小穗

匍匐茎

秆叶局部

花序

株丛

水生黍 | *Panicum dichotomiflorum*
Michx.

形态特征 多年生，湿生直立草本。秆质地柔软，光滑无毛，下部横卧地面，节上生根，上部常浮于水面。叶鞘松弛；叶舌薄膜质；叶片扁平，线状披针形，长5～25 cm，宽4～10 mm。圆锥花序开展，长5～20 cm；小穗长圆状披针形，顶端渐尖，长约4 mm；第一颖质薄而透明，顶端截平；第二颖椭圆状披针形，与小穗等长，具7～9脉；第一外稃与第二外稃同形；第二小花长圆形，长约2.5 mm，顶端尖，平滑光亮。花果期9～11月。

生境与分布 喜潮湿生境，多见于湿地，偶见于农田沟边或鱼塘边。海南、广东、广西、福建和云南等有分布。

饲用价值 整个生育期草质柔嫩，牲畜喜采食，尤以水牛最喜采食。其化学成分见下表。

水生黍的化学成分（%）

样品情况		占干物质					钙	磷
		粗蛋白	粗脂肪	粗纤维	无氮浸出物	粗灰分		
营养期	绝干	11.74	2.25	21.34	59.42	5.25	0.27	0.25
孕穗期	绝干	11.21	1.94	25.12	55.55	6.18	0.28	0.22

数据来源：中国热带农业科学院热带作物品种资源研究所

小穗

节部特征

叶舌

花序

株丛

生境

糠 稷 | *Panicum bisulcatum*
Thunb.

形态特征　一年生，纤细草本。秆高约1 m，基部伏地。叶鞘松弛，边缘被纤毛；叶舌膜质，长约0.5 mm；叶片质薄，狭披针形，长5～20 cm，宽约10 mm。圆锥花序长15～50 cm，分枝纤细；小穗椭圆形，长约2.5 mm，绿色或有时带紫色；第一颖近三角形，长约为小穗的1/2，具1～3脉，基部略微包卷小穗；第二颖与第一外稃同形并且等长，均具5脉，外被细毛或后脱落；第一内稃缺，第二外稃椭圆形，长约1.8 mm，顶端尖，表面平滑，光亮，成熟时黑褐色。花果期9～11月。

生境与分布　喜土壤肥沃的潮湿生境，生于河边农田或山涧沟谷。江苏、浙江、福建、广东、广西、海南等的低海拔沟谷地带多见分布。

饲用价值　种子结实率和发芽率高，生长之处多形成单优种种群，山涧沟谷最为常见。草质柔软，牛、羊、马喜食，是利用价值较高的一年生优质牧草。其化学成分见下表。

糠稷的化学成分（%）

样品情况	占干物质					钙	磷
	粗蛋白	粗脂肪	粗纤维	无氮浸出物	粗灰分		
抽穗期　绝干	10.59	1.19	27.64	52.20	8.38	0.45	0.32

数据来源：福建省农业科学院农业生态研究所

花序

基部节处生根

秆节特征

小穗

花序局部

生境

心叶稷 | *Panicum notatum* Retz.

形态特征　多年生，直立草本，具根状茎。秆坚硬，具分枝，高60～120 cm。叶鞘质硬，短于节间，边缘被纤毛；叶舌极短；叶片披针形，长5～12 cm，宽1～2.5 cm，顶端渐尖，基部心形。圆锥花序开展，长10～23 cm，分枝纤细，下部裸露，上部疏生小穗；小穗椭圆形，绿色，后变淡紫色，长2.3～2.5 mm，具长柄；第一颖阔卵形至卵状椭圆形，几与小穗等长，具5脉，顶端尖；第一外稃与第二颖同形，具5脉，内稃缺，第二外稃革质，平滑，光亮，具脊，椭圆形，顶端尖，略短于小穗，灰绿色至褐色；鳞被长约0.35 mm，宽约0.26 mm，具5脉，局部折叠，透明。花果期5～11月。

生境与分布　喜湿热生境。常生于林缘。福建、广东、广西、海南、云南等有分布。

饲用价值　整个生育期叶片柔软，适口性好，羊极喜采食；幼茎质脆，抽穗后木质化，适宜幼期刈割利用，其他生育时期放牧利用。

秆叶局部　节部　叶鞘　叶片基部

小穗

花序局部

花序

株丛

大罗网草 | *Panicum luzonense* J. Presl

形态特征 一年生，直立草本。秆高20～50(～150) cm，稍粗壮，节上密生硬刺毛。植株除小穗外，多少被疣基毛。叶鞘松弛；叶舌极短；叶片披针形，长5～15(～30) cm，宽3～10(～20) mm。圆锥花序开展，长15～30 cm；分枝纤细，有棱槽；小穗椭圆形，长2～2.5 mm；第一颖宽卵形，长约为小穗的1/2，第二颖卵状椭圆形，具9～11脉；第一外稃与第二颖等长、同形，具7～9脉，脉间具横纹，其内稃透明膜质，第二外稃椭圆形，长1.5～1.8 mm。花果期8～10月。

生境与分布 喜干热生境。居群个体差异巨大，海南昌江黎族自治县、乐东黎族自治县和东方市等分布的植株矮小，株高不足30 cm；而广西上思县等分布的居群个体巨大，株高达150 cm。

饲用价值 草质柔软，但叶片密被纤毛，影响适口性，抽穗前牛、羊喜食，抽穗后纤毛硬质，家畜不喜采食，属中等牧草。其化学成分见下表。

大罗网草的化学成分（%）

样品情况		干物质	占干物质					钙	磷
			粗蛋白	粗脂肪	粗纤维	无氮浸出物	粗灰分		
成熟期	鲜样	22.80	11.02	0.91	31.35	49.62	7.10	0.43	0.27

数据来源：中国热带农业科学院热带作物品种资源研究所

植株

秆叶形态

花序

叶鞘

小穗

叶舌

稷 | *Panicum miliaceum* L.

形态特征 一年生，直立草本。秆粗壮，高40～120 cm，节密被髭毛。叶鞘松弛，被疣基毛；叶舌膜质，长约1 mm；叶片长10～30 cm，宽5～20 mm。圆锥花序成熟时下垂，长10～30 cm，具棱槽，边缘具糙刺毛，下部裸露，上部密生小枝与小穗；小穗卵状椭圆形，长约5 mm；颖纸质，第一颖正三角形，长为小穗的1/2～2/3，第二颖与小穗等长，通常具11脉；第一外稃形似第二颖；内稃透明膜质，长约2 mm；第二小花长约3 mm；第二外稃背部圆形，平滑，具7脉。

生境与分布 喜土壤肥沃、湿润的生境。西南及华中有栽培。

饲用价值 稷既是粮食作物，也是良好的饲料作物。籽粒可食用，也可用作家畜的精饲料。茎叶青绿时柔软，适口性较好，马、牛、羊喜食，属优等牧草。其化学成分见下表。

稷的化学成分（%）

样品情况	占干物质					钙	磷
	粗蛋白	粗脂肪	粗纤维	无氮浸出物	粗灰分		
结实期　绝干	8.04	1.32	23.32	63.58	3.74	—	—

数据来源：湖南农业大学

花序局部

叶鞘

鞘口

栽培群体

成熟期小穗

距花黍属
Ichnanthus P. Beauv.

距花黍 | *Ichnanthus pallens* var. *major* (Nees) Stieber

形态特征　多年生，匍匐草本。自节处生根，向上抽出花枝，高15～50 cm。叶舌膜质，顶部截平有纤毛；叶片卵状披针形，长3～8 cm，宽约2 cm。圆锥花序顶生或腋生，长约15 cm；小穗披针形，长3～5 mm，两侧压扁；颖革质，顶端尖，第一颖长3～3.5 mm，具3脉，第二颖与第一颖近等长，具5脉；第一外稃草质，具脉；第一内稃椭圆形，膜质，有时内包雄蕊，第二外稃革质，长约2.5 mm，长圆形，顶端钝，基部两侧贴生膜质附属物，干枯时成两缢痕。花果期8～11月。

生境与分布　喜荫蔽生境。多生于阴湿地、林缘、林下。海南、广东、广西和云南最常见分布于橡胶林下。

饲用价值　本种常与弓果黍（*Cyrtococcum patens*）、露籽草（*Ottochloa nodosa*）、短叶黍（*Panicum brevifolium*）等伴生，形成林下覆盖度较大的低矮草地，具有较高的利用价值，适宜放牧利用，海南、广东等用于放养黑山羊，属放牧利用型良等牧草。其化学成分见下表。

距花黍的化学成分（%）

样品情况		占干物质					钙	磷
		粗蛋白	粗脂肪	粗纤维	无氮浸出物	粗灰分		
成熟期	绝干	9.82	1.81	34.36	46.56	7.45	0.41	0.23

数据来源：中国热带农业科学院热带作物品种资源研究所

基部秆节生根　　　　　　　　　　　节部特征

第二外稃

小穗

花序

株丛

露籽草属
Ottochloa Dandy

露籽草 | *Ottochloa nodosa* (Kunth) Dandy

形态特征 多年生，蔓生草本。秆下部横卧地面，上部倾斜直立。叶鞘短于节间，边缘仅一侧具纤毛；叶舌膜质；叶片披针形，长4～11 cm，宽5～10 mm。圆锥花序开展，长10～15 cm，分枝上举，分枝粗糙具棱；小穗有短柄，长2.8～3.2 mm；颖草质，第一颖长约为小穗的1/2，具5脉，第二颖长为小穗的1/2～2/3，具5～7脉；第一外稃草质，约与小穗等长，第一内稃缺；第二外稃骨质，与小穗近等长，平滑，顶端两侧压扁，呈极小的鸡冠状。花果期7～9月。

生境与分布 喜荫蔽生境。多生于海拔1700 m以下的疏林或林缘。海南、广东、广西和云南最常见分布于橡胶林下。

饲用价值 本种通常与弓果黍（*Cyrtococcum patens*）、短叶黍（*Panicum brevifolium*）等伴生，形成林下覆盖度较大的低矮草地，具有较高的利用价值，适宜放牧利用，海南、广东等用于放养黑山羊，属放牧利用型良等牧草。其化学成分见下表。

露籽草的化学成分（%）

样品情况	干物质	占干物质					钙	磷
		粗蛋白	粗脂肪	粗纤维	无氮浸出物	粗灰分		
营养期　鲜样	30.31	9.33	5.04	25.96	51.68	7.99	—	—

数据来源：中国热带农业科学院热带作物品种资源研究所

秆叶局部　　　　节部特征　　　　小穗

基部秆节生根与分枝

株丛

囊颖草属
Sacciolepis Nash

囊颖草 | *Sacciolepis indica*
(L.) Chase

形态特征 一年生，直立草本。秆基常膝曲，高20～100 cm。叶鞘具棱脊，短于节间；叶舌膜质，长约0.5 mm；叶片线形，长5～20 cm，宽2～5 mm。圆锥花序紧缩成圆筒状，长1～16 cm，宽3～5 mm；小穗卵状披针形，长2～2.5 mm；第一颖为小穗长的1/3～2/3，第二颖背部囊状，与小穗等长，具明显的7～11脉，通常9脉；第一外稃等长于第二颖，通常9脉；第一内稃退化，透明膜质；第二外稃平滑而光亮，长约为小穗的1/2，边缘包着较其小而同质的内稃；花柱基分离。颖果椭圆形，长约0.8 mm，宽约0.4 mm。花果期7～11月。

生境与分布 喜潮湿生境。多生于邻近河、湖的潮湿草地。华南、华中、华东及西南均有分布。

饲用价值 生育期草质柔嫩，适口性好，牛、羊、兔、鹅均喜食，为优质牧草。水肥条件好的区域，植株分蘖密集，产量较高，可供放牧或刈割利用。其化学成分见下表。

囊颖草的化学成分（%）

样品情况		占干物质					钙	磷
		粗蛋白	粗脂肪	粗纤维	无氮浸出物	粗灰分		
营养期	绝干[1]	10.13	2.42	29.85	50.47	7.13	0.25	0.11
开花期	绝干[2]	9.66	2.24	42.19	34.64	11.27	0.23	0.07

数据来源：1. 中国热带农业科学院热带作物品种资源研究所；2. 西南民族大学

株丛

秆叶形态

花序

根系

鼠尾囊颖草 | *Sacciolepis myosuroides*
(R. Br.) A. Chase ex E. G. Camus et A. Camus

形态特征 一年生，直立草本。秆簇生，高30～100 cm，基部稍倾斜，下部节上常生根。叶鞘光滑，常短于节间；叶舌膜质，长约0.5 mm；叶片线形，长10～20 cm，宽2～5 mm。圆锥花序窄圆柱形，长6～20 cm，宽2～5 mm；小穗通常紫色，卵状椭圆形，长1.5～2 mm，顶端尖，无毛；第一颖长为小穗的1/2～2/3，具3～5脉，第二颖与小穗等长，具7～9脉；第一外稃与第二颖等长，具7～9脉；第一内稃极小，透明膜质；第二外稃短于小穗，边缘包着同质而较小的内稃。花果期2～10月。

生境与分布 多生于湿地、水稻田边或浅水中。华南、西南有分布。

饲用价值 生育期草质柔嫩，适口性好，牛、羊、兔、鹅均喜食，为优质牧草。

营养期株丛

抽穗期株丛

叶舌

花序

糖蜜草属
Melinis P. Beauv.

糖蜜草 │ *Melinis minutiflora* Beauv.

形态特征　多年生，直立草本。植株被腺毛，秆多分枝，基部平卧，于节上生根，节上具柔毛。叶鞘短于节间；叶舌短，膜质；叶片线形，长5～10 cm，宽5～8 mm。圆锥花序开展，长10～20 cm，末级分枝纤细；小穗卵状椭圆形，长约2 mm；第一颖小，三角形，无脉，第二颖长圆形，具7脉，顶端2齿裂；第一小花退化，外稃狭长圆形，具5脉，顶端2裂，裂齿间具1纤细的长芒，长可达10 mm；第二小花两性，外稃卵状长圆形，较第一小花外稃稍短，具3脉，顶端微2裂，透明，内稃与外稃形状相似。颖果长圆形。花果期7～10月。

生境与分布　喜湿热生境。原产非洲。海南、广东、广西、福建多地引种栽培，已逸为野生。

饲用价值　牛的优质饲草，可供放牧利用、刈割青饲、晒制干草或调制青贮饲料。其化学成分见下表。

糖蜜草的化学成分（%）

样品情况		干物质	占干物质					钙	磷
			粗蛋白	粗脂肪	粗纤维	无氮浸出物	粗灰分		
营养期	干样	94.60	9.80	3.90	33.80	45.60	6.90	0.36	—
开花期	鲜样	29.10	8.88	2.53	32.13	49.92	6.54	0.45	0.13

数据来源：中国热带农业科学院热带作物品种资源研究所

株丛

叶片形态

叶鞘

花序局部

花序

基部节处生根

红毛草 | *Melinis repens*
(Willdenow) Zizka

形态特征　多年生，直立草本。秆高可达1 m，节具软毛。叶鞘松弛，大都短于节间；叶舌长约1 mm；叶片线形，长可达20 cm，宽2～5 mm。圆锥花序开展，长10～15 cm；小穗柄纤细弯曲，顶端稍膨大，疏生长柔毛；小穗长约5 mm，被粉红色绢毛；第一颖小，长约为小穗的1/5，被短硬毛；第二颖和第一外稃脉上被疣基长绢毛，顶端微裂，裂片间生1短芒；第一内稃膜质，具2脊，脊上有睫毛；第二外稃近软骨质，平滑光亮；雄蕊3枚，花药长约2 mm；花柱分离，柱头羽毛状。花期不定，全年有抽穗，但秋季抽穗开花较多。

生境与分布　喜干热生境，光热条件越好其长势越好。原产南非，早期由我国台湾、广东等作观赏草引进，现逸于华南沿海干热区域，为低海拔山坡草地和撂荒地中最常见的优势草种。

饲用价值　海南西部干热灌丛草地中，红毛草是适应性较强的低矮草本层的重要代表，也是这个草地类型中饲用价值较高的禾本科牧草。其青绿期较长，抽穗前茎叶比低，适宜放牧利用，属草质中等的牧草。其化学成分见下表。

红毛草的化学成分（%）

样品情况	占干物质					钙	磷
	粗蛋白	粗脂肪	粗纤维	无氮浸出物	粗灰分		
营养期　绝干	7.68	2.19	38.41	43.88	7.84	0.32	0.23

数据来源：中国热带农业科学院热带作物品种资源研究所

营养期植株

小穗

叶舌

抽穗期植株

基部秆节

花序

花序局部

凤头黍属
Acroceras Stapf

山鸡谷草 | *Acroceras tonkinense*
(Balansa) C. E. Hubbard ex Bor

形态特征 多年生，直立草本。秆较粗硬，下部平卧地上，节上生根，高达1 m。叶鞘短于节间；叶舌厚膜质，长约1 mm；叶片扁平，长10～20 cm，宽1～3 cm。圆锥花序由复合总状花序组成，长15～25 cm，宽5～10 cm；小穗孪生，长约5.5 mm；第一颖阔椭圆形，长约为小穗的3/4，具5脉，第二颖与第一外稃同形，均等长于小穗；第一小花中性，内稃透明膜质，具2脉；第二小花两性，外稃稍短于小穗，近顶端增厚成尖头状，包着同质的内稃，内稃具2脊，先端2浅裂；雄蕊3枚；花柱基部分离。颖果椭圆形，长约3.5 mm。花果期8～10月。

生境与分布 喜荫蔽生境。多生于丘陵或山地林下阴湿处。海南和云南有分布。

饲用价值 叶片柔嫩，适口性好，牛、羊喜食，但秆部较为坚硬，不利于家畜采食。通常放牧利用，属良等牧草。其化学成分见下表。

山鸡谷草的化学成分（%）

样品情况		占干物质					钙	磷
		粗蛋白	粗脂肪	粗纤维	无氮浸出物	粗灰分		
抽穗期	绝干	8.78	2.59	30.25	51.36	7.02	0.45	0.21

数据来源：中国热带农业科学院热带作物品种资源研究所

群体与生境　小穗特写　小穗侧面观　叶舌　叶鞘及鞘口

凤头黍 | *Acroceras munroanum* (Balansa) Henrard

形态特征 多年生，披散草本。秆纤细，下部平卧地上，节上生根。叶舌短小；叶片长3～7 cm，宽4～9 mm，基部略呈心形。圆锥花序长4～6 cm，宽2～3 cm，有3～6枚分枝；小穗绿色，长约4 mm，通常孪生；颖纸质，先端具扁平状增厚的凸起，第一颖阔卵形，长约3.5 mm，具5脉，第二颖与第一外稃同形，具5～7脉；第一小花中性，内稃透明膜质；第二小花两性，外稃平滑而光亮，长3～3.5 mm，先端呈凤头状凸起，包着同质的内稃；内稃具2脊，顶端具反卷二尖凸；雄蕊3枚，花柱基部分离。颖果椭圆形。花果期9～10月。

生境与分布 多生于丘陵山地、林缘、草坡上。海南多地有分布。

饲用价值 株丛低矮致密，叶片质脆柔嫩，适口性好，通常放牧利用，属良等牧草。其化学成分见下表。

凤头黍的化学成分（%）

样品情况	占干物质					钙	磷
	粗蛋白	粗脂肪	粗纤维	无氮浸出物	粗灰分		
抽穗期　绝干	9.25	2.02	37.18	43.41	8.14	0.21	0.18

数据来源：中国热带农业科学院热带作物品种资源研究所

株丛

花序

基部秆节着地生根

小穗

第二小花顶部特征

秆叶局部

基部秆节着地生根

钩毛草属
Pseudechinolaena Stapf

钩毛草 | *Pseudechinolaena polystachya* (Kunth) Stapf

形态特征 多年生，细弱草本。下部平卧地上，节上生根，花枝上举。叶鞘通常短于节间；叶舌膜质，长约2 mm；叶片扁平，质较薄，披针形，长约5 cm，宽约10 mm，先端渐尖，基部圆楔形。圆锥花序狭窄，长约15 cm；小穗长约5 mm，稀疏排列，小穗柄长约2 mm；第一颖纸质，披针形，稍短于小穗，第二颖质厚，舟形，常与小穗等长，脉间有钩状刺毛，成熟后开展；第一小花多为中性，外稃等长于小穗，具7脉，内稃披针形；第二小花两性，纺锤形，长约3 mm。花果期7～9月。

生境与分布 喜潮湿生境。常见于疏林下阴湿处或山涧边缘。海南、广东、广西、福建及云南有分布。

饲用价值 叶片柔软，茎秆细弱，适口性好，牛、羊喜食，属优等牧草，适宜放牧利用。

株丛

叶片

花序

叶鞘及节部特征

未成熟小穗

基部节部生根

成熟小穗，钩毛展开

求米草属
Oplismenus Beauv.

求米草 | *Oplismenus undulatifolius*
(Arduino) Beauv.

形态特征 多年生，平卧草本。叶鞘密被疣基毛；叶舌膜质，长约1 mm；叶片扁平，披针形至卵状披针形，长约5 cm，宽约20 mm。圆锥花序长2～10 cm，主轴密被疣基长刺柔毛，分枝短缩；小穗卵圆形，被硬刺毛，长约4 mm，簇生于主轴；颖草质，第一颖长约为小穗之半，顶端具长约1 cm的直芒，第二颖较长于第一颖，顶端芒长约5 mm；第一外稃草质，与小穗等长，第一内稃通常缺；第二外稃草质，长约3 mm，平滑，结实时变硬，边缘包着同质的内稃；鳞被2，膜质；雄蕊3枚；花柱基分离。

生境与分布 喜热带、亚热带气候。生于疏林下阴湿处。全国广泛分布。

饲用价值 草质柔软，牛、羊喜食，属优等牧草。其化学成分见下表。

求米草的化学成分（%）

样品情况		干物质	占干物质					钙	磷
			粗蛋白	粗脂肪	粗纤维	无氮浸出物	粗灰分		
结实期	干样	92.30	15.65	1.15	30.46	38.87	13.87	0.43	0.23

数据来源：中国热带农业科学院热带作物品种资源研究所

叶片

花序局部

叶鞘

群体及生境

竹叶草 | *Oplismenus compositus* (L.) Beauv.

形态特征　多年生，披散草本。秆较纤细，基部平卧地面，上升部分高20～80 cm。叶片披针形，长3～8 cm，宽5～20 mm，近无毛或边缘疏生纤毛，具横脉。圆锥花序长5～15 cm；分枝互生而疏离，长2～6 cm；小穗孪生，稀上部者单生，长约3 mm；颖草质，近等长，长为小穗的1/2～2/3，边缘常被纤毛，第一颖先端芒长约1 cm，第二颖顶端的芒长1～2 mm；第一小花中性，外稃革质，与小穗等长，先端具芒尖，具7～9脉，内稃膜质；第二外稃革质，平滑，光亮，长约2.5 mm，边缘内卷，包着同质的内稃；花柱基部分离。花果期9～11月。

生境与分布　喜生于疏林下阴湿处。浙江、江苏、福建、广东、广西、海南等均有分布。

饲用价值　草质柔软，生育期适口性优良，为适宜放牧利用或刈割青饲的良等牧草。其化学成分见下表。

竹叶草的化学成分（％）

样品情况		占干物质					钙	磷
		粗蛋白	粗脂肪	粗纤维	无氮浸出物	粗灰分		
盛花期	绝干[1]	14.36	1.10	29.35	48.08	7.11	0.95	0.21
分蘖期	绝干[2]	19.73	1.10	30.40	34.07	14.70	—	—

数据来源：1. 中国热带农业科学院热带作物品种资源研究所；2. 重庆市畜牧科学院

营养期群体

小穗

叶片

节部

鞘口

基部平卧茎节部生根

花期株丛

中间型竹叶草 | *Oplismenus compositus* var. *intermedius* (Honda) Ohwi

形态特征 与原变种的区别是叶鞘密被疣基硬毛，边缘被纤毛；叶片披针形至卵状披针形，长5～10 cm，宽5～20 mm，基部斜心形。花序轴及穗轴密被长柔毛和长硬毛；小穗孪生，稀上部者单生，长3～3.5 mm；两颖均具5脉，第一颖具长5～10 mm的芒；第一外稃顶端具小尖头，具7～9脉。

生境与分布 生于疏林下阴湿处。浙江、江苏、福建、广东、广西、海南等有分布。

饲用价值 牛、羊采食，属良等牧草。

株丛 　秆叶局部 　小穗 　鞘口 　叶鞘纤毛

大叶竹叶草 | *Oplismenus compositus* var. *owatarii* (Honda) Ohwi

形态特征 多年生，披散草本。秆纤细，上升部分高30～80 cm。叶鞘、叶片、花序轴密生长柔毛。叶片披针形，长10～25 cm，宽15～35 mm。小穗孪生，长约4 mm；第一颖的芒长约8 mm，具5脉，第二颖有长约1 mm的芒，具5～7脉；第一外稃顶端具小尖头，具7～9脉。

生境与分布 生于山地疏林下阴湿处。福建、广东、广西、海南、云南等均有分布。

饲用价值 多生于较潮湿、荫蔽的热带、亚热带沟谷中，形成沟谷开阔地带覆盖性较强的草本层。其叶片宽大，茎叶比低，适口性好，适宜山区放牧利用或刈割青饲利用。其化学成分见下表。

大叶竹叶草的化学成分（%）

样品情况	占干物质					钙	磷
	粗蛋白	粗脂肪	粗纤维	无氮浸出物	粗灰分		
抽穗期　绝干	11.21	1.87	28.94	49.46	8.52	0.95	0.21

数据来源：中国热带农业科学院热带作物品种资源研究所

小穗　　花序

基部秆节

叶鞘

秆叶局部

株丛

疏穗竹叶草 | *Oplismenus patens*
Honda

形态特征 一年生，平卧草本。秆高30～60 cm。叶鞘较松弛；叶舌膜质，长约1 mm；叶片纸质，长圆状披针形，长5～20 cm，宽1.5～3 cm。圆锥花序长10～25 cm，除分枝腋间外无毛，分枝3～8枚，单生或互生而疏离，长4～10 cm；小穗单生，较疏离，椭圆状披针形，长约4 mm，无毛；第一颖长约3.5 mm，具3～5脉，先端芒长6～14 mm，芒劲直而带淡红色，第二颖芒短，长2～4 mm；第一小花中性；第二小花两性，披针形，外稃厚纸质，稍短于第一外稃，先端有长约1 mm的小短芒，边缘包着同质内稃。

生境与分布 与大叶竹叶草的生态适应性极其相似，两者常生于同一生境下，见于海拔1900 m以下的山坡灌丛、疏林下及沟谷开阔地。海南中部及云南南部常见分布。

饲用价值 叶片宽大，茎叶比低，适口性好，适宜山区放牧利用或刈割青饲利用。其化学成分见下表。

疏穗竹叶草的化学成分（%）

样品情况		占干物质					钙	磷
		粗蛋白	粗脂肪	粗纤维	无氮浸出物	粗灰分		
抽穗期	绝干	11.21	1.87	28.94	49.46	8.52	0.95	0.21

数据来源：中国热带农业科学院热带作物品种资源研究所

小穗

叶鞘

植株

基部秆节

稗属
Echinochloa P. Beauv.

稗 | *Echinochloa crusgalli* (L.) Beauv.

形态特征 一年生，直立草本。秆高50～150 cm，光滑无毛。叶鞘疏松裹秆，平滑无毛；叶舌缺；叶片扁平，长10～40 cm，宽5～20 mm。圆锥花序直立，长达25 cm；小穗卵形，长约3 mm；第一颖三角形，长为小穗的1/3～1/2，具3～5脉；第二颖先端渐尖，具5脉，脉上具疣基毛；第一小花中性，其外稃草质，上部具7脉，脉上具疣基刺毛，顶端延伸成一粗壮的芒，芒长约1 cm，内稃薄膜质，具2脊；第二外稃椭圆形，成熟后变硬，顶端具小尖头，边缘内卷，包着同质的内稃。花果期夏秋季。

生境与分布 生于沼泽地、沟边及水稻田中。华南、华中、西南和华东均有分布。

饲用价值 产量较高，年均鲜草产量7500～10 500 kg/hm²。草质柔软，叶量丰富，茎叶比低，鲜草马、牛、羊最喜食，干草牛最喜食，马、羊也喜食，籽粒可以作为家畜及家禽的精饲料。但应注意刈割期，刈割太晚茎秆变硬，适口性降低，一般在乳熟期刈割为宜。其化学成分见下表。

稗的化学成分（%）

样品情况		干物质	占干物质					钙	磷
			粗蛋白	粗脂肪	粗纤维	无氮浸出物	粗灰分		
营养期	绝干[1]	100.00	13.24	2.09	29.21	45.48	9.98	0.40	0.11
开花期	干样[2]	95.56	18.96	3.76	24.67	40.71	11.91	0.70	0.59
拔节期	绝干[3]	100.00	9.96	2.93	23.81	54.55	8.75	—	—

数据来源：1. 中国热带农业科学院热带作物品种资源研究所；2. 湖北省农业科学院畜牧兽医研究所；3. 重庆市畜牧科学院

叶舌缺　　叶鞘　　节部特征

生境

花期群体

花序

花序局部

根系

光头稗 | *Echinochloa colona*
(L.) Link

形态特征　一年生，直立草本。秆高10～60 cm。叶鞘压扁；叶舌缺；叶片扁平，线形，长3～20 cm，宽3～7 mm。圆锥花序狭窄，长5～10 cm；主轴具棱，通常无疣基长毛。花序分枝长1～2 cm，排列稀疏，小穗卵圆形，长约2.5 mm，具小硬毛；第一颖三角形，长约为小穗的1/2，具3脉，第二颖与第一外稃等长而同形，顶端具小尖头，具5～7脉，间脉常不达基部；第一小花中性，其外稃具7脉，内稃膜质，稍短于外稃，脊上被短纤毛；第二外稃椭圆形，平滑，光亮，边缘内卷，包着同质的内稃。花果期夏秋季。

生境与分布　生于田野、园圃、路边湿润地上。安徽、江苏、浙江、江西、湖北、四川、贵州、福建、广东、广西、云南等均有分布。

饲用价值　草质柔软细嫩，牛、马、羊、火鸡、鸭、鹅喜食。籽粒含淀粉，可作家畜的精饲料。其化学成分见下表。

光头稗的化学成分（%）

样品情况		干物质	占干物质					钙	磷
			粗蛋白	粗脂肪	粗纤维	无氮浸出物	粗灰分		
营养期	鲜样	17.80	15.77	2.94	23.77	48.12	9.40	1.06	0.30
抽穗期	鲜样	23.60	12.40	1.88	27.03	48.29	10.40	0.72	0.41
成熟期	鲜样	25.70	9.41	1.78	27.65	51.46	9.70	0.79	0.28

数据来源：中国热带农业科学院热带作物品种资源研究所

节部特征　　　　　　　　　鞘口　　　　　　　　　基部秆节

小穗

花序局部

秆叶局部

株丛

花序

长芒稗 | *Echinochloa caudata*
Roshev.

形态特征 一年生，直立草本。秆高约1.5 m。叶舌缺；叶片线形，长10～40 cm，宽1～2 cm。圆锥花序稍下垂，长10～25 cm；主轴粗糙，具棱，疏被疣基长毛；小穗卵状椭圆形，常带紫色，长约3 mm，脉上具硬刺毛，有时疏生疣基毛；第一颖三角形，具3脉，第二颖与小穗等长，具5脉；第一外稃草质，顶端具长2～5 cm的芒，内稃膜质，先端具细毛，边缘具细睫毛，第二外稃革质，光亮，边缘包着同质的内稃。

生境与分布 生于田边、路旁及河边湿润处。长江以南均有分布。

饲用价值 各类家畜均喜食，属良等牧草。其化学成分见下表。

长芒稗的化学成分（%）

样品情况		干物质	占干物质					钙	磷
			粗蛋白	粗脂肪	粗纤维	无氮浸出物	粗灰分		
开花期	干样[1]	95.06	12.66	2.54	33.38	38.67	12.76	0.34	0.34
结实期	鲜样[2]	34.73	6.13	1.40	33.70	50.77	8.00	—	—

数据来源：1. 湖北省农业科学院畜牧兽医研究所；2. 重庆市畜牧科学院

花序

花序局部（示芒长）

生境

叶舌缺

鞘口

水田稗 | *Echinochloa oryzoides* (Ard.) Fritsch

形态特征 一年生，直立草本。秆高达1 m，直径达8 mm。叶鞘及叶片光滑无毛；叶片扁平，线形，长10～30 cm，宽1～1.5 cm。圆锥花序长8～15 cm，宽1.5～3 cm；小穗卵状椭圆形，长3.5～5 mm，通常无芒；颖草质，第一颖三角形，长为小穗的1/2～2/3，先端渐尖，具3～5脉，脉上被硬刺毛，第二颖等长于小穗，先端尖或渐尖，具5脉，脉上疏被硬刺毛；第一外稃革质，光亮，先端尖至具极短的芒，第二外稃革质，平滑而光亮。花果期7～10月。

生境与分布 湿生草本，多生于农田潮湿处。海南、广东、广西、贵州、云南等长江以南均有分布。

饲用价值 青绿时草质柔嫩，牛、马、羊等草食牲畜喜食，鸡、鸭等家禽采食嫩叶和籽粒。适宜短期刈割利用。其化学成分见下表。

水田稗的化学成分（%）

样品情况		干物质	占干物质					钙	磷
			粗蛋白	粗脂肪	粗纤维	无氮浸出物	粗灰分		
抽穗期	鲜样[1]	23.60	12.40	1.88	27.03	48.29	10.40	0.72	0.41
结实期	鲜样[2]	35.89	7.89	1.40	33.41	48.52	8.78	—	—

数据来源：1.中国热带农业科学院热带作物品种资源研究所；2.重庆市畜牧科学院

株丛　花序　叶舌缺　秆叶局部　秆节特征

紫穗稗 | *Echinochloa esculenta* (A. Braun) H. Scholz

形态特征 一年生，直立草本。秆粗壮，高90～150 cm。叶鞘光滑无毛；叶舌缺；叶片扁平，线形，长达50 cm，宽约2 cm。圆锥花序直立；主轴粗壮，具棱，粗糙，疏生疣基长刺毛；花序分枝粗壮，紧密；小穗倒卵形至倒卵状椭圆形，紫色，脉上被疣基毛；第一颖三角形，长约为小穗的1/3，先端尖，具3脉，第二颖稍短于小穗，具5脉；第一小花通常中性，第一外稃草质，具5脉，顶端尖或具短芒，内稃质薄，具2脊；第二外稃革质，平滑光亮，边缘包着同质的内稃。花果期8～10月。

生境与分布 喜温暖湿润的气候。世界温带地区皆有栽培，作饲料或粮食。云南和贵州有栽培，亦有逸为野生的种群。

饲用价值 草质柔软，牛、羊均喜食，属优等牧草。

花序

花序局部

鞘口

节部特征

湖南稗子 | *Echinochloa frumentacea* (Roxb.) Link

形态特征 一年生，高大直立草本。秆粗壮，高达1.8 m。叶鞘光滑无毛，大都短于节间；叶舌缺；叶片扁平，线形，长达50 cm，宽约2.5 cm，质较柔软，无毛，先端渐尖。圆锥花序直立，长约20 cm；主轴粗壮，具棱，棱边粗糙，具疣基长刺毛；分枝微弓状弯曲；小穗卵状椭圆形，长约5 mm，绿白色，无疣基毛，无芒；第一颖短小，三角形，第二颖稍短于小穗；第一小花通常中性，外稃草质，与小穗等长，内稃膜质，狭窄；第二外稃革质，平滑而光亮，成熟时露出颖外，顶端具小尖头，边缘内卷，包着同质的内稃。花果期8～9月。

生境与分布 喜亚热带气候。云南、贵州和四川的山区多作为小作物栽培。

饲用价值 植株高大，草质柔软，适口性佳，牛、羊等家畜均喜食，青饲、晒制干草、青贮均可，属优等牧草。其化学成分见下表。

湖南稗子的化学成分（%）

样品情况	干物质	占干物质					钙	磷
		粗蛋白	粗脂肪	粗纤维	无氮浸出物	粗灰分		
拔节期 鲜样	20.34	6.32	1.59	25.88	61.70	4.51	0.54	0.02

数据来源：贵州省草业研究所

鞘口

节部特征

栽培群体

叶鞘

花序

花序局部

臂形草属
Brachiaria (Trin.) Griseb.

臂形草 | *Brachiaria eruciformis*
(J. E. Smith) Griseb.

形态特征　一年生，直立矮小草本。秆基部倾斜，节上生根，节具白色柔毛。叶鞘疏生疣毛；叶舌退化成一圈白色纤毛；叶片线状披针形，长约7 cm，宽约5 mm，边缘齿状粗糙。圆锥花序由4～5枚总状花序组成；穗轴被纤毛，棱边粗糙；小穗卵形，长约2 mm，被纤毛；第一颖膜质，无毛，顶端下凹，第二颖与小穗等长，具5脉；第一外稃与第二颖同形，具5脉，内稃狭窄，第二外稃长圆形，坚硬光滑，长约1.5 mm，边缘稍内卷，包着同质的内稃。

生境与分布　喜干热生境。多生于海拔2000 m以下的干旱山坡。云南、贵州及四川有分布。

饲用价值　秆叶细弱柔软，牛、马、羊均喜采食，属放牧型良等牧草。

营养期株丛

节部特征

基部节处生根

抽穗期株丛

秆叶局部

花序

叶片

毛臂形草 | *Brachiaria villosa*
(Lam.) A. Camus

形态特征　一年生，矮小草本。秆高10～40 cm，全体密被柔毛。叶鞘被柔毛，尤以鞘口及边缘更密；叶舌具长约1 mm的纤毛；叶片卵状披针形，长约2.5 cm，宽约8 mm，两面密被柔毛。圆锥花序由4～8枚总状花序组成；小穗卵形，长约2.5 mm；小穗柄长约1 mm；第一颖长为小穗之半，具3脉，第二颖等长或略短于小穗，具5脉；第一小花中性，其外稃与小穗等长，具5脉，内稃膜质，狭窄；第二外稃革质，稍包卷同质内稃，具横细皱纹；鳞被2，膜质，折叠，长约0.4 mm；花柱基分离。花果期7～10月。

生境与分布　喜湿润的气候条件，不耐干热。生于山坡草地、农田间隙。江西、浙江、湖南、湖北、四川、贵州、福建、广东、广西、云南等常见分布。

饲用价值　草层矮小，是低海拔山坡草地的伴生种，其茎叶柔嫩，牛、马、羊喜食，为良等牧草，适宜放牧利用。其化学成分见下表。

毛臂形草的化学成分（%）

样品情况		干物质	占干物质					钙	磷
			粗蛋白	粗脂肪	粗纤维	无氮浸出物	粗灰分		
抽穗期	鲜样[1]	17.52	6.51	1.35	37.49	45.50	9.15	0.14	0.17
抽穗期	干样[2]	92.65	6.37	2.14	38.27	44.46	8.76	0.59	0.37

数据来源：1.贵州省草业研究所；2.湖北省农业科学院畜牧兽医研究所

花期株丛整体　鞘口　秆叶局部

花序

株丛

四生臂形草 | *Brachiaria subquadripara* (Trin.) Hitchc.

形态特征　一年生，披散草本。秆高20～60 cm，下部平卧地面，节上生根。叶鞘松弛，被疣基毛；叶片披针形，长4～15 cm，宽4～10 mm。圆锥花序由3～6枚总状花序组成；总状花序长2～4 cm；小穗长圆形，长3.5～4 mm，中部最宽约1.2 mm；第一颖广卵形，长约为小穗之半，具5～7脉，第二颖与小穗等长，具7脉，第一小花中性，其外稃与小穗等长，具7脉，内稃狭窄而短小；第二外稃革质，长约3 mm，先端锐尖，表面具横细皱纹，边缘稍内卷，包着同质内稃。花果期9～11月。

生境与分布　适应性较强，干湿环境下都有生长，多见于丘陵草地、田野、疏林下或沙丘上。江西、湖南、贵州、福建、台湾、广东、广西和海南广有分布。

饲用价值　牛、羊极喜食，属优质牧草。其化学成分见下表。

四生臂形草的化学成分（%）

样品情况		干物质	占干物质					钙	磷
			粗蛋白	粗脂肪	粗纤维	无氮浸出物	粗灰分		
营养期	鲜样	14.91	18.96	0.60	28.23	39.45	12.76	0.45	0.20
抽穗期	鲜样	16.57	15.87	0.42	31.07	40.70	11.94	0.39	0.21
成熟期	鲜样	21.13	7.18	0.53	35.40	46.93	9.96	0.51	0.13

数据来源：中国热带农业科学院热带作物品种资源研究所

直立型群体

小穗

秆叶局部

花序

基部秆节

披散型株丛

多枝臂形草 | *Brachiaria ramosa*
(L.) Stapf

形态特征　一年生，披散草本。秆高30~60 cm，基部倾斜，节被柔毛，下部节上生根。叶鞘松弛，光滑，边缘及鞘口被毛；叶舌短小，密生纤毛；叶片狭披针形，长4~12 cm，宽4~8 mm，先端渐尖，边缘略增厚粗糙。圆锥花序由3~6枚总状花序组成；总状花序长2~5 cm；穗轴具三棱，通常被短刺毛，有时疏生长硬毛；小穗椭圆状长圆形，长约3.5 mm；第一颖广卵形，长约为小穗之半，具5脉，第二颖与小穗等长；第一小花中性，外稃具5脉，内稃膜质，狭窄而短小；第二外稃革质，长约2.5 mm，先端尖，背部凸起，具明显横皱纹，边缘内卷，包着同质的内稃。花果期夏秋季。

生境与分布　喜生于沙质草地或丘陵荒野草地上。海南、广东、广西及云南有分布。

饲用价值　秆叶柔软，牛、羊、马喜食，适宜放牧利用。其化学成分见下表。

多枝臂形草的化学成分（%）

样品情况	干物质	占干物质					钙	磷
		粗蛋白	粗脂肪	粗纤维	无氮浸出物	粗灰分		
开花期　鲜样	11.21	22.26	1.46	28.12	36.54	11.62	0.35	0.42

数据来源：中国热带农业科学院热带作物品种资源研究所

秆叶局部

根系

花序

株丛

叶片

花序局部

秆节特征

小穗

巴拉草 | *Brachiaria mutica*
(Forsk.) Stapf

形态特征 多年生，水生草本。秆粗壮，高1.5～2.5 m，节上有毛。叶鞘长11～14 cm；叶舌长约1 mm；叶片扁平，长约30 cm，宽约2 cm，两面光滑，基部或边缘多少有毛。圆锥花序长约20 cm，由10～15枚总状花序组成；总状花序长5～10 cm；小穗长约3.2 mm；第一颖长约1 mm，具1脉，第二颖等长于小穗，具5脉；第一小花雄性，其外稃长约3 mm，具5脉，有近等长的内稃；第二外稃长约2.5 mm，骨质。

生境与分布 喜湿润的气候条件。原产热带非洲，现广布于世界热带及亚热带多雨地区。我国于1964年引进栽培，现逸为野生，华南及云南有分布。

饲用价值 适口性良好，草产量较高，可作青饲料利用，也可晒制干草，亦可适当进行放牧。其化学成分见下表。

巴拉草的化学成分（%）

样品情况	干物质	占干物质					钙	磷
		粗蛋白	粗脂肪	粗纤维	无氮浸出物	粗灰分		
营养期 鲜样	18.70	12.60	2.09	29.40	46.50	9.44	0.76	0.49

数据来源：中国热带农业科学院热带作物品种资源研究所

生境

叶鞘

叶舌

小穗

花序局部

基部秆节

节部特征

群体

热研 3 号俯仰臂形草 | *Brachiaria decumbens* Stapf 'Reyan No. 3'

品种来源 中国热带农业科学院热带牧草研究中心申报，1991年通过全国草品种审定委员会审定；登记为引进品种，品种登记号为101；申报者为邢诒能、蒋侯明、唐湘梧、何华玄、刘国道。

形态特征 多年生，丛生草本。秆坚硬，高50～150 cm。叶片披针形至窄披针形，长5～20 cm，宽7～15 mm。花序由2～4枚总状花序组成，总状花序长1～5 cm，小穗单生，常排列成2列，花序轴扁平，宽1～1.7 mm，边缘具纤毛；小穗椭圆形，长4～5 mm，常具短柔毛，基部具细长的柄。

生物学特性 最适生长温度为25～35℃；耐旱，可忍受4～5个月的旱季；不耐涝，在排水良好的沃土上产量最高。对土壤的适应性强，能在各类土壤上良好生长。

饲用价值 年均干草产量8000～15 000 kg/hm²。耐刈割，耐践踏，适于放牧利用。其根系发达，草层密，是理想的水土保持植物。其化学成分见下表。

栽培要点 可采用种子繁殖或育苗移栽建植草地。华南最佳播种期为5月底至8月初，播种量为20～30 kg/hm²，按50 cm的行距条播，播种后覆土0.5 cm。育苗移栽是将处理过的种子播于苗床，待苗高30～40 cm时移栽，按株行距60 cm×80 cm定植。定植后施用过磷酸钙300～450 kg/hm²、钾肥150～300 kg/hm²，并根据地力情况及长势施用一定数量的氮肥。刈割草地建成后每年刈割4～5次，抽穗前刈割。

热研3号俯仰臂形草的化学成分（%）

样品情况		干物质	占干物质					钙	磷
			粗蛋白	粗脂肪	粗纤维	无氮浸出物	粗灰分		
营养期	鲜样	24.70	7.57	3.21	30.94	49.95	8.33	0.56	0.13
抽穗期	鲜样	26.30	6.99	2.36	36.93	46.86	6.86	0.46	0.08
成熟期	鲜样	29.30	4.49	2.70	38.46	48.45	5.90	0.21	0.12

数据来源：中国热带农业科学院热带作物品种资源研究所

秆节

基部节处着地生根

叶鞘

叶舌

花序

小穗

花序局部

株丛

贝斯莉斯克俯仰臂形草 | *Brachiaria decumbens* Stapf 'Basilisk'

品种来源　云南省草地动物科学研究院申报，1992年通过全国草品种审定委员会审定；登记为引进品种，品种登记号为110；申报者为李淑安、徐学军、匡崇义、和占星、郭正云。

形态特征　多年生，丛生草本，基部分蘖多。秆坚硬，中空，高30～120 cm，基部斜生成俯仰状。基部叶鞘长于节间，上部短于节间；叶片披针形，长10～30 cm，宽5～15 mm，顶端渐尖，基部渐狭，两面疏被短绒毛。圆锥花序顶生，由1～4个穗形总状花序组成，总状花序长3～8 cm，小穗单生，常排列成2列，边缘具纤毛；小穗椭圆形，长约6 mm，常被短柔毛。

生物学特性　喜高温、高湿气候，耐旱，但在排水良好的沃土上产量最高。在云南昆明种植一般7月上旬开花，8月下旬种子成熟，成熟种子落粒性强。

饲用价值　草产量高、适口性好，适于放牧利用，也可刈割青饲，为热带、亚热带地区的优良牧草品种。其化学成分见下表。

栽培要点　发芽率较低，收获后存放6～12个月才能打破休眠进行播种，云南种植一般在5～7月播种，条播、撒播均可。翻耕平整土地、清除地面杂草后可适时播种，播种时需施少量复合肥作基肥以促进幼苗生长，播种量约为7.5 kg/hm²。

贝斯莉斯克俯仰臂形草的化学成分（%）

样品情况		干物质	占干物质					钙	磷
			粗蛋白	粗脂肪	粗纤维	无氮浸出物	粗灰分		
营养期	干样	95.50	9.04	0.93	33.56	48.90	7.64	—	—

数据来源：云南省草地动物科学研究院

根系

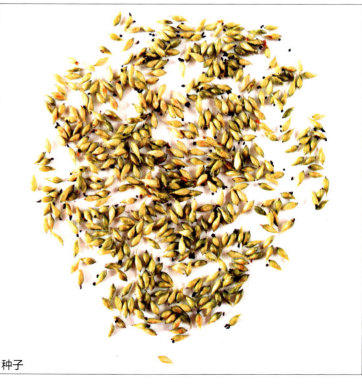

种子

秆节局部　　　　　花序　　　　　花序局部

人工草地

热研 6 号珊状臂形草 | *Brachiaria brizantha* Stapf 'Reyan No. 6'

品种来源 中国热带农业科学院热带牧草研究中心申报，2000年通过全国草品种审定委员会审定；登记为引进品种，品种登记号为215；申报者为刘国道、白昌军、何华玄、蒋昌顺、韦家少。

形态特征 多年生，丛生草本，具根状茎。秆高80～120 cm，扁圆形，具节13～16个，基部节间较短，上部节间较长。叶片线形，长4～28 cm，宽1～2 cm，基部叶较短，上部叶较长。圆锥花序由2～8枚总状花序组成，总状花序长6～20 cm；小穗具短柄，含1～2小花。颖果卵形，长4.5～6 mm，宽2 mm。

生物学特性 耐酸性土壤，耐践踏，耐火烧。开花期长，海南种植5月开始抽穗开花，9～10月为盛花期，10～11月种子成熟。

饲用价值 适口性较好，牛、羊喜食。耐刈割，耐践踏，适宜放牧利用，也可用来护坡、护堤保持水土。其化学成分见下表。

栽培要点 结实率低、种子发芽率低，一般用匍匐茎插条繁殖建植草地。华南每年3～10月均可栽植，移栽前犁耙整地，并施足基肥。移栽宜选壮苗，苗长约30 cm，过长者可剪成数段，并剪去顶端较幼嫩的部分。按株行距80 cm×80 cm定植，每穴3～4苗，穴深15 cm左右，将苗的2/3埋于穴中，1/3留在地表。

热研6号珊状臂形草的化学成分（%）

样品情况		占干物质					钙	磷
		粗蛋白	粗脂肪	粗纤维	无氮浸出物	粗灰分		
营养期	绝干	7.11	2.64	21.76	60.58	7.91	0.32	0.12
抽穗期	绝干	5.53	2.04	31.39	54.56	6.48	0.26	0.12

数据来源：中国热带农业科学院热带作物品种资源研究所

秆节　　叶鞘　　叶舌

花序局部

小穗

总状花序

株丛

花序

热研 14 号网脉臂形草 | *Brachiaria dictyoneura* Stapf 'Reyan No. 14'

品种来源 中国热带农业科学院热带牧草研究中心申报，2004年通过全国草品种审定委员会审定；登记为引进品种，品种登记号为283；申报者为刘国道、白昌军、何华玄、王东劲、陈志权。

形态特征 多年生，匍匐草本，具短根茎。秆半直立，高40～120 cm，扁圆形，略带红色，具节10～18个，节间长8～20 cm，基部节间较短，中上部节间较长。叶鞘抱茎；叶舌膜质；叶片线形、条形至披针形，长20～40 cm，宽3～18 mm。圆锥花序由3～8枚总状花序组成，花序轴长5～25 cm，总状花序长可达8 cm，具长纤毛；小穗椭圆形、具短柄，交互成两行排列于穗轴一侧。颖果卵形，长约4.1 mm，宽约1.9 mm。

生物学特性 喜湿热生境，耐旱，对土壤的适应性强。种子具生理性休眠，新鲜种子发芽率低，贮存6～8个月后可打破休眠。植株侵占性强，触地各节均可生根，迅速扩展成草地。

饲用价值 叶量丰富，草产量高，在海南种植年干草产量为9975 kg/hm²。耐刈割，耐践踏，适口性中等，适宜放牧利用。其化学成分见下表。

栽培要点 选择土壤湿润、结构疏松、排灌良好的壤土、砂壤土地块种植。种植前进行备耕，平整地面。可采用种子繁殖或育苗移栽建植。华南最佳播种期为5月底至8月初。播种量为20～30 kg/hm²，播种前用80℃热水处理5～15 min，与细沙混匀后按50 cm的行距条播，播种后覆土0.5 cm。

热研14号网脉臂形草的化学成分（%）

样品情况		干物质	占干物质					钙	磷
			粗蛋白	粗脂肪	粗纤维	无氮浸出物	粗灰分		
营养期	鲜样	10.12	9.93	4.10	23.35	51.84	10.78	0.14	0.17
成熟期	鲜样	20.90	5.40	2.92	35.32	43.36	13.01	0.22	0.43

数据来源：中国热带农业科学院热带作物品种资源研究所

花序

花序局部

小穗

秆叶局部

株丛局部

节部特征

株丛

热研 15 号 刚果臂形草

Brachiaria ruziziensis
R. Germ. et C. M. Evrard
'Reyan No. 15'

品种来源　中国热带农业科学院热带牧草研究中心申报，2005年通过全国草品种审定委员会审定；登记为引进品种，品种登记号为306；申报者为白昌军、刘国道、王东劲、虞道耿、陈志权。

形态特征　多年生，丛生草本。高50～150 cm，茎扁圆形，具节5～18个，节间长8～20 cm，节稍膨大。叶片上举，狭披针形，长5～28 cm，宽8～19 mm，两面被柔毛。圆锥花序顶生，由3～9个穗形总状花序组成，花序轴长4～10 cm，穗形总状花序长3～6 cm；小穗具短柄，单生，交互成两行排列于穗轴一侧，长椭圆形，长3.5～5.1 mm，宽约1.7 mm。颖果卵形，长3～5 mm，宽约1.5 mm。

生物学特性　喜湿热生境，适宜在年降雨量750 mm以上、年平均温度20℃左右的热带、亚热带地区种植。花期长，开花不一致，且空瘪率高，落粒性强，种子产量较低。

饲用价值　海南种植年干草产量为12 000 kg/hm²，耐刈割，适宜刈割青饲或调制青贮饲料。其化学成分见下表。

栽培要点　采用种子繁殖时，播种前用80℃热水处理5 min可提高发芽率，播种量20～30 kg/hm²，按行距50 cm条播。也可选用分蘖扦插繁殖，建植时选用触地节部已生根的茎段，按60 cm×80 cm或100 cm×200 cm规格栽植。对氮、磷、钾肥需求量中等，苗期以施氮肥为主，施肥量以450～750 kg/hm²为宜。

热研15号刚果臂形草的化学成分（%）

样品情况		干物质	占干物质					钙	磷
			粗蛋白	粗脂肪	粗纤维	无氮浸出物	粗灰分		
营养期	鲜样	22.51	7.75	1.80	27.98	57.17	5.30	0.21	0.15
抽穗期	鲜样	25.84	7.01	1.94	29.45	55.43	6.17	0.25	0.11

数据来源：中国热带农业科学院热带作物品种资源研究所

花序局部

小穗

花序

叶鞘

栽培群体

尾稃草属
Urochloa P. Beauv.

尾稃草 | *Urochloa reptans* (L.) Stapf

形态特征 一年生，披散草本。秆基部横卧地面，节处生根。叶鞘短于节间，边缘一侧密被纤毛；叶舌短小；叶片卵状披针形，长约5 cm，宽约1 cm，基部疏被疣基毛，边缘粗糙并常呈波状皱折。圆锥花序由3～6枚总状花序组成，主轴具疣毛，棱边粗糙；小穗卵状椭圆形，长约2 mm，通常无毛，孪生，一具长柄，一具短柄；第一颖短小，先端钝，第二颖与小穗等长，具7～9脉；第一外稃与第二颖同形同质，具5脉，内稃膜质，第二外稃椭圆形，长约2 mm，具横皱纹，顶端具微小尖头，边缘稍内卷，包着同质的内稃。花果期7～11月。

生境与分布 喜热带气候。生于半湿润至半干旱的山坡草地。华南及西南均有分布。

饲用价值 草质柔软，牛、羊均喜食，适宜放牧利用，为良等牧草。

株丛基部　　植株分枝

节处生根

秆叶局部

花序

株丛

光尾䅟草 | *Urochloa reptans* var. *glabra*
S. L. Chen et Y. X. Jin

形态特征　一年生，披散草本。秆基部横卧地面，节处生根。叶鞘短于节间，边缘一侧密被纤毛；叶舌短小；叶片卵状披针形，长约3 cm，宽约7 mm，基部疏被疣基毛。圆锥花序由5～10枚总状花序组成；主轴不具疣毛；小穗卵状椭圆形，长约2 mm，通常无毛，小穗柄无疣毛；第一颖短小，先端钝，第二颖与小穗等长；第一外稃与第二颖同形同质，内稃膜质，第二外稃椭圆形，长约2 mm，具横皱纹，顶端具微小尖头，边缘稍内卷，包着同质的内稃。花果期7～11月。

生境与分布　喜热带气候。生于半湿润的山坡草地。华南及西南均有分布。

饲用价值　草质柔软，牛、羊均喜食，适宜放牧利用，为良等牧草。

秆叶局部

节处生根

叶片

株丛

节部特征

花序

类黍尾稃草 | *Urochloa panicoides* Beauv.

形态特征　一年生，披散草本。秆高达1 m，近基部倾斜，节上有柔毛。叶鞘松弛，被疣基硬毛，边缘一侧密被纤毛；叶片线状披针形至卵状披针形，长5～15 cm，宽约1.5 cm，两面疏生疣基刺毛，先端渐尖，边缘粗糙而皱折。圆锥花序由3～10枚总状花序组成；小穗卵状椭圆形，长约5 mm；第一颖卵状，具3～5脉，第二颖与小穗等长，具5～7脉；第一小花雄性或中性，外稃与第二颖同形同质，具5～7脉，内稃膜质；第二外稃稍短于小穗，表面具横细皱纹；鳞被2，膜质，折叠，具细脉纹。花果期9～10月。

生境与分布　喜热带、亚热带气候。生于低海拔的草地及湖边潮湿地。四川、云南有分布。

饲用价值　草质柔软，牛、羊均喜食，属良等牧草。

植株局部

小穗着生方式

节部特征

生境

叶片

叶鞘被毛

野黍属
Eriochloa Kunth

野黍 | *Eriochloa villosa* (Thunb.) Kunth

形态特征 一年生，直立草本。秆基部具分枝，稍倾斜，高30～100 cm。叶鞘松弛抱茎，节具髭毛；叶舌具长约1 mm的纤毛；叶片扁平，长5～25 cm，宽5～15 mm，腹面具微毛。圆锥花序狭长，长7～15 cm，由4～8枚总状花序组成；总状花序长1.5～4 cm，常排列于主轴一侧；小穗卵状椭圆形，长4.5～5 mm；基盘长约0.6 mm；小穗柄极短，密生长柔毛；第一颖微小，第二颖与第一外稃皆为膜质，等长于小穗，均被细毛，前者具5～7脉，后者具5脉；第二外稃革质，稍短于小穗，先端钝，具细点状皱纹；雄蕊3枚；花柱分离。颖果卵圆形，长约3 mm。花果期7～10月。

生境与分布 生于山坡和潮湿处。华东、华中、西南、华南有分布。

饲用价值 抽穗前，秆细、叶嫩、无异味，马、牛、羊最喜食。可放牧，亦可刈割晒制青干草和制成草粉。其籽粒含淀粉，可作精饲料。其化学成分见下表。

野黍的化学成分（%）

样品情况		干物质	占干物质					钙	磷
			粗蛋白	粗脂肪	粗纤维	无氮浸出物	粗灰分		
开花期	干样[1]	95.15	10.70	3.36	33.78	43.66	8.50	0.90	0.35
结实期	鲜样[2]	31.11	10.53	1.10	35.70	43.07	9.60	—	—

数据来源：1. 湖北省农业科学院畜牧兽医研究所；2. 重庆市畜牧科学院

花序

穗轴密被绒毛

株丛

鞘口

花序密被绒毛

叶片

高野黍 | *Eriochloa procera*
(Retz.) Hubb.

形态特征　一年生，直立草本。秆丛生，高30～150 cm，具分枝，节被微毛。叶鞘具脊，无毛；叶舌为一圈短纤毛；叶片线形，长10～12 cm，宽2～8 mm。圆锥花序长10～20 cm，由数枚总状花序组成；总状花序长3～7 cm；小穗长圆状披针形，长约3 mm；第一颖微小，第二颖与第一外稃等长而同质，均贴生白色丝状毛；第一内稃缺，第二外稃灰白色，长约2 mm，顶端具小尖头。秋季抽穗。

生境与分布　喜湿热生境。生于热带、亚热带低海拔山坡草地或沙质草地。海南、广东、广西和贵州均有分布。

饲用价值　种子产量大，成熟后易脱落，翌年会形成致密草丛，利用价值较高。整个生育期叶片柔嫩，适口性好，各类家畜喜食，适宜放牧利用或刈割青饲。种子产量大，富含淀粉，成熟期，牛喜采食。其化学成分见下表。

高野黍的化学成分（%）

样品情况		占干物质					钙	磷
		粗蛋白	粗脂肪	粗纤维	无氮浸出物	粗灰分		
营养期	绝干	11.56	2.84	27.01	47.31	11.28	0.31	0.20
结实期	绝干	9.45	2.20	32.32	43.73	12.30	0.38	0.25

数据来源：中国热带农业科学院热带作物品种资源研究所

花序

花序局部

小穗

植株

鞘口

叶鞘

节部特征

地毯草属
Axonopus P. Beauv.

类地毯草 | *Axonopus fissifolius* (Raddi) Kuhlmann

形态特征 多年生，矮小草本，具匍匐枝。秆扁平，高约30 cm，节无毛。叶鞘扁平；叶舌具细缘毛；叶片线状长圆形，长约10 cm，宽约5 mm。总状花序2～4枚，长3～8 cm；小穗卵状披针形，长约2 mm，先端近钝形，边缘具丝状毛；第一颖缺，第二颖与小穗等长，边缘具丝状毛，具4脉；第一外稃等长于第二颖，边缘具丝状毛，具2脉；第二小花两性，外稃草质，短于小穗，先端钝；柱头紫色。颖果椭圆状长圆形，扁平，暗褐色。

生境与分布 喜热带、亚热带气候。原产热带美洲。云南有引种，通常与非洲狗尾草和白三叶混播改良天然草地。

饲用价值 草质柔软，牛、羊均喜食，且耐牧性强，为优等牧草。

株丛　　　　　　　　　　　　　　放牧草地

花序

匍匐茎

植株局部

植株基部分枝

帚地毯草 | *Axonopus scoparius* (Flüggé) Kuhlm.

形态特征　多年生，大型直立草本，根状茎发达，偶具匍匐茎。秆粗壮，高100～150 cm，直径5～15 mm，秆节间实心。叶鞘光滑，长于节间，龙骨状；叶舌纤毛状，长约2 mm；叶片长15～50 cm，宽1～3 cm，两面无毛，先端锐尖。顶生或腋生圆锥花序，长10～30 cm，通常略带暗紫色；小穗近轴排列，稍有毛，卵形，长约3 mm，成熟后脱落。花果期7～10月。

生境与分布　喜湿热气候，耐旱性不强。原产热带美洲，我国台湾和海南有引种栽培。

饲用价值　植株高大，叶量丰富，叶质脆嫩，适口性佳，家畜喜采食，适宜刈割青饲或轮牧，属优等牧草。

栽培群体

叶舌

幼株

成熟期花序

花序局部

叶鞘

嫩芽

节部特征

地毯草 | *Axonopus compressus* (Sw.) Beauv.

形态特征 多年生，匍匐草本。秆压扁，高8～60 cm，节密生灰白色柔毛。叶鞘松弛，压扁成脊；叶舌短；叶片扁平，质地柔薄，长5～10 cm，宽6～12 mm，两面无毛或腹面被柔毛，近基部边缘疏生纤毛。总状花序2～5枚，长4～8 cm，呈指状排列在主轴上；小穗长圆状披针形，长约2.5 mm，疏生柔毛；第一颖缺，第二颖与第一外稃等长或第二颖稍短；第一内稃缺，第二外稃革质，短于小穗；花柱基分离，柱头羽状，白色。

生境与分布 适应性较强，分布较广。常见于山坡路旁、开阔草地、林缘和疏林下。海南、广东、广西及福建南部多地有分布。

饲用价值 草质柔嫩，适口性好，各类家畜喜食，但是草层低，产量不高，一般只作放牧利用，属优等放牧型牧草。其化学成分见下表。

地毯草的化学成分（%）

样品情况		干物质	占干物质					钙	磷
			粗蛋白	粗脂肪	粗纤维	无氮浸出物	粗灰分		
营养期	鲜样[1]	28.60	9.00	1.50	29.20	49.80	10.50	—	—
孕穗期	鲜样[1]	35.60	7.60	1.10	28.80	54.40	8.10	—	—
开花期	干样[2]	92.07	9.54	1.42	39.43	43.22	6.37	0.31	0.11

数据来源：1. 中国热带农业科学院热带作物品种资源研究所；2. 西南民族大学

株丛

天然草地

叶片

花序

基部节部分枝

叶舌

华南地毯草 | *Axonopus compressus* (Sw.) Beauv. 'Huanan'

品种来源　中国热带农业科学院热带牧草研究中心申报，2000年通过全国草品种审定委员会审定；登记为野生栽培品种，品种登记号为216；申报者为白昌军、易克贤、刘国道、韦家少、李开绵。

形态特征　多年生，匍匐草本。秆高15～40 cm，茎压扁，一侧具沟，节常被灰白色髯毛。茎生叶长10～25 cm，宽6～10 mm，质柔薄，先端钝，边缘具细柔纤毛；匍匐茎生叶较短，长6～13 cm，宽4～8 mm。总状花序，通常3枚以上；小穗单生，含2小花，第一小花结实，第二小花不育。颖果椭圆形至长圆形，长1.7～2 mm。

生物学特性　喜潮湿的热带、亚热带气候，最适生长温度25～30℃。在冲积土和较肥沃的砂壤土上生长最好，表现为叶片宽阔油亮；在干旱沙土等较干燥环境下生长不良，多表现为节间较密，叶片矮小。

利用价值　耐践踏，适宜建植公共绿地，也适宜建植放牧型草地。

栽培要点　主要用根蘖繁殖，极易成活，种植株行距50 cm×50 cm。用种子繁殖时，要求整地精细，雨季播种，撒播、条播均可，播种后用滚筒滚压，无需盖土，播种量6 kg/hm²。

匍匐茎节部根系

小穗

匍匐枝

致密的匍匐枝

栽培草地

雀稗属
Paspalum L.

雀 稗 | *Paspalum thunbergii*
Kunth ex Steud.

形态特征 多年生，直立草本。秆丛生，高50～100 cm，节被长柔毛。叶鞘具脊；叶舌膜质，长约1.5 mm；叶片线形，长10～25 cm，宽5～8 mm，两面被柔毛。总状花序3～6枚，长5～10 cm，互生于3～8 cm的主轴上；穗轴宽约1 mm；小穗椭圆状倒卵形，长2.6～2.8 mm，宽约2.2 mm，散生微柔毛，顶端圆或微凸；第二颖与第一外稃相等，膜质，具3脉，边缘有明显微柔毛；第二外稃等长于小穗，革质，具光泽。花果期5～10月。

生境与分布 生于荒野潮湿草地，常与两耳草、地毯草、钝叶草等伴生。浙江、福建、江西、湖北、湖南、四川、贵州、云南、广西、广东及海南有分布。

饲用价值 长江以南低海拔荒野潮湿草地的重要草种，具有草质柔嫩、生长恢复快、耐牧性强等特点，适合放牧利用，也可建植刈割型栽培草地，华南年可刈割4～5次，属优等牧草。其化学成分见下表。

雀稗的化学成分（%）

样品情况		干物质	占干物质					钙	磷
			粗蛋白	粗脂肪	粗纤维	无氮浸出物	粗灰分		
营养期	鲜样[1]	18.90	7.90	1.82	28.24	52.04	10.00	0.30	0.26
孕穗期	鲜样[1]	20.00	9.16	1.76	34.42	43.96	10.70	0.23	0.32
抽穗期	鲜样[1]	21.40	6.85	1.42	35.15	46.28	10.30	0.24	0.29
成熟期	鲜样[1]	22.50	5.86	1.43	36.92	45.79	10.00	0.23	0.24
开花期	干样[2]	95.01	8.27	3.21	36.11	45.36	7.04	0.46	0.43
结实期	干样[3]	91.84	2.05	3.34	41.93	46.78	5.81	0.43	0.17

数据来源：1.中国热带农业科学院热带作物品种资源研究所；2.湖北省农业科学院畜牧兽医研究所；3.西南民族大学

花序　　　　　　　　　　　　　　　　根系

花序局部

叶片两面被柔毛

节部与叶鞘被柔毛

株丛

鸭嫲草 | *Paspalum scrobiculatum* L.

形态特征　多年生，直立草本。秆粗壮，高可达100 cm。叶鞘大多无毛，常压扁成脊；叶舌长约1 mm；叶片披针形，长10～20 cm，宽4～12 mm，通常无毛，边缘微粗糙，顶端渐尖，基部近圆形。总状花序2～5枚，长3～10 cm，着生于2～6 cm的主轴上；穗轴宽1.5～2.5 mm，边缘粗糙；小穗圆形至宽椭圆形，长2.5 mm左右；第一颖不存在，第二颖具5脉；第一外稃具5～7脉，膜质或有时变硬，边缘有横皱纹，第二外稃革质，暗褐色，等长于小穗。花果期5～9月。

生境与分布　喜湿热生境。生于海拔500 m以下的路旁草地或低湿地。海南、广东、广西及云南有分布。

饲用价值　牛、羊喜食，属良等牧草。其化学成分见下表。

鸭嫲草的化学成分（%）

样品情况		干物质	占干物质					钙	磷
			粗蛋白	粗脂肪	粗纤维	无氮浸出物	粗灰分		
抽穗期	干样	94.30	8.50	1.85	38.12	39.02	12.51	0.33	0.09

数据来源：中国热带农业科学院热带作物品种资源研究所

花序

节部

株丛基部

叶舌

花序局部（示第一外稃具5脉）

株丛

花序

花序局部

圆果雀稗 | *Paspalum scrobiculatum* var. *orbiculare* (G. Forster) Hackel

形态特征 多年生，丛生直立草本。秆高30～90 cm。叶鞘长于其节间，鞘口有少数长柔毛；叶舌长约1.5 mm；叶片长披针形，长10～20 cm，宽5～10 mm。总状花序长3～8 cm，2～10枚排列于长1～3 cm的主轴上；穗轴宽1.5～2 mm；小穗椭圆形，长2～2.3 mm，单生于穗轴一侧，覆瓦状排列成2行；小穗柄微粗糙，长约0.5 mm；第二颖与第一外稃等长，具3脉，顶端稍尖；第二外稃等长于小穗，成熟后褐色，有光泽，具细点状粗糙。花果期6～11月。

生境与分布 喜湿热生境。生于低海拔的荒坡、草地、路旁及田间。长江以南低海拔向阳的荒坡草地常见分布。

饲用价值 草质柔软，牛、羊、马喜食，为优质牧草，适于放牧利用。其化学成分见下表。

圆果雀稗的化学成分（%）

样品情况		干物质	占干物质					钙	磷
			粗蛋白	粗脂肪	粗纤维	无氮浸出物	粗灰分		
营养期	鲜样	21.80	9.59	1.03	32.03	49.36	7.99	0.43	0.51
孕穗期	鲜样	22.50	8.59	1.15	32.77	49.50	7.99	0.41	0.47
抽穗期	鲜样	23.10	7.27	2.11	32.87	50.03	7.72	0.40	0.48

数据来源：中国热带农业科学院热带作物品种资源研究所

株丛（直立型）

植株

株丛（披散型）

秆叶局部

叶鞘

两耳草 | *Paspalum conjugatum* Berg.

形态特征　多年生，披散草本，具匍匐茎。秆直立部分高30～60 cm。叶鞘具脊；叶舌极短；叶片披针状线形，长5～20 cm，宽5～10 mm。总状花序2枚，长6～12 cm；穗轴宽约0.8 mm，边缘有锯齿；小穗卵形，长1.5～1.8 mm，宽约1.2 mm，顶端稍尖，覆瓦状排列成两行；第二颖与第一外稃质地较薄，第二颖边缘具长丝状柔毛；第二外稃变硬，背面略隆起，卵形，包卷同质的内稃。颖果长约1.2 mm。花果期5～9月。

生境与分布　喜潮湿、半荫蔽的环境。生于田野、林缘、潮湿草地及疏林下。海南、广东、广西、福建等长江以南均有分布。

饲用价值　两耳草是华南丘陵潮湿草地中分布最广泛的草种，通常形成致密的草地，利用价值高，其整个生育期草质柔软，牛、羊、马喜食，为优质牧草，适宜放牧利用。其化学成分见下表。

两耳草的化学成分（%）

样品情况		干物质	占干物质					钙	磷
			粗蛋白	粗脂肪	粗纤维	无氮浸出物	粗灰分		
营养期	鲜样	18.40	11.83	2.28	20.45	55.44	10.00	0.60	0.45
抽穗期	鲜样	21.60	9.04	1.89	24.87	52.55	11.66	0.57	0.46

数据来源：中国热带农业科学院热带作物品种资源研究所

节部特征

植株基部

基部秆节

花序局部

小穗

花序

群体

百喜草 | *Paspalum notatum* Flugge

形态特征　多年生，披散草本，具多节的根状茎。秆密丛生，高约80 cm。叶鞘基部扩大，长10～20 cm，长于节间，背部压扁成脊；叶舌膜质，极短，紧贴叶片基部有一圈短柔毛；叶片长20～30 cm，宽3～8 mm。总状花序2枚对生，腋间具长柔毛，长7～16 cm；穗轴宽约2 mm；小穗柄长约1 mm；小穗卵形，长3～3.5 mm，平滑无毛，具光泽；第二颖稍长于第一外稃，具3脉，中脉不明显，顶端尖；第一外稃具3脉，第二外稃绿白色，长约2.8 mm，顶端尖；花药紫色，长约2 mm；柱头黑褐色。花果期9月。

生境与分布　喜湿热生境。不耐贫瘠，在壤土或砂壤土上生长表现优良。原产热带美洲，我国引进栽培，现长江以南均有栽培。

饲用价值　叶量丰富、鲜草干物质含量高，早春生长恢复快，适口性好，牛、羊喜食。适宜放牧利用，也可刈割青饲或晒制干草，晒制干草的最佳期为抽穗期。其化学成分见下表。

百喜草的化学成分（%）

样品情况		占干物质					钙	磷
		粗蛋白	粗脂肪	粗纤维	无氮浸出物	粗灰分		
营养期	绝干[1]	15.33	5.11	31.67	38.19	9.70	1.04	0.25
结实期	绝干[2]	5.86	4.12	33.26	47.95	8.80	0.13	0.19

数据来源：1. 中国热带农业科学院热带作物品种资源研究所；2. 湖北省农业科学院畜牧兽医研究所

栽培群体

花序

叶鞘

基部秆节特征

根状茎

小穗

种子

海雀稗 | *Paspalum vaginatum* Sw.

形态特征　多年生，匍匐草本。匍匐茎节间长约4 cm，节上抽出直立枝，高10～50 cm。叶鞘长约3 cm，长于节间，鞘口具长柔毛；叶舌长约1 mm；叶片长5～10 cm，宽2～5 mm。总状花序2枚对生，长2～5 cm；穗轴宽约1.5 mm；小穗卵状披针形，长约3.5 mm，顶端尖；第二颖膜质，中脉不明显，近边缘有2侧脉；第一外稃具5脉，中脉存在，第二外稃软骨质，短于小穗，顶端有白色短毛；花药长约1.2 mm。花果期6～9月。

生境与分布　喜潮湿盐碱地，生于海滨沙地和近海浅水湿地，丘陵沟谷湿地也偶有分布。海南、广东、广西及福建等有分布。

饲用价值　生于海边的植株表现为强匍匐性，直立枝矮小，茎节短，饲用价值不高，但坪用价值高；生于低地浅水湿地或丘陵沟谷湿地的植株往往表现出直立枝发达、草层高、饲用价值高的特性，是放牧利用型优等牧草。其化学成分见下表。

海雀稗的化学成分（%）

样品情况		干物质	占干物质					钙	磷
			粗蛋白	粗脂肪	粗纤维	无氮浸出物	粗灰分		
营养期	鲜样	24.56	15.40	2.17	25.45	49.28	7.70	0.68	0.22
抽穗期	鲜样	29.51	12.28	1.94	30.15	47.46	8.17	0.92	0.21

数据来源：中国热带农业科学院热带作物品种资源研究所

秆叶　叶鞘　小穗　花序

生境与株丛

匍匐茎

双穗雀稗 | *Paspalum distichum* L.

形态特征 多年生，匍匐草本。直立枝高20～40 cm，节生柔毛。叶鞘短于节间，背部具脊，边缘或上部被柔毛；叶舌长2～3 mm；叶片披针形，长5～15 cm，宽3～7 mm，无毛。总状花序2枚对生，长2～6 cm；穗轴宽约2 mm；小穗倒卵状长圆形，长约3 mm，顶端尖，疏生微柔毛；第一颖退化，第二颖贴生柔毛，具明显的中脉；第一外稃具3～5脉，通常无毛，顶端尖，第二外稃草质，等长于小穗，黄绿色，顶端尖，被毛。花果期5～9月。

生境与分布 喜潮湿的热带气候。耐盐碱，不耐干旱。多生于田边路旁、浅水湿地和盐碱沼泽地。江苏、湖北、湖南、云南、广西、海南等有分布。

饲用价值 营养期叶量多、质地脆嫩，牛、羊、马喜食，且耐践踏，适于放牧利用。成熟期适口性降低，可刈割晒制干草。其化学成分见下表。

双穗雀稗的化学成分（%）

样品情况	占干物质					钙	磷
	粗蛋白	粗脂肪	粗纤维	无氮浸出物	粗灰分		
结实期 绝干	8.62	1.50	37.10	44.98	7.80	—	—

数据来源：重庆市畜牧科学院

单优势低地草甸，放牧利用

株丛

株丛基部

秆叶局部

鞘口

花序

毛花雀稗 | *Paspalum dilatatum* Poir.

形态特征 多年生，丛生直立草本，具短根茎。秆高50～150 cm，直径约5 mm。叶片长10～40 cm，宽5～10 mm。总状花序长5～8 cm，4～10枚呈总状着生于主轴上，形成大型圆锥花序，分枝腋间具长柔毛；小穗柄微粗糙；小穗卵形，长3～3.5 mm，宽约2.5 mm；第二颖等长于小穗，具7～9脉，表面散生短毛，边缘具长纤毛；第一外稃相似于第二颖，但边缘不具纤毛。花果期5～7月。

生境与分布 喜湿热的热带、亚热带气候。耐阴性差，耐贫瘠。多生于低地山坡草地或路旁。原产美洲，我国有引种栽培，现已逸为野生，长江以南常见。

饲用价值 叶量大，适口性好，耐践踏，可供放牧利用，也可晒制干草或调制青贮饲料，属优等牧草。其化学成分见下表。

毛花雀稗的化学成分（%）

样品情况		干物质	占干物质					钙	磷
			粗蛋白	粗脂肪	粗纤维	无氮浸出物	粗灰分		
生长3周再生草	鲜样	23.20	12.53	3.75	36.07	40.68	6.97	0.78	—
生长6周再生草	鲜样	24.90	9.70	3.45	36.64	44.01	6.20	0.82	—
生长9周再生草	鲜样	25.40	8.06	3.21	37.05	45.67	6.01	0.73	0.24
生长12周再生草	鲜样	25.70	7.01	2.98	37.36	46.46	6.19	0.57	0.16

数据来源：中国热带农业科学院热带作物品种资源研究所

叶片

叶鞘

秆叶局部

栽培草地

株丛

节部特征

花序局部

叶舌

长叶雀稗 | *Paspalum longifolium* Roxb.

形态特征　多年生，丛生直立草本。秆高80～120 cm，粗壮，多节。叶鞘较长于节间，背部具脊，边缘具疣基长柔毛；叶舌长约2 mm；叶片长10～20 cm，宽5～10 mm，无毛。总状花序长5～8 cm，6～20枚着生于伸长的主轴上；穗轴宽约2 mm，边缘微粗糙；小穗柄孪生，微粗糙；小穗成4行排列于穗轴一侧，宽倒卵形，长约2 mm；第二颖与第一外稃被卷曲的细毛，具3脉，顶端稍尖；第二外稃黄绿色，后变硬；花药长1 mm。花果期7～10月。

生境与分布　喜湿热生境。生于潮湿山坡草地、农田间隙及沟边。海南、广东、广西及云南有分布。

饲用价值　饲用率高，草质柔嫩，牛、马、羊喜食，适于放牧利用或刈割青饲，属优质牧草。其化学成分见下表。

长叶雀稗的化学成分（%）

样品情况		干物质	占干物质					钙	磷
			粗蛋白	粗脂肪	粗纤维	无氮浸出物	粗灰分		
营养期	鲜样	20.70	8.43	1.55	30.38	51.34	8.30	0.22	0.12
抽穗期	鲜样	21.70	8.53	1.48	32.28	49.01	8.70	0.30	0.26

数据来源：中国热带农业科学院热带作物品种资源研究所

孪生小穗

小穗整体

小穗成4行排列

花序

叶舌

植株

皱稃雀稗 | *Paspalum plicatulum*
Michaux

形态特征　多年生，密丛生直立草本，被疏毛。秆高50～120 cm。叶鞘龙骨状，常圆滑，长1～3 mm，腹面略被毛；叶片基部折叠，长条形，长10～50 cm，宽3～7 mm。圆锥花序由10～13枚总状花序组成，每枚总状花序长2～10 cm；小穗卵状椭圆形，长2～3 mm，宽1.5～2 mm；第一颖缺。颖果深褐色，具光泽。

生境与分布　喜湿热生境。原产中美洲和南美洲。广东、广西、海南等有引种栽培。

饲用价值　产量高，草质柔嫩，牛、羊、马、兔、鹅及火鸡喜食，可刈割青饲，也可放牧利用，为优质牧草。其化学成分见下表。

皱稃雀稗的化学成分（%）

样品情况		干物质	占干物质					钙	磷
			粗蛋白	粗脂肪	粗纤维	无氮浸出物	粗灰分		
生长 3 周再生草	鲜样	17.80	11.84	3.25	27.76	48.24	8.91	0.74	0.22
生长 6 周再生草	鲜样	17.90	8.34	4.50	27.91	50.15	9.10	0.75	0.14
生长 9 周再生草	鲜样	19.60	7.89	2.66	31.00	48.97	9.48	0.60	0.17
生长 12 周再生草	鲜样	21.40	6.71	3.59	32.99	47.75	8.96	0.68	0.17

数据来源：中国热带农业科学院热带作物品种资源研究所

秆叶局部

颖果

秆节

叶片

秆节基部分枝

植株

宽叶雀稗 | *Paspalum wettsteinii* Hackel

形态特征　多年生，丛生草本，具匍匐茎。秆高90～200 cm，具节2～5个，被短柔毛。叶鞘抱茎；叶舌长约2 mm；叶片线状披针形，长约30 cm，宽1.5～3 cm。圆锥花序直立，开展，由4～9枚穗状花序组成，互生，下部的长8～10 cm，上部的长3～5 cm；小穗成4行排列于穗轴一侧，长2.3～2.5 mm，先端钝，一面平坦或稍凹，另一面显著凸起，浅褐色；第一颖缺，第二颖与小穗等长，长椭圆形，具3脉；内稃与外稃相似。颖果长卵圆形，褐色，长约2 mm。

生物学特性　适应性强，可在各类土壤上生长；抗旱力较强；耐寒力中等，–2℃的低温霜冻时上部叶片转黄。春季返青早，晚夏前生长旺盛，耐牧。

饲用价值　生长快，草质柔嫩，适于放牧利用或刈割调制干草。其化学成分见下表。

宽叶雀稗的化学成分（%）

样品情况		占干物质					钙	磷
		粗蛋白	粗脂肪	粗纤维	无氮浸出物	粗灰分		
分蘖期	绝干	10.29	3.60	35.39	40.93	9.78	—	—
抽穗期	绝干	8.31	2.79	34.24	42.50	12.15	—	—
开花期	绝干	7.93	2.82	39.06	41.97	8.22	—	—

数据来源：广西壮族自治区畜牧研究所

花序　　花序局部　　节部　　鞘口　　秆叶局部

栽培草地

植株

放牧后株丛

株丛

桂引 2 号小花丝毛雀稗 | *Paspalum urvillei* Steud. 'Guiyin No. 2'

品种来源　广西壮族自治区畜牧研究所申报，1989年通过全国草品种审定委员会审定；登记为引进品种，品种登记号为075；申报者为赖志强、宋光谟、周明军、蒙爱香。

形态特征　多年生，丛生直立草本。秆粗壮，高可达2 m，具3～4节，节上疏被柔毛。叶鞘长于节间，基部叶鞘紫红色，密生刚毛，老时色泽加深，刚毛变硬；叶舌楔形，膜质，长约5 mm，两侧具长柔毛；叶片光滑无毛，质地柔软，边缘粗糙呈锯齿状，长30～70 cm，宽约2 cm，下部叶密，上部叶疏。圆锥花序顶生，开展，长约20 cm，由10～18枚穗状花序组成；小穗成对，卵形，长约3 mm，宽约2 mm，成4行生于穗轴一侧。种子浅黄色，卵圆形。

生物学特性　喜温暖湿润气候。春季返青早，与杂草竞争力强。在华南花期较早，6月始花，花期持续到10月。

饲用价值　草产量较高，年均鲜草产量31 500 kg/hm²，草质柔软，适口性好，牛、羊、兔、鱼均喜食，为优等牧草。其化学成分见下表。

栽培要点　可用种子繁殖或分株繁殖。种子繁殖，于3～4月播种，播种前进行地表处理，全翻耕；单播草地播种量为11～20 kg/hm²，与豆科牧草混播时，本种与豆科牧草的比例为1∶1.5；条播，行距30～40 cm。分株移植应在雨季进行，株行距20 cm×30 cm。苗期生长缓慢，应追施尿素60 kg/hm²，以促其生长，每次刈割后应追施尿素60～75 kg/hm²。

桂引2号小花丝毛雀稗的化学成分（%）

样品情况	占干物质					钙	磷
	粗蛋白	粗脂肪	粗纤维	无氮浸出物	粗灰分		
开花期　绝干	7.09	1.89	37.79	45.80	7.43	—	—

数据来源：广西壮族自治区畜牧研究所

栽培植株

株丛局部

花序

花序局部及小穗整体

植株基部叶鞘及叶片背腹面

热研 11 号黑籽雀稗 | *Paspalum atratum* Swallen 'Reyan No. 11'

品种来源 中国热带农业科学院热带牧草研究中心申报，2003年通过全国草品种审定委员会审定；登记为引进品种，品种登记号为264；申报者为刘国道、白昌军、王东劲、何华玄、周汉林。

形态特征 多年生，丛生直立草本。秆高1.5～2.5 m，茎粗5～9 mm，具3～8节，茎节稍膨大。叶鞘半抱茎，长13～18 cm；叶舌膜质，长1～3 mm；叶片长50～84 cm，宽2～4.2 cm。圆锥花序，由7～12枚近无柄的总状花序组成，总状花序互生于长达25～40 cm的主轴上，总状花序长12.8～15.3 cm；小穗孪生，交互排列于穗轴远轴面。种子卵圆形，深褐色至黑色，具光泽，长1.5～2.2 mm，宽约1 mm。

生物学特性 喜热带潮湿气候，适应性强，耐酸性瘠土，在年降雨量750 mm以上的地区种植表现良好。分蘖能力强，种植半年后分蘖数可达到60～120个。再生能力强，耐刈割，一般当年建植刈割草地可刈割3～5次。海南种植通常9月中旬开花，10月种子成熟。

饲用价值 草产量高、适口性好，牛、羊极喜食，适宜刈割青饲或调制青贮饲料。其化学成分见下表。

栽培要点 选择土层深厚、土壤结构疏松、肥沃、排灌良好的壤土或砂壤土种植，播种前备耕整地，杀灭杂草。长江以南热带地区最佳播种季节为5～8月。种植方式有直播和育苗移栽。直播播种量为7.5～11.25 kg/hm^2，按行距50 cm条播，播种后覆土5 mm。育苗移栽是将处理过的种子播于苗床上，待苗高30～40 cm后起苗移栽，株行距60 cm×80 cm或80 cm×80 cm。在坡度较大的地方，采用沿等高线建植行带种植。刈割周期40～60天，年刈割5～6次，留茬高度20 cm。

热研11号黑籽雀稗的化学成分（%）

样品情况	占干物质					钙	磷
	粗蛋白	粗脂肪	粗纤维	无氮浸出物	粗灰分		
营养期　绝干	9.83	1.00	24.88	50.75	13.54	1.43	0.56

数据来源：中国热带农业科学院热带作物品种资源研究所

花序　　　　　　　　　　　　　　　　茎节特写　　　　　小穗　　种子

栽培群体

株丛

膜稃草属
Hymenachne P. Beauv.

膜稃草 | *Hymenachne amplexicaulis*
(Rudge) Nees

形态特征 多年生，湿生草本，具匍匐茎。叶鞘松弛；叶舌薄膜质，长约2 mm；叶片平展，长15～40 cm，宽约1.5 cm。圆锥花序顶生，紧缩成圆柱状，长10～40 cm，宽1～3 cm；小穗狭披针形，长5～6 mm，顶端渐尖，具被毛的短柄；第一颖膜质，长约为小穗的1/4，第二颖草质，披针形，先端长渐尖，具3～5脉；第一小花中性，外稃狭披针形，常较第二颖稍长，具5脉，内稃缺；第二小花两性，外稃色淡，膜质，长圆状披针形，长约3 mm；内稃薄，与外稃近等长，先端游离，有2个微小的小尖头。

生境与分布 喜热带气候。生于沼泽湿地中。海南、广东、广西及云南有分布。

饲用价值 膜稃草在沼泽湿地中通常形成单优种种群，其植株粗壮、秆叶发达而柔嫩，饲用价值高，属优等牧草，各类家畜喜食，尤以水牛最为喜食。秆叶水分含量高，适宜放牧利用和刈割青饲。其化学成分见下表。

膜稃草的化学成分（%）

样品情况		干物质	占干物质					钙	磷
			粗蛋白	粗脂肪	粗纤维	无氮浸出物	粗灰分		
营养期	干样	84.50	13.29	2.12	27.31	48.53	8.75	0.41	0.27
抽穗期	干样	88.79	11.21	1.92	28.79	48.93	9.15	0.47	0.24

数据来源：中国热带农业科学院热带作物品种资源研究所

低湿地草甸

秆叶局部

匍匐茎

秆节特征

花序

株丛基部

毛颖草属
Alloteropsis J. Presl

毛颖草 | *Alloteropsis semialata* (R. Br.) Hitchc.

形态特征 多年生，丛生直立草本，具短根状茎。秆高约50 cm，节密生髭毛。叶鞘密生白色柔毛；叶舌长约1 mm；叶片长线形，长达30 cm，宽约8 mm，内卷，质硬，腹面被疣基柔毛，背面无毛。总状花序3～4枚，近指状排列；穗轴生柔毛；小穗卵状椭圆形，长约6 mm；第一颖卵圆形，长2～3 mm，3脉于先端汇合，顶端具短尖头，第二颖与小穗等长，具5脉，边缘具宽约1 mm的翼及密生开展的纤毛，顶端具长约3 mm的短芒；第一外稃与第二颖等长，具3枚雄蕊；第二外稃卵状披针形，长约4 mm，具长约3 mm的芒。花果期2～8月。

生境与分布 喜干热生境。生于低海拔的丘陵荒坡。福建、广东、广西及云南等有分布。

饲用价值 幼嫩时家畜喜食，属良等饲用植物。

叶片背面　　叶片腹面　　花序局部

株丛

花序

臭虫草 | *Alloteropsis cimicina*
(L.) Stapf.

形态特征　一年生，披散草本。秆基部常膝曲。叶鞘松弛，被疣基硬毛；叶舌长约1 mm；叶片披针形，长5～9 cm，基部近心形。总状花序长10～15 cm，通常4～6枚呈指状着生于秆顶；小穗卵状椭圆形，长约3.5 mm；第一颖卵状披针形，膜质，第二颖膜质，顶端尖，具5脉，边缘密被紫红色长纤毛；第一小花雄性，外稃与小穗近等长，边缘质地较厚，无毛，内稃短小，具3枚雄蕊；第二小花的外稃近革质，长约2.5 mm，顶端具长约3 mm的芒；内稃与外稃近等长，具2脊，脊间广平，背面具小瘤状突起；花药紫色，长约1 mm。秋冬季抽穗。

生境与分布　适应性较强，在各种土壤条件下都能生长。常见于路边荒坡草地，属热带地区的旱季草，在海南初冬季节进入生长旺盛期，早春是其开花结实期。海南、广东、广西及云南有分布。

饲用价值　茎叶比低，草质柔嫩，各类家畜喜采食，适于放牧利用。其化学成分见下表。

臭虫草的化学成分（%）

样品情况		干物质	占干物质					钙	磷
			粗蛋白	粗脂肪	粗纤维	无氮浸出物	粗灰分		
抽穗期	干样	96.79	9.81	2.12	38.79	39.17	10.11	0.54	0.36

数据来源：中国热带农业科学院热带作物品种资源研究所

花序　叶片　孪生小穗　叶鞘

植株

鞘口

节部

马唐属
Digitaria Haller

紫马唐 | *Digitaria violascens*
Link

形态特征 一年生，丛生直立草本。秆高20～60 cm。叶鞘短于节间；叶舌长约2 mm；叶片线状披针形，质地较软，长5～15 cm，宽2～6 mm。总状花序长5～10 cm，4～10枚呈指状排列于茎顶；小穗椭圆形，长1.5～1.8 mm；小穗柄稍粗糙；第一颖不存在，第二颖稍短于小穗，具3脉，脉间及边缘生柔毛；第一外稃与小穗等长，第二外稃与小穗近等长，中部宽约0.7 mm，顶端尖，有纵行颗粒状粗糙，紫褐色，革质，有光泽；花药长约0.5 mm。花果期7～11月。

生境与分布 喜肥沃、湿润的生境。常见于海拔1000 m以下的山坡草地、路边、荒野。华东、华南、华中及西南均有分布。

饲用价值 长江以南低海拔丘陵山坡草地的伴生种，植株柔嫩，家畜均喜采食，适宜放牧利用，属放牧利用型优等牧草。其化学成分见下表。

紫马唐的化学成分（%）

样品情况		干物质	占干物质					钙	磷
			粗蛋白	粗脂肪	粗纤维	无氮浸出物	粗灰分		
抽穗期	干样[1]	97.26	11.47	2.74	31.33	45.68	8.78	0.41	0.23
开花期	干样[2]	94.95	13.49	2.30	33.21	40.24	10.76	0.73	0.24
开花期	绝干[3]	100.00	11.44	3.85	35.53	40.05	9.13	—	—

数据来源：1.中国热带农业科学院热带作物品种资源研究所；2.湖北省农业科学院畜牧兽医研究所；3.湖南农业大学

叶舌

植株

株丛

花序局部

花序

长花马唐 | *Digitaria longiflora* (Retz.) Pers.

形态特征　多年生，披散草本，具长匍匐茎。秆直立部分高10～40 cm。叶鞘具柔毛，短于其节间；叶舌膜质，长约1.5 mm；叶片长2～5 cm，宽2～4 mm。总状花序2～3枚，长3～5 cm；穗轴边缘具翼，宽约0.8 mm；小穗椭圆形，长1.2～1.4 mm，宽约0.7 mm，顶端渐尖；第一颖缺，第二颖与小穗近等长，背部及边缘密生柔毛；第一外稃等长于小穗，具7脉，侧脉间及边缘生柔毛，第二外稃顶端渐尖，黄褐色。花果期4～10月。

生境与分布　适应性较强，在干湿环境下均能生长。海南、广西、福建、江西、湖南、四川、贵州和云南等均有分布。

饲用价值　长江以南丘陵山坡草地的伴生种，产量不高，但植株柔嫩，家畜均喜采食，属放牧利用型良等牧草。其化学成分见下表。

长花马唐的化学成分（%）

样品情况		干物质	占干物质					钙	磷
			粗蛋白	粗脂肪	粗纤维	无氮浸出物	粗灰分		
抽穗期	鲜样	15.57	13.24	3.72	28.42	40.24	14.38	0.24	0.48

数据来源：中国热带农业科学院热带作物品种资源研究所

株丛

小穗

花序

植株

根状茎

秆叶局部

短颖马唐 | *Digitaria setigera*
Roth ex Roem. et Schult.

形态特征　一年生，披散草本。秆基部横卧地面，节上生根，具多数节。叶鞘短于节间，多少被疣基糙毛；叶舌膜质，长2～3 mm；叶片宽线形，长10～20 cm，宽4～12 mm。总状花序7～9枚，长10 cm左右，呈伞房状排列于秆顶；穗轴宽约1 mm，具翼，边缘粗糙；小穗披针形，长约3 mm；第一颖不存在，第二颖长为小穗的1/3以下，具1～3脉，边缘具柔毛；第一外稃与小穗等长，具5～7脉，中央3脉明显，第二外稃浅绿色。花果期6～10月。

生境与分布　喜湿热的热带、亚热带气候。生于低海拔丘陵山坡草地、林缘、路旁及农田空隙。海南、广东、广西、福建等有分布。

饲用价值　牛、羊、马喜食，为优质牧草。其化学成分见下表。

短颖马唐的化学成分（%）

样品情况		干物质	占干物质					钙	磷
			粗蛋白	粗脂肪	粗纤维	无氮浸出物	粗灰分		
营养期	鲜样	18.40	13.89	2.13	27.09	44.49	12.40	0.58	0.27
乳熟期	鲜样	21.30	11.45	2.33	28.84	47.28	10.10	0.33	0.39

数据来源：中国热带农业科学院热带作物品种资源研究所

植株局部

花序

孪生小穗

基部秆节特征

节部

鞘口

叶舌

二型马唐 | *Digitaria heterantha*
(Hook.) Merr.

形态特征 一年生，披散草本。秆较粗壮，直立部分高50～100 cm，下部匍匐地面，节上生根并抽生分枝。叶鞘常短于节间，具疣基柔毛；叶舌长约2 mm；叶片长5～15 cm，宽3～6 mm。总状花序粗硬，2～3枚，长5～20 cm；穗轴挺直；孪生小穗异性；短柄小穗无毛，长约4 mm，第一颖微小，第二颖披针形，具5脉，第一外稃具粗壮的7～9脉；长柄小穗密生长柔毛，长约4.5 mm，第二颖短于小穗，具3～5脉，第一外稃具5～7脉，脉间与边缘均密生丝状柔毛，第二外稃披针形，薄革质，灰白色，稍短于小穗，顶端渐尖。花果期6～10月。

生境与分布 生于滨海沙地。华南沿海干热地区有分布。

饲用价值 华南沿海干热沙质矮灌丛草地中的主要伴生种，秋冬季节是其生长旺盛期，秆叶柔嫩、适口性好，牛、羊喜食。其化学成分见下表。

二型马唐的化学成分（%）

样品情况		干物质	占干物质					钙	磷
			粗蛋白	粗脂肪	粗纤维	无氮浸出物	粗灰分		
结实期	干样	93.25	6.89	1.71	39.21	45.02	7.08	0.20	0.14

数据来源：《中国饲用植物化学成分及营养价值表》

秆节分枝

叶鞘

叶舌

花序

花序局部

株丛

红尾翎 | *Digitaria radicosa*
(Presl) Miq.

形态特征　一年生，披散草本。秆匍匐地面，直立部分高30～50 cm。叶鞘短于节间；叶舌长约1 mm；叶片披针形，长2～6 cm，宽3～7 mm。总状花序2～3枚，长4～10 cm，着生于主轴上，穗轴具翼，无毛；小穗柄顶端截平；小穗狭披针形，长约3 mm；第一颖三角形，第二颖长为小穗的1/3～2/3，具1～3脉，长柄小穗的颖较长，脉间与边缘生柔毛；第一外稃等长于小穗，具5～7脉，第二外稃厚纸质。花果期夏秋季。

生境与分布　生于丘陵、路边、湿润草地上。海南、广东、福建和云南等有分布。

饲用价值　通常形成单优势草地，草层较密集，饲用价值较高，但其秆叶细弱、不耐踩踏、适于刈割利用。其化学成分见下表。

红尾翎的化学成分（%）

样品情况	干物质	占干物质					钙	磷
		粗蛋白	粗脂肪	粗纤维	无氮浸出物	粗灰分		
结实期　干样	88.51	10.45	2.98	38.41	35.99	12.17	0.25	0.46

数据来源：湖北省农业科学院畜牧兽医研究所

群体

花序局部（小穗）

叶鞘

基部平卧茎节上生根

狗尾草属
Setaria P. Beauv.

狗尾草 | *Setaria viridis* (L.) Beauv.

形态特征　一年生，丛生直立草本。秆高10～100 cm。叶鞘松弛，边缘具较长的密绵毛状纤毛；叶舌极短，边缘有长1～2 mm的纤毛；叶片扁平，长4～30 cm，宽2～18 mm。圆锥花序紧密成圆柱状，长2～15 cm，宽4～13 mm，主轴被长刚毛；小穗2～5个簇生于主轴上，长2～2.5 mm，铅绿色；第一颖卵形，长约为小穗的1/3，具3脉，第二颖几与小穗等长，椭圆形，具5～7脉；第一外稃与小穗等长，具5～7脉，先端钝，其内稃短小狭窄，第二外稃椭圆形，顶端钝，具细点状皱纹，边缘内卷，狭窄；鳞被楔形，顶端微凹。颖果灰白色。花果期5～10月。

生境与分布　不耐干旱，喜生于土壤较湿润的荒野、路旁。西南、华中及华东均有分布。

饲用价值　茎叶柔软，无论是鲜草还是干草家畜均喜食，为优等牧草。其化学成分见下表。

狗尾草的化学成分（%）

样品情况		干物质	占干物质					钙	磷
			粗蛋白	粗脂肪	粗纤维	无氮浸出物	粗灰分		
结实期	干样[1]	93.82	9.82	1.65	35.10	43.93	9.50	0.85	0.31
抽穗期	绝干[2]	100.00	7.56	2.12	23.29	57.96	9.07	0.55	0.18
开花期	干样[3]	95.54	11.65	2.61	32.16	41.76	11.82	0.56	0.46
结实期	绝干[4]	100.00	10.96	3.23	25.65	47.73	12.43	—	—

数据来源：1.中国热带农业科学院热带作物品种资源研究所；2.江苏省农业科学院；3.湖北省农业科学院畜牧兽医研究所；4.重庆市畜牧科学院

花序　　鞘口　　根系　　叶片

株丛

花期株丛

大狗尾草 | *Setaria faberii* R. A. W. Herrm

形态特征 一年生，直立草本。秆粗壮而高大，高50～120 cm，光滑无毛。叶鞘松弛，边缘具细纤毛；叶舌具密集的纤毛；叶片线状披针形，长10～40 cm，宽5～20 mm。圆锥花序紧缩成圆柱状，长5～24 cm，宽6～13 mm；小穗椭圆形，长约3 mm，顶端尖，下托以1～3枚较粗而直的刚毛，刚毛通常绿色，长5～15 mm；第一颖长为小穗的1/3～1/2，第二颖长为小穗的3/4，少数长为小穗的1/2，具5～7脉；第一外稃与小穗等长，具5脉，其内稃膜质，披针形，第二外稃与第一外稃等长；花柱基部分离。颖果椭圆形，顶端尖。花果期7～10月。

生境与分布 生于山坡、路旁、田园或荒野中。华中、华东及西南有分布，华南偶见分布。

饲用价值 茎叶柔软，各类家畜喜采食。抽穗以后，适口性降低，但仍具有较高的饲用价值，适于晒制干草。其化学成分见下表。

大狗尾草的化学成分（%）

样品情况		干物质	占干物质					钙	磷
			粗蛋白	粗脂肪	粗纤维	无氮浸出物	粗灰分		
抽穗期	绝干[1]	100.00	8.67	0.93	42.82	39.67	7.91	0.39	0.11
抽穗期	鲜样[2]	24.25	7.78	2.26	30.12	44.14	15.70	0.51	0.44
开花期	干样[3]	95.43	9.54	2.17	34.32	41.81	12.17	0.57	0.66

数据来源：1. 江苏省农业科学院；2. 贵州省草业研究所；3. 湖北省农业科学院畜牧兽医研究所

成熟期草地

节部

叶舌

营养期植株

花序

花期株丛

莠狗尾草 | *Setaria geniculata* (Lam.) Beauv.

形态特征　多年生，丛生直立草本。秆高30～90 cm。叶鞘压扁具脊；叶舌为一圈短纤毛；叶片质硬，常卷折成线形，长5～30 cm，宽2～5 mm。圆锥花序稠密，呈圆柱状，顶端稍狭，长2～7 cm，小穗椭圆形，长2～2.5 mm；第一颖卵形，长为小穗的1/3，具3脉，第二颖宽卵形，长约为小穗的1/2，具5脉；第一外稃与小穗等长，具5脉，其内稃扁平，薄纸质；第二小花两性，外稃软骨质，具较细的横皱纹，先端尖，边缘狭内卷，包裹同质扁平的内稃；鳞被楔形，顶端较平，具多数脉纹；花柱基部联合。花果期2～11月。

生境与分布　生于海拔1500 m以下的山坡、旷野或路边干燥地。海南、广东、广西、福建、云南、江西、湖南等均有分布。

饲用价值　叶量大，营养丰富，牛、羊、马喜食。适于放牧利用或刈割青饲，属良等牧草。其化学成分见下表。

莠狗尾草的化学成分（%）

样品情况		干物质	占干物质					钙	磷
			粗蛋白	粗脂肪	粗纤维	无氮浸出物	粗灰分		
成熟期	鲜样	22.77	5.92	3.18	34.68	43.26	12.96	0.22	0.58

数据来源：中国热带农业科学院热带作物品种资源研究所

株丛

小穗

叶舌

花序

秆节特征

抽穗期群体

金色狗尾草 | *Setaria glauca* (L.) Beauv.

形态特征　一年生，丛生直立草本。秆高20～90 cm，光滑无毛，仅花序下面稍粗糙。叶鞘下部压扁具脊；叶舌具一圈长约1 mm的纤毛；叶片线状披针形，长5～40 cm，宽2～10 mm。圆锥花序紧密成圆柱状，长3～17 cm，宽4～8 mm，刚毛金黄色，长4～8 mm；第一颖宽卵形，长为小穗的1/3～1/2，第二颖宽卵形，长为小穗的1/2～2/3；第一小花雄性或中性，第一外稃与小穗等长，其内稃膜质；第二小花两性，外稃革质，等长于第一外稃，先端尖，成熟时背部极隆起，具明显的横皱纹。花果期6～10月。

生境与分布　生于林边、山坡、路边和荒芜的园地及荒野。海南、福建、广东及云南有分布。

饲用价值　秆叶柔嫩，牛、羊喜食。其化学成分见下表。

金色狗尾草的化学成分（%）

样品情况		干物质	占干物质					钙	磷
			粗蛋白	粗脂肪	粗纤维	无氮浸出物	粗灰分		
抽穗期	鲜样[1]	21.40	11.62	2.28	26.09	50.31	9.70	0.15	0.27
成熟期	鲜样[1]	25.00	11.20	2.66	31.39	45.05	9.70	0.15	0.25
营养期	绝干[2]	100.00	6.56	1.11	45.93	36.84	9.56	0.24	0.11
结实期	干样[3]	92.57	8.96	3.54	26.38	50.70	10.42	0.70	0.35

数据来源：1. 中国热带农业科学院热带作物品种资源研究所；2. 江苏省农业科学院；3. 湖北省农业科学院畜牧兽医研究所

基部秆节

株丛

植株基部

花序

刚毛特写

鞘口

棕叶狗尾草 | *Setaria palmifolia*
(J. König) Stapf

形态特征 多年生，直立草本，具根茎。秆高约1.3 m。叶鞘具疣毛；叶舌长约1 mm；叶片宽披针形，长20～45 cm，宽4～7 cm，基部窄缩成柄状。圆锥花序主轴延伸甚长，长可达50 cm；小穗卵状披针形，长约4 mm；第一颖三角状卵形，长为小穗的1/3～1/2，第二颖长为小穗的1/2～3/4；第一小花雄性，第一外稃与小穗等长；第二小花两性，第二外稃具不甚明显的横皱纹。颖果卵状披针形，长2～3 mm，具不甚明显的横皱纹。花果期8～12月。

生境与分布 喜潮湿、荫蔽的生境。多生于山坡林缘、谷地林下阴湿处或山涧沟谷。华东、华南、华中及西南中低海拔地区有分布。

饲用价值 植株个体大，叶片占比高，抽穗前饲用价值高，抽穗后秆叶质地粗糙，适口性稍差，但粗蛋白含量比一般的禾本科牧草要高，牛、羊有采食。其化学成分见下表。

棕叶狗尾草的化学成分（%）

样品情况	干物质	占干物质					钙	磷
		粗蛋白	粗脂肪	粗纤维	无氮浸出物	粗灰分		
生长3周再生草 鲜样[1]	19.90	14.94	3.36	24.10	42.54	15.06	0.37	0.25
生长6周再生草 鲜样[1]	20.40	12.39	4.09	27.39	44.86	11.27	0.31	0.25
生长9周再生草 鲜样[1]	21.30	10.08	2.56	28.67	49.86	8.83	0.42	0.18
成熟期 干样[2]	94.14	11.55	1.75	25.85	48.79	12.06	0.71	0.14
拔节期 绝干[3]	100.00	16.60	4.08	24.08	44.39	10.85	—	—

数据来源：1. 中国热带农业科学院热带作物品种资源研究所；2. 湖北省农业科学院畜牧兽医研究所；3. 重庆市畜牧科学院

花序

小穗

花序局部

叶鞘

节部

秆叶局部

叶舌

株丛

皱叶狗尾草 | *Setaria plicata*
(Lam.) T. Cooke

形态特征 多年生，直立草本。秆高45～130 cm。叶鞘被疣毛；叶舌边缘密生长纤毛；叶片椭圆状披针形，长4～43 cm，宽0.5～3 cm，先端渐尖，基部渐狭成柄状。圆锥花序狭长圆形，长15～33 cm，分枝斜向上升，长1～13 cm；小穗着生于小枝一侧，卵状披针状，绿色，长约4 mm；颖薄纸质，第一颖宽卵形，顶端钝圆，边缘膜质，长为小穗的1/4～1/3，第二颖长为小穗的1/2～3/4，具5～7脉；第一小花通常中性，第一外稃与小穗等长，内稃膜质，边缘稍内卷；第二小花两性；花柱基部联合。颖果狭长卵形，先端具硬而小的尖头。花果期6～10月。

生境与分布 喜潮湿、荫蔽的生境。多生于山坡林缘、林下阴湿处或山涧沟谷中。华东、华南、华中及西南中低海拔地区有分布。

饲用价值 抽穗前饲用价值高，抽穗后秆叶质地粗糙，适口性稍差，但粗蛋白含量比一般的禾本科牧草要高，牛、马、羊有采食，适于刈割利用。其化学成分见下表。

皱叶狗尾草的化学成分（%）

样品情况		干物质	占干物质					钙	磷
			粗蛋白	粗脂肪	粗纤维	无氮浸出物	粗灰分		
抽穗期	鲜草[1]	24.34	13.01	4.21	26.46	45.27	11.05	—	—
成熟期	鲜草[1]	26.49	9.36	3.82	22.58	54.06	10.18	—	—
花前期	绝干[2]	100.00	10.86	5.12	32.52	44.05	7.46	—	—

数据来源：1. 江苏省农业科学院；2. 湖南农业大学

鞘口　节部特征　叶片

株丛

花序

小穗

叶鞘

花序局部

倒刺狗尾草 | *Setaria verticillata* (L.) Beauv.

形态特征 一年生，直立草本。秆高20～100 cm，光滑无毛。叶鞘质薄而软，下部松弛，上部抱茎；叶舌短；叶片质薄，狭长披针形，长约20 cm，宽约1.5 cm。圆锥花序紧缩成圆柱状，长约10 cm；小穗绿色，托部具1～4枚倒刺刚毛；第一颖长为小穗的1/3～1/2，顶端尖，具3脉，边缘宽膜质，第二颖与小穗等长，具5～7脉，顶端稍尖；第一小花中性，第一外稃与小穗等长，具5脉，内稃狭披针形，长约为第二小花的1/2，第二外稃等长于第一外稃，背面有细点状；鳞被楔形而顶端微凹。颖果椭圆状。花果期6～9月。

生境与分布 喜热带、亚热带气候。生于海拔330～2000 m的向阳山坡、河谷或路边。云南常见分布。

饲用价值 植株叶量大，叶片柔软多汁，适口性极佳，各类家畜均喜采食，抽穗后花序部分具有细钩刺影响采食，宜在抽穗前刈割利用。本种极具开发利用价值，属优等牧草。其化学成分见下表。

倒刺狗尾草的化学成分（%）

样品情况	占干物质					钙	磷
	粗蛋白	粗脂肪	粗纤维	无氮浸出物	粗灰分		
营养期　绝干	10.86	1.09	30.45	47.75	9.85	0.53	0.17

数据来源：中国热带农业科学院热带作物品种资源研究所

节部特征　　叶鞘

叶舌

花序

叶片

株丛

西南莩草 | *Setaria forbesiana* (Nees) Hook. f.

形态特征 多年生，直立草本。秆高约100 cm。叶鞘无毛，边缘具纤毛；叶舌短小；叶片线状披针形，长约20 cm，宽约9 mm。圆锥花序狭尖塔形，长约15 cm，主轴具角棱；小穗卵圆形，长约3 mm，具短柄，小穗基部具1枚刚毛；第一颖宽卵形，长为小穗的1/3～1/2，第二颖短于小穗，先端钝圆；第一小花雄性或中性，第一外稃与小穗等长，第二外稃等长于第一外稃，硬骨质，具细点状皱纹，成熟时包着同质内稃，先端具小硬尖头。花果期7～10月。

生境与分布 喜亚热带气候。多生于海拔2000 m左右的山谷沟边及山坡草地阴湿处。西南有分布。

饲用价值 植株幼嫩时家畜喜食，属良等饲用植物。

植株　　　　　　　　　　　　　　　　　　　　节部特征

植株基部分枝

叶鞘

叶舌

花序

粟 | *Setaria italica* var. *germanica* (Mill.) Schred.

形态特征 一年生，直立草本。秆粗壮，高30～150 cm。叶鞘无毛，疏松抱茎；叶舌稍短，上缘有一圈密生的纤毛；叶片线状披针形，长达45 cm，宽达35 mm。圆锥花序柱状，长10～40 cm，径粗2～4 cm；分枝较短，近直立，排列常较紧密；穗轴有短柔毛；刚毛显著长于其小穗；小穗柄长约1 mm，先端膨大成盘状；小穗椭圆形，长约3 mm；第一颖长为小穗的1/3～1/2；第一小花不育，第一外稃与小穗等长，具5～7脉，内稃较短小；第二小花卵形，第二外稃与第一外稃等长，质地坚硬，背部有细点状皱纹，成熟后脱落。

生境与分布 喜阳不耐阴，对土壤及气温的适应性较强。分布较广，全国广泛栽培。

饲用价值 粮饲兼用型小作物。籽粒可以作为家畜的精饲料；秸秆是牛、马、骡子的优质饲草；糠皮是猪、鸡、鸭的优质饲料。可作为牧草利用，开花期到乳熟期刈割饲用价值高。其化学成分见下表。

粟的化学成分（%）

样品情况		干物质	占干物质					钙	磷
			粗蛋白	粗脂肪	粗纤维	无氮浸出物	粗灰分		
营养期	鲜样	20.00	8.85	1.87	28.27	51.44	9.60	0.69	0.37
抽穗期	鲜样	21.50	7.66	2.22	28.71	51.25	10.16	0.51	0.33
乳熟期	鲜样	31.40	6.72	2.33	33.01	45.33	12.61	0.36	0.29

数据来源：中国热带农业科学院热带作物品种资源研究所

栽培群体

小穗

种子

穗轴柔毛

叶舌

成熟穗子

叶鞘

卡选 14 号 非洲狗尾草

Setaria sphacelata
(Schumach) Stapf et C. E.
Hubb. ex M. B. Mo. 'Kaxuan 14'

品种来源　广西壮族自治区畜牧研究所申报，1986年通过广西品种审定；登记为引进品种；申报者为黄致诚、彭家崇、何咏松。

形态特征　多年生，直立草本。须根发达，入土深30～50 cm。秆高1.5 m左右，直径3.8 mm，节分蘖性强，苗期茎基淡紫红色，抽穗期下部茎节淡红色。叶鞘带少许白粉；叶片光滑无毛，暗绿色，长约31 cm，宽约1.1 cm。小穗排列不紧密。种子成熟时刚毛棕黄色。

生物学特性　适宜在热带和亚热带地区栽培。抗逆性强，比较耐瘠、耐旱，最适生长温度为25～30℃，抗寒性强，−4℃时仍有50%的茎叶保持青绿。

饲用价值　年可刈割4～5次，年均鲜草产量225 000 kg/hm²。草质柔嫩，营养丰富，适口性好，无论放牧、刈割青饲还是青贮，水牛、黄牛都喜食，并可用于养兔、养鱼等。其化学成分见下表。

栽培要点　可分株移栽或育苗移栽。分株移栽趁阴雨天进行，带土起苗移栽，定植时轻压苗根部，然后盖以细碎薄土。分蘖苗长至15 cm左右，进行中耕追肥。育苗移栽与分株移栽基本相同，只是要先做好播种育苗，选沙质壤土作苗床，于2月底播种，待苗高15 cm左右即可移栽，移栽前施足基肥，株行距以30 cm×20 cm或40 cm×40 cm为宜，移栽后草层高30 cm以上时要增大施肥量，每公顷施氮肥120～180 kg。

卡选14号非洲狗尾草的化学成分（%）

样品情况		干物质	占干物质					钙	磷
			粗蛋白	粗脂肪	粗纤维	无氮浸出物	粗灰分		
生长 3 周再生草	鲜样	21.90	12.41	1.74	30.98	49.46	5.42	0.30	0.36
生长 6 周再生草	鲜样	26.70	8.04	1.99	37.23	46.50	6.24	0.46	0.16
生长 9 周再生草	鲜样	27.90	5.55	1.69	41.42	45.29	6.05	0.31	0.19
生长 12 周再生草	鲜样	29.40	5.47	2.47	43.12	43.62	5.32	0.28	0.21

数据来源：中国热带农业科学院热带作物品种资源研究所

叶鞘

秆节

叶舌

株丛

花序

小穗

花序局部

纳罗克非洲狗尾草 | *Setaria sphacelata* (Schumach) Stapf et C. E. Hubb. ex M. B. Mo. 'Narok'

品种来源 云南省草地动物科学研究院申报，1997年通过全国草品种审定委员会审定；登记为引进品种，品种登记号为181；申报者为奎嘉祥、匡崇义、袁福锦、黄必志、钟声。

形态特征 多年生，丛生草本，具短根茎。秆直立，高1~2 m，茎粗4~8 mm。基部叶鞘具脊，鞘口及边缘被白色柔毛；叶舌长约2 mm；叶片线形，长15~40 cm，宽7~12 mm。圆锥花序紧缩成圆柱形，直立，长10~40 cm；主轴被黄色刚毛；小穗宽卵形，直径2~3 mm；柱头多数紫色，少数白色。颖果较大，宽卵圆形，直径约3 mm。

生物学特性 喜温暖气候，适宜生长温度为20~30℃。耐高温干旱，夏季高温季节保持青绿；冬季–5~8℃根部仍可以越冬。对土壤适应性强，耐酸性强，在pH 4.5的红壤中可以正常生长。

饲用价值 茎叶柔嫩多汁，适口性好，牛、羊、兔及草食性鱼类喜食，孕穗之前到孕穗期利用最佳。抽穗后适于青贮或晒制干草。其化学成分见下表。

栽培要点 播种前精细整地，施足基肥。夏季雨天播种，条播、撒播均可，条播行距为30 cm，播深为1~2 cm，播种量为4.5 kg/hm^2，播种后轻压。可单播，也可与大翼豆（*Macroptilium lathyroides*）、圭亚那柱花草（*Stylosanthes guianensis*）等豆科牧草混播建植优质人工放牧草地。雨季生长茂盛时刈割，留茬高度为10~15 cm，旱季放牧以每4~8周轮牧一次为宜。

纳罗克非洲狗尾草的化学成分（%）

样品情况		干物质	占干物质					钙	磷
			粗蛋白	粗脂肪	粗纤维	无氮浸出物	粗灰分		
生长3周再生草	鲜样	12.80	11.60	3.55	30.36	43.68	10.81	0.37	0.25
生长6周再生草	鲜样	14.10	9.02	2.88	37.06	42.14	8.90	0.32	0.22
生长9周再生草	鲜样	19.10	5.22	1.66	41.15	45.63	6.34	0.24	0.33

数据来源：云南省草地动物科学研究院

秆叶局部

叶舌

小穗解剖

花序

株丛基部

栽培草地

狼尾草属
Pennisetum Rich.

狼尾草 | *Pennisetum alopecuroides* (L.) Spreng.

形态特征　一年生，丛生直立草本。秆高50～150 cm。叶鞘疏松，有硬毛，边缘具纤毛；叶舌为一圈长约1 mm的纤毛；叶片线形，宽3～15 mm。圆锥花序柱状，长10～25 cm，宽8～10 mm，黄色；刚毛不等长，外圈较细短，内圈有羽状绢毛，长可达1 cm；小穗卵状披针形，长3～4 mm；第一颖退化，第二颖和第一外稃略与小穗等长，具5脉，先端3丝裂；第一内稃之二脊及先端有毛；第二外稃稍软骨质，短于小穗，长约2.4 mm。

生境与分布　喜热带气候。生于向阳的山坡草地中。海南、广东等有分布。

饲用价值　牧地狼尾草属热带地区的冬性草，通常秋季末开始生长，冬季生长旺盛，是旱季放牧利用的优良牧草。其籽粒成熟后落粒性强，翌年同期发芽，形成密集的连片草地，利用价值较高，适于放牧利用或刈割青饲。其化学成分见下表。

狼尾草的化学成分（%）

样品情况		干物质	占干物质					钙	磷
			粗蛋白	粗脂肪	粗纤维	无氮浸出物	粗灰分		
营养期	干样[1]	92.18	11.54	2.32	31.63	43.39	11.12	0.51	0.17
孕穗期	干样[1]	93.21	9.12	2.11	37.32	41.40	10.05	0.31	0.19
乳熟期	干样[1]	94.50	7.58	1.95	39.10	42.16	9.21	0.36	0.22
乳熟期	绝干[2]	100.00	7.09	0.95	38.30	42.34	11.32	0.33	0.27
成熟期	绝干[3]	100.00	4.53	7.74	43.41	35.14	9.17	—	—
结实期	干样[4]	95.04	8.50	2.08	35.25	45.42	8.74	0.55	0.19
开花期	鲜样[5]	14.89	10.58	2.77	30.96	48.05	7.64	—	—
拔节期	鲜样[5]	17.40	12.16	3.83	28.81	45.83	9.37	—	—

数据来源：1. 中国热带农业科学院热带作物品种资源研究所；2. 江苏省农业科学院；3. 湖南农业大学；4. 湖北省农业科学院畜牧兽医研究所；5. 重庆市畜牧科学院

花序局部　　　　　基部叶鞘　　　　　鞘口

天然草地

株丛

花序

植株基部

牧地狼尾草 | *Pennisetum polystachion* (L.) Schultes

形态特征　一年生，丛生直立草本。秆高50～150 cm。叶鞘疏松，有硬毛，边缘具纤毛；叶舌为一圈长约1 mm的纤毛；叶片线形，宽3～15 mm。圆锥花序柱状，长10～25 cm，宽8～10 mm，黄色；刚毛不等长，外圈较细短，内圈有羽状绢毛，长可达1 cm；小穗卵状披针形，长3～4 mm；第一颖退化；第二颖与第一外稃略与小穗等长，具5脉，先端3丝裂，第一内稃之二脊及先端有毛；第二外稃稍软骨质，短于小穗，长约2.4 mm。

生境与分布　喜热带气候，生于向阳的山坡草地中。海南、广东等有分布。

饲用价值　牧地狼尾草属热带地区的冬性草，通常秋季末开始生长，冬季生长旺盛，是旱季放牧利用的优良牧草。其籽粒成熟后，落粒性强，次年同期发芽，形成密集的连片草地，利用价值较高，适于放牧利用或刈割青饲。其化学成分见下表。

牧地狼尾草的化学成分（%）

样品情况	干物质	占干物质					钙	磷
		粗蛋白	粗脂肪	粗纤维	无氮浸出物	粗灰分		
营养期　鲜样	30.51	8.68	1.92	38.00	41.62	9.78	0.23	0.08

数据来源：中国热带农业科学院热带作物品种资源研究所

营养期植株

花序

花序局部

株丛

节部

秆叶局部

资源篇　鞘口

海南多穗狼尾草 | *Pennisetum polystachion* (L.) Schultes 'Hainan'

品种来源 广东省农业科学院畜牧研究所申报，1993年通过全国草品种审定委员会审定；登记为野生栽培品种，品种登记号为122；申报者为温兰香、刘家运、沈玉朗、李耀武、丁迪云。

形态特征 一年生，丛生直立草本。秆高约1.5 m。叶鞘疏松，有硬毛，边缘具纤毛；叶舌为一圈长约1 mm的纤毛；叶片线形，长达1.5 m，宽5～12 mm。圆锥花序圆柱状，长10～25 cm，宽8～10 mm，黄色至紫色；刚毛不等长，外圈较细短，内圈有羽状绢毛；小穗卵状披针形，长3～4 mm，多少被短毛；第一颖退化，第二颖和第一外稃与小穗等长，具5脉；第二外稃稍软骨质，短于小穗，长约2.4 mm。

生物学特性 根系发达，抗旱，对土壤要求不严，耐酸，在土壤pH 4.1时能正常生长。繁殖速度快，抽穗整齐，种子成熟较一致，可以一次性收获。当年落下的种子，翌年春夏可自繁，虽然是一年生牧草，但是可以起到多年生的作用。

饲用价值 草产量高，适口性好，牛、羊喜食，拔节期前草质柔嫩，适于放牧利用或刈割青饲。其化学成分见下表。

栽培要点 对土壤要求不严，在荒地、坡地、闲置地都可种植。采用种子繁殖，种子繁殖成活率高。3～4月播种。可撒播或开行条播，条播行距40 cm，播种后给足出苗水分，通常播种后10天出苗，出苗后于雨水天气追施苗肥，以施用尿素450 kg/hm²为宜，株高50 cm即可刈割利用。

海南多穗狼尾草的化学成分（%）

样品情况	占干物质					钙	磷
	粗蛋白	粗脂肪	粗纤维	无氮浸出物	粗灰分		
营养期 绝干	9.40	2.20	38.10	44.50	5.80	—	—

数据来源：中国热带农业科学院热带作物品种资源研究所

营养期株丛

幼株

鞘口

植株群体

花序

花序局部

节部特征

小穗

节部气生根

白草 | *Pennisetum flaccidum* Grisebach

形态特征 多年生，丛生直立草本，具横走根茎。秆高20～90 cm。叶鞘疏松抱茎，近无毛；叶舌短；叶片狭线形，长约20 cm，宽约7 mm，两面无毛。圆锥花序紧密，长约10 cm；总苞状刚毛柔软、细弱，微粗糙，灰绿色；小穗通常单生，卵状披针形；第一颖微小，先端钝圆、锐尖或齿裂，脉不明显，第二颖长为小穗的1/3～3/4，先端芒尖；第一小花雄性，第一外稃与小穗等长，厚膜质，第一内稃透明，膜质；第二小花两性，第二外稃具5脉；鳞被2，楔形，先端微凹；雄蕊3枚；花柱近基部联合。颖果长圆形，长约2.5 mm。花果期7～10月。

生境与分布 喜亚热带气候。多生于海拔2000～3000 m的山坡、路旁及沟边。产云南、四川。

饲用价值 幼嫩时家畜喜食，属良等饲用植物。

株丛

鞘口

秆叶局部

叶舌

节部

花序

长序狼尾草 | *Pennisetum longissimum*
S. L. Chen et Y. X. Jin

形态特征 多年生，丛生直立草本。秆高120～180 cm，有8～14节，下部节肿胀。叶鞘长于节间；叶片线形，长50～90 cm，宽1.3～2 cm。圆锥花序下垂，长20～30 cm；刚毛灰绿色，长1.5～4 cm；小穗通常单生，披针形，长6～8 mm；颖近草质，常有紫色纵纹，第一颖卵形，长约2 mm，第二颖长2～4 mm，具1～3脉；第一小花中性，第一外稃与小穗等长；第二小花两性，稍短于第一外稃，第二外稃顶端渐尖，具5～7脉；雄蕊3枚，花药顶端无毫毛；花柱基部联合。颖果圆形，长约2.5 mm。花果期7～10月。

生境与分布 生于海拔500～2000 m的空旷草坡。四川、贵州及云南有分布。

饲用价值 半上繁性中高草，适口性良好，羊一般喜食其嫩叶，牛、马仅采食其上部的嫩枝叶，生长后期，适口性降低，为中上等牧草。其化学成分见下表。

长序狼尾草的化学成分（%）

样品情况	干物质	占干物质					钙	磷
		粗蛋白	粗脂肪	粗纤维	无氮浸出物	粗灰分		
营养期 干样	94.66	9.93	1.52	37.84	42.47	8.24	0.35	0.18

数据来源：《中国饲用植物》

鞘口　　　　　　　　　　　　　　　　　　　　节部特征

花序

叶舌

成熟期花序局部

株

威提特东非狼尾草

Pennisetum clandestinum
Hochst. ex Chiov. 'Whittet'

品种来源 云南省草地动物科学研究院申报，2002年通过全国草品种审定委员会审定；登记为引进品种，品种登记号为241；申报者为匡国义、钟声、吴文荣、袁福锦、余梅。

形态特征 多年生，匍匐草本，具粗壮根状茎。匍匐茎具节，节着地生根，节处长侧生直立枝，高20～50 cm。叶片常内卷，长可达15 cm，宽约3 mm。圆锥花序顶生或腋生，退化为只具2～4小穗；小穗基部有刚毛。种子1～2粒，棕黑色，包被于叶鞘内。

生物学特性 喜温暖湿润的热带、亚热带气候。耐寒性较强，耐瘠薄，耐践踏。在日温25℃、夜温20℃条件下生长最佳。

饲用价值 草质柔嫩，纤维含量低，适口性好，可供放牧利用，也可刈割青饲。其化学成分见下表。

栽培要点 用种子繁殖，也可采用茎段无性繁殖。云南最佳播种期为5～7月，播种前要精细整地、清除杂草，浅耕播种，播深为5 mm左右，播种量为2～4 kg/hm²。无性繁殖需在雨季或有灌溉条件时进行，选成熟的茎为繁殖材料，将茎切成包含2～3节的茎段扦插，扦插成活后追施一定量的尿素。

威提特东非狼尾草的化学成分（%）

测定项目	5月	6月	7月	8月	9月	10月
粗蛋白	14.90	10.40	9.30	11.80	8.10	7.20
粗脂肪	3.50	2.70	2.50	1.80	2.10	1.80
粗灰分	9.50	8.90	9.70	8.60	6.40	6.10
粗纤维	20.70	25.90	26.00	25.70	26.80	28.20
无氮浸出物	51.40	52.10	52.50	52.10	56.60	56.70

数据来源：云南省草地动物科学研究院

匍匐茎

威提特东非狼尾草与白三叶混播草地

株丛

人工草地

象 草 | *Pennisetum purpureum* Schum.

形态特征　多年生，丛生直立草本。秆高2～4 m，节上光滑。叶鞘具疣毛；叶舌短小，具长1.5～5 mm的纤毛；叶片线形，扁平，长20～50 cm，宽约2 cm，腹面疏生刺毛，近基部有小疣毛。圆锥花序长10～30 cm；主轴密生长柔毛；刚毛金黄色，长约2 cm；小穗通常2～3个簇生，披针形，长5～8 mm；第一颖长约0.5 mm，第二颖披针形，长约为小穗的1/3，先端锐尖；第一小花中性或雄性，第一外稃长约为小穗的4/5，具5～7脉，第二外稃与小穗等长。

生境与分布　喜肥沃而潮湿的土壤。生于低海拔的河谷两岸或溪边。原产非洲，我国于20世纪30年代引进种植，现华南及云南逸为野生。

饲用价值　柔软多汁，适口性很好，利用率高，牛、马、羊、兔、鹅等畜禽均喜食，适宜刈割青饲，也可调制成干草或青贮料备用。栽培产量高，一年刈割6～8次，年均鲜草产量75 000～150 000 kg/hm²，高者可达225 000～450 000 kg/hm²；利用年限也较长，一般为3～5年，如栽培管理得当，可延长到5～6年，属刈割型优等牧草。其化学成分见下表。

象草的化学成分（%）

样品情况		干物质	占干物质					钙	磷
			粗蛋白	粗脂肪	粗纤维	无氮浸出物	粗灰分		
生长 3 周再生草	鲜样	14.30	14.04	2.57	31.09	42.44	9.86	0.25	0.25
生长 6 周再生草	鲜样	15.00	7.98	1.59	34.32	48.68	7.43	0.15	0.13
生长 9 周再生草	鲜样	16.50	7.86	1.07	34.55	48.26	8.26	0.14	0.22
生长 12 周再生草	鲜样	17.90	5.72	0.80	37.89	48.63	6.96	0.14	0.14

数据来源：中国热带农业科学院热带作物品种资源研究所

叶舌

花序

种子

小穗

基部节部分枝

秆节

鞘口

生境及群体

华南象草 | *Pennisetum purpureum*
Schum. 'Huanan'

品种来源　广西壮族自治区畜牧研究所、中国热带农业科学院热带牧草研究中心联合申报，1990年通过全国草品种审定委员会审定，登记为地方品种，品种登记号为066；申报者为宋光谟、蒋侯明、周明军。

形态特征　多年生，丛生高大草本。秆高2～3 m，茎粗约2.5 cm，直立，茎基部节密；分蘖性强，一般分蘖25～40个；须根发达。叶鞘长于节间，抱茎，长8.5～15.5 cm；叶片质较硬，长30～100 cm，宽2～4.5 cm。圆锥花序长15～20 cm，嫩时浅绿色，成熟时褐色；小穗披针形，单生或3～4个簇生，每小穗具小花3朵，下部小花雄性，上部小花两性可育。

生物学特性　适宜在年降雨量1000 mm以上的热带、亚热带地区种植。土壤肥沃，肥料充足并有灌溉条件时生长旺盛。11月至翌年2月抽穗开花，结实率极低。

饲用价值　草产量高，供草时间长，收割次数多，适口性好，牛、羊极喜食，幼嫩时也可喂猪、鹅及草食性鱼类。其化学成分见下表。

栽培要点　适应各种类型土壤，但以排灌良好、土层深厚、土壤疏松的微酸性壤土为佳。3～6月种植，采用茎秆扦插繁殖，选择成熟茎秆切成2～3节一段作种茎，每公顷需种茎1200～1500 kg。定植株行距为30 cm×40 cm。种植后保持土壤湿润，如有缺苗，应及时补苗。在雨季或有灌溉条件时还可利用分蘖植株分株繁殖。苗期和每次刈割后应中耕除草。苗期需肥量较少，拔节后生长迅速，需肥量最多，宜每次刈割后追施1次氮肥，施用量为150～225 kg/hm²。

华南象草的化学成分（%）

样品情况	占干物质					钙	磷
	粗蛋白	粗脂肪	粗纤维	无氮浸出物	粗灰分		
营养期　绝干	6.14	3.40	36.44	45.84	8.19	0.24	0.86

数据来源：广西壮族自治区畜牧研究所

株丛基部

茎秆特写

茎秆分枝

根系

栽培群体

摩特矮象草 | *Pennisetum purpureum* Schum. 'Mott'

品种来源 广西壮族自治区畜牧研究所申报，1993年通过全国草品种审定委员会审定；登记为引进品种，品种登记号为134；申报者为赖志强、周解、潘圣玉、李振、宋光谟。

形态特征 多年生，丛生草本，根状茎发达。秆高约1.5 m，节间短。幼嫩时全株光滑无毛，老时基部叶面和边缘近叶鞘处具疏毛。叶鞘抱茎，长15～20 cm，基部叶鞘老时松散；叶舌截平，膜质，长约2 mm；叶片披针形，长约1 m，宽3～4.5 cm，深绿色，叶质厚，直立，边缘微粗糙。圆锥花序穗状，长15～20 cm，直径1.5～3 cm；小穗长约1 cm。

生物学特性 适应性较强，在海拔1000 m以下、年降雨量700 mm以上的热带、亚热带地区均可种植。较耐寒，在广西南部种植，冬季地上部能越冬，在北部重霜时部分茎叶枯萎，但地下部能越冬。春季气温14℃时开始生长，25～30℃时生长迅速。

饲用价值 叶量大，品质好，鱼、兔、鹅、猪、羊、牛均很喜食，是中小型动物的优质饲料，为刈割型优质牧草。其化学成分见下表。

栽培要点 采用种茎扦插繁殖，3～6月种植，选成熟植株切成2～3节一段作种茎，定植时株行距30 cm×40 cm，将种茎斜放于行壁上并覆土露头1～2 cm，干旱季节种茎宜平放，每公顷用种茎1200～1500 kg，定植后保持土壤湿润，如有缺苗，应及时补苗。在雨季或有灌溉条件时还可利用分蘖植株分株繁殖，成活率高。苗期和每次刈割后应中耕除杂草。

摩特矮象草的化学成分（%）

样品情况	占干物质					钙	磷
	粗蛋白	粗脂肪	粗纤维	无氮浸出物	粗灰分		
春季刈割　绝干[1]	12.00	3.10	26.50	43.50	15.00	0.36	0.52
夏季刈割　绝干[1]	6.70	2.50	28.90	49.40	12.60	0.25	0.39
冬季刈割　绝干[1]	7.60	2.30	23.90	42.00	24.20	0.95	0.52
拔节期　绝干[2]	17.38	1.45	20.59	48.37	12.21	—	—

数据来源：1. 广西壮族自治区畜牧研究所；2. 四川农业大学

叶片背腹面　　　　茎秆特写

秆叶局部特征

根系及根状茎

栽培群体

热研 4 号王草 | *Pennisetum purpureum* Schum. × *P. glaucum* (L.) R. Brown 'Reyan No. 4'

品种来源 中国热带农业科学院热带牧草研究中心申报，1998年通过全国草品种审定委员会审定；登记为引进品种，品种登记号为196；申报者为刘国道、何华玄、韦家少、蒋侯明、王东劲。

形态特征 多年生，高大丛生直立草本。秆高1.5～4.5 m，具节15～35个；节间长约15 cm，嫩时被白色蜡粉，老时被一层黑色覆盖物。叶鞘紧密抱茎，长于节间，密被刚毛；叶片长条形，长55～115 cm，宽2～4 cm，嫩时被白色刚毛。圆锥花序，长25～35 cm，初呈浅绿色，成熟时呈黄褐色；小穗披针形，3～4个簇生成束。颖果纺锤形，浅黄色，具光泽。

生物学特性 喜热带气候，但耐寒性优于其亲本，能在亚热带地区良好生长。对土壤的适应性强，在酸性红壤或轻度盐碱土上生长良好，尤以在土层深厚、有机质丰富的壤土至黏土上生长最盛。对水肥的反应十分敏感，在长期渍水及高温干旱条件下生长不良。

饲用价值 茎秆脆甜多汁，适口性好，是牛、羊、猪、鸡、鹅、鸵鸟及兔的理想青饲料，适于刈割青饲或调制青贮饲料，年刈割次数达6～8次，是华南最重要的刈割型牧草，属优等牧草。其化学成分见下表。

栽培要点 利用种茎繁殖，即把生长状况良好的粗壮茎秆作为种茎，2～3节一段按株距60 cm、行距80 cm定植，定植时埋入土层5～7 cm深，并施用300 kg/hm²磷肥作为基肥。作为兔及家禽的青饲料，株高50 cm时刈割；作为羊的青饲料，株高80～100 cm时刈割；作为牛的青饲料，株高1～1.5 m时刈割。

热研4号王草的化学成分（%）

样品情况		干物质	占干物质					钙	磷
			粗蛋白	粗脂肪	粗纤维	无氮浸出物	粗灰分		
营养期	鲜样[1]	16.68	8.00	2.94	36.97	46.50	5.59	0.27	0.12
拔节期	干样[2]	89.46	10.81	1.29	36.66	42.75	8.49	0.83	0.16

数据来源：1. 中国热带农业科学院热带作物品种资源研究所；2. 贵州省草业研究所

叶舌

秆节

叶鞘

小穗

株丛

花序

花序局部

德宏象草 | *Pennisetum purpureum*
Schum. 'Dehong'

品种来源 云南省草地动物科学研究院、云南省德宏傣族景颇族自治州盈江县畜牧兽医局联合申报，2007年通过全国草品种审定委员会审定；登记为地方品种，品种登记号为340；申报者为周自玮、匡崇义、袁福锦、罗在仁、黄晓松。

形态特征 多年生，高秆直立草本，具短根茎。秆高3～4 m，圆形，直径1～4 cm，节间有明显芽沟，嫩芽包被于叶鞘内，茎上被白色蜡粉，节间长8～25 cm；分蘖60～100个。叶舌短小，被粗密硬毛；叶片长约83 cm，宽约3 cm，中脉粗壮，浅白色，腹面疏生细毛，背面无毛。圆锥花序圆柱状，黄色，长约23.27 cm，直径约3.92 cm。

生物学特性 喜温暖湿润气候，适宜在热带、亚热带地区种植。最适生长温度为20～35℃，低于10℃时生长受限，5℃以下时停止生长。耐旱能力较强，种植当年根系入土深度可达50 cm。对土壤要求不严，在沙土、黏土上均能正常生长。通常9～10月抽穗开花。

饲用价值 植株高大，饲用率高，适口性好，适于刈割青饲或调制青贮饲料。其化学成分见下表。

栽培要点 适宜在各类土壤种植，但以排灌良好、土层深厚、土壤疏松的微酸性壤土为佳。3～6月种植，采用茎秆扦插繁殖，选用成熟茎秆，按2～3节切成一段，按30 cm×50 cm的株行距定植。定植成活后施用尿素210 kg/hm²作追肥，待苗高80～100 cm时可进行第一次刈割，年可刈割6～8次，每次刈割后结合松土追施1次氮肥，施用量为150～225 kg/hm²。

德宏象草的化学成分（%）

样品情况		占干物质					钙	磷
		粗蛋白	粗脂肪	粗纤维	无氮浸出物	粗灰分		
拔节期	绝干	9.06	1.81	30.24	46.69	12.20	—	—
孕穗期	绝干	4.50	1.68	36.39	48.89	8.54	—	—
抽穗期	绝干	5.28	1.44	37.70	47.09	8.49	—	—

数据来源：云南省草地动物科学研究院

花序　小穗　秆节局部　根局部

栽培群体

开花期株丛

桂闽引象草 | *Pennisetum purpureum* Schum. 'Gui Min Yin'

品种来源 广西壮族自治区畜牧研究所与福建省畜牧总站联合申报,2009年通过全国草品种审定委员会审定;登记为引进品种,品种登记号为396;申报者为赖志强、卓坤水、易显凤、苏水金、李冬郁。

形态特征 多年生,丛生高秆直立草本。秆高2~5 m,粗1~3 cm,幼嫩时被蜡粉,老时被一层黑色覆盖物。叶鞘长于节间,长10~19 cm,光滑无毛;叶片长条形,长50~100 cm,宽2~4 cm。圆锥花序穗状,长20~30 cm;小穗披针形,3~4个簇生成束,每簇下围以刚毛组成总苞,每小穗具2小花;雄蕊3枚,花药浅绿色,柱头外露,浅黄色。

生物学特性 喜温暖湿润气候,日平均温度达13℃以上时开始生长,最适生长温度为25~35℃,低于8℃时生长受到抑制。有强大的根系,抗倒伏,既抗旱又耐湿,在干旱少雨的季节仍可获得较高的产量。对速效肥料反应十分敏感,尤其是氮肥,在高水肥条件下生长快、草产量高。通常11月中旬抽穗开花。

饲用价值 适口性好,是牛、羊、兔、鱼、鹅等草食动物的优质饲草。植株高大,草产量高,适于刈割青饲或调制青贮饲料。其化学成分见下表。

栽培要点 采用种茎扦插繁殖,3~6月种植,选成熟茎秆切成2~3节一段作种茎,定植时将种茎斜放于行壁上并覆土露头1~2 cm,每公顷用种茎1500~1800 kg,按株行距30 cm×40 cm定植。苗期和每次刈割后应中耕除草,苗期需肥量较少,拔节后生长迅速,需肥量最多,为了满足需要,每次刈割后结合松土追施1次氮肥,施用量为150~225 kg/hm²。

桂闽引象草的化学成分（%）

样品情况	占干物质					钙	磷
	粗蛋白	粗脂肪	粗纤维	无氮浸出物	粗灰分		
营养期　绝干	10.50	2.70	39.10	38.50	9.19	0.25	0.32

数据来源：广西壮族自治区畜牧研究所

茎秆特写　根系

栽培群体

植株基部

秆叶形态

叶片背腹面

苏牧 2 号象草 | *Pennisetum purpureum* Schum. 'Sumu No. 2'

品种来源　江苏省农业科学院畜牧研究所、浙江绍兴白云建设有限公司申报，2010年通过全国草品种审定委员会审定；登记为育成品种，品种登记号为397；申报者为钟小仙、梁流芳、顾洪如、董民强、张建丽。

形态特征　多年生，丛生直立草本。秆高200～400 cm，分蘖性强，须根发达，茎粗2.5～3.0 cm。叶片长95～110 cm，宽3.0～3.5 cm，两面均有短绒毛，但背面绒毛稀少，中脉明显，白色。圆锥花序淡黄色，穗长15～20 cm，直径2～3 cm；小穗单生，每小穗有3小花。结实率极低。

生物学特性　气温5℃以下停止生长，北纬26° 以北地区不能自然越冬，适宜在我国长江流域及以南地区种植。喜温、耐湿、耐干旱和抗倒伏，生育期无明显病虫危害，耐盐性强。

饲用价值　在浙江中部海涂地种植时，干物质产量达12 000～20 000 kg/hm²，在非海涂地，干物质产量达24 900～32 000 kg/hm²。其化学成分见下表。

栽培要点　海涂盐土地应免耕或浅耕不超过15 cm，新垦地应在种植前30天翻耕。种植前作畦开沟，施过磷酸钙150～300 kg/hm²、复合肥750 kg/hm²作基肥。气温稳定在15℃以上时挖穴种植，芽眼朝上，与地面呈15° ～45° 角放入土中，覆土1～2节，露出地面1节，行株距为50 cm×50 cm或40 cm×60 cm。苗期中耕除草一次；当幼苗长出3～4片叶时，施1次壮苗肥，施用尿素75～105 kg/hm²；当植株生长至50 cm左右时，施1次分蘖肥；每次刈割后追施尿素300 kg/hm²、复合肥200～300 kg/hm²；入冬前最后一次刈割后，追施复合肥400～600 kg/hm²。

苏牧2号象草的化学成分（%）

样品情况	干物质	占干物质					钙	磷
		粗蛋白	粗脂肪	粗纤维	无氮浸出物	粗灰分		
干草	—	10.53	1.88	—	—	8.20	—	—

数据来源：江苏省农业科学院

鞘口　　秆基部特征

叶片局部

栽培群体

秆节

美洲狼尾草 | *Pennisetum glaucum* (L.) R. Brown

形态特征 一年生，直立草本。秆常单生，高达2 m，在花序以下密生柔毛。叶鞘疏松平滑；叶舌连同纤毛长2～3 mm；叶片扁平，长20～90 cm，宽2～5 cm。圆锥花序紧密，长30～50 cm；小穗双生于一总苞内成束，倒卵形，长3.5～4.5 mm，基部稍两侧压扁；总苞状刚毛短于小穗；颖膜质，第一颖微小，长约0.8 mm，第二颖长约2 mm；第一小花雄性，第一外稃长约2.5 mm；第二小花两性，第二外稃长约3 mm；雄蕊3枚，花药顶端具毫毛。颖果近球形或梨形，成熟时膨大外露，长约3 mm。花果期9～10月。

生境与分布 喜湿润的热带、亚热带气候。原产非洲，亚洲和美洲均引种栽培，我国华东、华中、华南及西南有引种栽培。

利用价值 粮饲兼用型作物，收获的籽粒可食用，也可作为家畜精饲料，秸秆是优质饲料。作牧草栽培，年可刈割3～4次，整个生育期秆叶柔嫩，品质优良，牛、羊、兔、鱼均喜食，可青饲或青贮。其化学成分见下表。

美洲狼尾草的化学成分（%）

样品情况	干物质	占干物质					钙	磷
		粗蛋白	粗脂肪	粗纤维	无氮浸出物	粗灰分		
营养期 鲜样	10.10	10.19	2.91	31.07	46.61	9.22	—	—

数据来源：《中国饲用植物》

栽培植株

花序

成熟期果序局部

示总苞内小穗双生

种子

叶舌

鞘口

杂交狼尾草 | *Pennisetum glaucum*
(L.) R. Brown × *P. purpureum* Schum.

品种来源 江苏省农业科学院土壤肥料研究所申报，1989年通过全国草品种审定委员会审定；登记为引进品种，品种登记号为047；申报者为杨运生、徐宝琪、顾洪如、陈礼伟。

形态特征 多年生，高秆直立草本。株型紧凑，高约3 m；根系发达；分蘖多达20个；成穗茎蘖4～5个；茎直立，圆形。主茎叶片20多片，披针形，长60～70 cm。圆锥花序，密集成柱状；小花不育，不结种子。

生物学特性 喜温暖湿润气候，当气温达到20℃以上时，生长速度加快。耐旱，抗倒伏，未见病害发生。喜土层深厚肥沃的黏质土壤。在华南地区可自然越冬，在江苏、浙江则需移入温室保护种苗越冬。

饲用价值 草产量高、适口性好，羊、牛、兔、鹅、鱼等草食动物喜食，既可青饲，也可青贮，在孕穗前期刈割为宜。其化学成分见下表。

栽培要点 春季栽培，无性繁殖，用老熟茎秆作种茎，2～3节为一段，或用分株苗，按行距60 cm、株距30～40 cm定植。茎芽向上斜插入土中，以顶芽刚入土为宜。苗期注意中耕除草，施150 kg/hm²速效氮肥作追肥。株高达1.2～1.5 m时即可刈割，留茬高度10～15 cm。全年刈割4～7次，每次刈割后及时追施氮肥约150 kg/hm²。

杂交狼尾草的化学成分（%）

样品情况	占干物质					钙	磷
	粗蛋白	粗脂肪	粗纤维	无氮浸出物	粗灰分		
营养期　绝干	9.95	3.47	32.90	43.46	10.22	—	—

数据来源：江苏省农业科学院

营养期栽培群体

抽穗期植株局部

植株

鞘口及叶片

茎秆及根系

花序局部

宁杂3号
美洲狼尾草

Pennisetum glaucum
(L.) R. Brown 'Ningza No. 3'

品种来源 江苏省农业科学院土壤肥料研究所申报，1998年通过全国草品种审定委员会审定；登记为育成品种，品种登记号为195；申报者为白淑娟、杨运生、丁成龙、顾洪如、周卫星。

形态特征 一年生，直立草本。株型紧凑，高约3 m，分蘖最多达15～20个，成穗茎蘖4～5个。叶片披针形，长60～70 cm。穗状花序，长约25 cm。单株粒重75.49 g。籽粒灰色，米质粳性，灰白色。

生物学特性 适宜在长江流域种植。喜温暖湿润的气候，当气温达到20℃以上时，生长加快。耐旱，抗倒伏，未见病害发生。在南京生育期约130天。

饲用价值 适宜多次刈割，适口性好，适于刈割青饲或青贮。其青草、籽粒的产量分别为82 490 kg/hm²和6380 kg/hm²。其化学成分见下表。

栽培要点 播种前精细整地，施足基肥，春季4月底至5月初播种，条播，行距40～60 cm，播深3～4 cm，播种量7.5～15 kg/hm²，保苗6万～7万株/hm²。株高达1.2～1.5 m时刈割，留茬高度10～15 cm，刈割后及时追施氮肥，以促进再生。

宁杂3号美洲狼尾草的化学成分（%）

样品情况	干物质	占干物质					钙	磷
		粗蛋白	粗脂肪	粗纤维	无氮浸出物	粗灰分		
孕穗期　干样	88.30	17.44	4.98	39.64	29.90	8.04	—	—
秸秆　干样	87.50	8.23	1.83	51.43	28.91	9.60	—	—

数据来源：江苏省农业科学院

花序

籽粒

苗期栽培群体

抽穗期栽培群体

桂牧1号 杂交象草

Pennisetum glaucum
(L.) R. Brown × *P. purpureum*
Schum. 'Guimu No. 1'

品种来源　广西壮族自治区畜牧研究所申报，2000年通过全国草品种审定委员会审定；登记为育成品种，品种登记号为211；申报者为梁英彩、滕少花、赖志强、李仕坚、韦锦益。

形态特征　多年生，丛生直立，高秆草本。秆高2.5～3.5 m，分蘖多，一般分蘖50～150个，最多达290个，每个茎秆有27～30节。叶片长100～120 cm，宽4.8～6 cm。圆锥花序，长25～30 cm；每小穗有1～3小花。

生物学特性　适应性强，在海拔1000 m以下、极端低温–5℃以上、年降雨量700 mm以上的热带、亚热带地区均可种植。气温达20℃时生长加快，最适生长温度为20～35℃。耐旱、耐酸，抗倒伏、抗病虫性强，对氮肥敏感，在高水肥条件下产量高。11月中旬抽穗开花。

饲用价值　适口性好，为牛、羊、兔、鹅、鸵鸟等草食畜禽所喜食，也适于饲喂草食性鱼类。可刈割青饲或调制青贮饲料。其化学成分见下表。

栽培要点　以在排灌良好、土层深厚、土壤疏松的微酸性壤土上种植为佳。3～6月种植，采用种茎扦插繁殖，选成熟种茎切成2～3节一段，每公顷用种茎1200～1500 kg。定植株行距20 cm×40 cm。苗期和每次刈割后应中耕除杂草。苗期需肥量较少，拔节后生长迅速，需肥量最多，每次刈割后结合松土追施1次氮肥，施用量为150～225 kg/hm²。

桂牧1号杂交象草的化学成分（%）

样品情况	占干物质					钙	磷
	粗蛋白	粗脂肪	粗纤维	无氮浸出物	粗灰分		
营养期　绝干	12.23	2.92	31.09	39.08	14.67	0.62	0.13

数据来源：中国热带农业科学院热带作物品种资源研究所

根系

植株基部

秆叶局部

茎秆特写

叶片背腹面

栽培群体

宁杂4号 美洲狼尾草

Pennisetum glaucum (L.) R. Brown 'Ningza No. 4'

品种来源　江苏省农业科学院申报，2001年通过全国草品种审定委员会审定；登记为育成品种，品种登记号为220；申报者为白淑娟、周卫星、丁成龙、顾洪如、钟小仙。

形态特征　一年生，丛生高秆草本。株型紧凑，秆高约3.1 m，分蘖约11个，最多可达20个，茎秆圆形。叶片长披针形，互生，质地柔软，长达67 cm，边缘呈微波浪形。穗状花序柱状，长约25 cm。穗粒数约3400粒，单株穗重90.72 g。

生物学特性　喜温暖湿润的气候，适宜在长江流域种植，当气温达到20℃时，生长加快。对氮肥敏感，只有在较高氮肥供给的条件下才能发挥生产潜力。收获籽粒后秸秆仍保持青绿，如不收获籽粒，则青刈利用再生性强。

饲用价值　草质优良，适口性好，各种家畜均喜食。喂鹅、兔等小家畜或家禽一般15～20天刈割一次；喂大牲畜，一般20～30天刈割一次。在江浙一带每年可刈割3～6次。其化学成分见下表。

栽培要点　种子小，幼芽顶土力弱，播种前精细翻耕、细碎土壤，以利发芽。春季4月下旬至5月上旬播种，播种前用药剂拌种，以防地下害虫。条播行距45～50 cm，播深3～4 cm，播种后覆土镇压，以利保墒出苗。播种量7.5～15 kg/hm²，保苗7.5万～9万株/hm²。株高1.2～1.5 m时即可刈割青饲，留茬高度10～15 cm，每次刈割后追施尿素150 kg/hm²。

宁杂4号美洲狼尾草的化学成分（%）

样品情况	占干物质					钙	磷
	粗蛋白	粗脂肪	粗纤维	无氮浸出物	粗灰分		
孕穗期　绝干	14.93	5.05	40.18	30.77	9.07	—	—

数据来源：江苏省农业科学院

叶片局部　　　　鞘口　　　　节部特征

茎秆局部

花序

抽穗期植株局部

根系

邦得1号杂交狼尾草

Pennisetum glaucum
(L.) R. Brown × *P. purpureum*
Schum. 'Bangde No. 1'

品种来源 广西壮族自治区北海绿邦生物景观发展有限公司、南京富得草业开发研究所联合申报，2005年通过全国草品种审定委员会审定；登记为育成品种，品种登记号为315；申报者为白淑娟、施贵凌、周卫星、李增位。

形态特征 多年生，疏丛高大草本。秆高约3.5 m，基部节具气生根。种植密度为5株/m²时，单株分蘖数达26个，稀植时单株分蘖数可达100～200个。叶片披针形，长约80 cm，宽约6.5 cm，叶缘有刚毛，叶面有稀疏柔毛。圆锥花序圆柱状。

生物学特性 喜温暖湿润气候，适宜在我国热带、亚热带地区栽培利用。小花发育不全，花而不实，需用父母本杂交制种，亦可用成熟茎秆进行无性繁殖。

饲用价值 植株高大，叶片多，草质柔嫩，适口性好，各种家畜喜食。适于刈割青饲或调制青贮饲料。其化学成分见下表。

栽培要点 种子细小，种皮薄，易发芽，但幼芽顶土能力差，因此需要精细整地。气温稳定在15℃以上时播种，播种前需用杀虫剂拌种，防治地下害虫。播种量为7.5 kg/hm²，株行距40 cm×60 cm。每次刈割后补施氮肥才能发挥本品种的高产性能。

邦得1号杂交狼尾草的化学成分（%）

样品情况	占干物质					钙	磷
	粗蛋白	粗脂肪	粗纤维	无氮浸出物	粗灰分		
拔节期 绝干	9.98	3.57	32.90	44.15	9.40	—	—

数据来源：广西壮族自治区北海绿邦生物景观发展有限公司

栽培群体　植株局部　鞘口　花序

闽牧 6 号狼尾草 | *Pennisetum glaucum* (L.) R. Brown × *P. purpureum* Schum. 'Minmu No. 6'

品种来源　福建省农业科学院农业生态研究所申报，2011年通过福建省农作物品种审定委员会审定；登记为育成品种，品种登记号为2011003；申报者为黄勤楼、陈钟佃、黄秀声、陈志彤、冯德庆、钟珍梅。

形态特征　多年生，丛生直立草本。秆圆柱形，高约3.2 m，节间长9～12 cm。叶互生，长50～130 cm，宽2.5～5.2 cm，叶脉平行，无主侧脉之分，中脉明显向叶背突起，叶缘有锯齿，两面和叶鞘有少量绒毛。圆锥花序柱状，长约20 cm。

生物学特性　喜温暖湿润气候，日平均温度达15℃时开始生长，25～35℃时生长最为迅速，气温低于10℃时生长明显受抑。宿根性强，抗倒伏、抗旱、耐盐碱，在绝大多数土壤上均可生长。对锌特别敏感，在缺锌的土壤上叶片发白，生长不良，如不及时补施锌肥则会造成植株死亡。

饲用价值　叶量丰富，草质柔嫩，适口性好。适宜刈割青饲或青贮利用。其化学成分见下表。

栽培要点　种植前深耕土壤，施足有机肥。种茎选择生长期在100天以上的健壮植株；种植时芽眼朝上，与地面呈15°～45°角放入土中，覆土1～2节，露出地面1节；行株距以50 cm×50 cm或40 cm×60 cm为宜。苗期中耕除草1次；当幼苗长出3～4片叶时，施1次壮苗肥，施用尿素75～105 kg/hm²；当植株生长至50 cm左右时，施1次分蘖肥；每次刈割后应追施尿素和复合肥；入冬前最后一次刈割后，追施复合肥400～600 kg/hm²。

闽牧6号狼尾草的化学成分（%）

样品情况	占干物质					钙	磷
	粗蛋白	粗脂肪	粗纤维	无氮浸出物	粗灰分		
营养期　绝干	15.30	3.50	22.30	50.05	8.85	0.30	—

数据来源：福建省农业科学院农业生态研究所

叶片背腹面　　　　　　　秆叶

根系

秆节

株丛

蒺藜草属
Cenchrus L.

蒺藜草 | *Cenchrus echinatus* L.

形态特征 一年生，披散草本。秆高约50 cm，基部膝曲。叶鞘松弛，压扁具脊；叶舌短小；叶片狭长披针形，长5～20 cm，宽4～10 mm。总状花序直立，长4～8 cm，宽约1 cm；花序主轴具粗糙棱；刺苞呈稍扁圆球形，长5～7 mm，刚毛在刺苞上轮状着生，每刺苞内具2～4小穗；小穗椭圆状披针形，含2小花；颖膜质，第一颖三角状披针形，先端尖，长为小穗的1/2；第一小花雄性或中性，第一外稃与小穗等长，其内稃狭长，披针形；第二小花两性，第二外稃具5脉，包卷同质的内稃。颖果椭圆状扁球形，长2～3 mm。花果期夏季。

生境与分布 喜热带气候。生于干热沙质草地。海南、广东、广西的沿海区域常见分布。

饲用价值 抽穗前草质柔软，营养丰富，牛、羊极喜食，亦可割回喂兔、鹅及火鸡。抽穗后因花序具刺苞，牛、羊不再采食，其他动物也难以利用，利用期仅限于抽穗前的5～9月。其化学成分见下表。

蒺藜草的化学成分（%）

样品情况	占干物质					钙	磷
	粗蛋白	粗脂肪	粗纤维	无氮浸出物	粗灰分		
营养期　绝干	10.05	1.98	27.14	48.33	12.50	0.95	0.18

数据来源：中国热带农业科学院热带作物品种资源研究所

植株

株丛

花序

秆节

小穗簇

伪针茅属
Pseudoraphis Griff. ex Pilg.

长稃伪针茅 | *Pseudoraphis balansae* Henrard

形态特征 多年生，匍匐草本，具短根茎。秆较柔软，压扁，平滑无毛，上部常具分枝，下部横卧而节上生根，上升部分高约20 cm。叶鞘松弛，背部具脊；叶舌薄膜质，长约1 mm；叶片平展，线状披针形，长3～5 cm，宽2～4 mm。圆锥花序紧缩，长4～5 cm，基部常包藏于顶生叶鞘内；小穗披针形，长5～6.5 mm；刚毛长8～24 mm；第一颖薄膜质，顶端钝圆，第二颖纸质，顶端渐尖而稍粗糙，常具9脉；第一小花雄性，外稃与小穗等长，内稃膜质，略短于外稃；第二小花的外稃长圆状披针形，长约2.5 mm，内、外稃近等长。夏秋季抽穗。

生境与分布 喜生于沼泽湿地或湖、塘边潮湿之地。海南和广东有分布。

饲用价值 海南低地草甸的优势草种，通常旱季湿地水位下降时繁茂生长，形成草层高度较一致的片状草甸。其整个生育期草质柔嫩，各种家畜喜采食，属良等牧草。其化学成分见下表。

长稃伪针茅的化学成分（%）

样品情况	干物质	占干物质					钙	磷
		粗蛋白	粗脂肪	粗纤维	无氮浸出物	粗灰分		
营养期 干样	78.50	12.11	1.52	25.10	50.69	10.58	1.11	0.18

数据来源：中国热带农业科学院热带作物品种资源研究所

匍匐生长

花期群体

天然草地

秆节特征

花序局部

叶舌

秆叶局部

株丛基部

类雀稗属
Paspalidium Stapf

类雀稗 | *Paspalidium flavidium*
(Retz.) A. Camus

形态特征　多年生，<u>丛生草本</u>。秆压扁，高约1 m。叶鞘光滑，两侧压扁具脊；叶舌短小；叶片线状披针形，长5～30 cm，宽约6 mm，先端急尖。穗状花序6～9枚，长1.5～2.5 cm，稀疏排列于长达40 cm的主轴上；穗轴延伸为一小尖头；小穗卵形，长1.5～2.5 mm，左右排列在穗轴一侧，背部隆起，乳白色或稍带紫色，含2小花，仅第二小花结实；第一颖广卵形，长约为小穗之半，具3脉，第二颖略短于小穗，具7脉。颖果骨质，椭圆形，腹面平，背面隆起。

生境与分布　喜热带气候，不耐干旱。喜生于低海拔且较为潮湿的山坡、路旁荒地及疏林中。海南、广东及云南有分布。

饲用价值　秆叶繁茂，草质脆嫩，各种家畜喜食，为良等牧草。其化学成分见下表。

类雀稗的化学成分（%）

样品情况	干物质	占干物质					钙	磷
		粗蛋白	粗脂肪	粗纤维	无氮浸出物	粗灰分		
营养期　鲜样	27.20	8.91	1.45	36.12	42.00	11.52	1.12	0.20

数据来源：中国热带农业科学院热带作物品种资源研究所

秆叶局部　　　　　小穗

株丛

植株

花序

花序局部

尖头类雀稗 | *Paspalidium punctatum* (N. L. Burm.) A. Camus

形态特征　多年生，丛生草本。秆粗壮，高50～100 cm。叶鞘光滑，肿胀；叶舌为一圈毛；叶片线状披针形，长10～25 cm，宽3～8 mm。穗状花序长1～3 cm，短于主轴节间，8～15枚交互排列于长达45 cm的主轴上；穗轴扁平，宽1～2 mm；小穗卵状长椭圆形，长2～3 mm，覆瓦状排列在穗轴一侧；第一颖膜质，长不及1 mm，第二颖长约为小穗的1/2，先端圆钝；第一外稃与小穗近等长，具3～5脉，第二外稃卵形，长约2 mm，先端尾状渐尖，表面具细皱纹。颖果椭圆形，背部隆起。花果期7～10月。

生境与分布　喜热带气候。生于低海拔的池塘、水沟及沼泽地边缘的潮湿区域，也有的生于浅水湿地中。海南、广东有分布。

饲用价值　基生叶发达，整个生育期草质柔嫩，家畜喜食，适于放牧利用。其化学成分见下表。

尖头类雀稗的化学成分（%）

样品情况	干物质	占干物质					钙	磷
		粗蛋白	粗脂肪	粗纤维	无氮浸出物	粗灰分		
抽穗期　鲜样	31.50	7.74	2.21	40.08	41.00	9.02	0.83	0.15

数据来源：中国热带农业科学院热带作物品种资源研究所

秆节特征　　　　　　叶舌

穗状花序特写

植株及生境

穗状花序长于穗轴节间

小穗

钝叶草属
Stenotaphrum Trin.

钝叶草 | *Stenotaphrum helferi* Munro ex Hook. f.

形态特征 多年生，匍匐草本。秆于节处生根，向上抽出10～40 cm高的直立枝。叶鞘松弛，压扁具脊；叶舌极短；叶片带状，长5～17 cm，宽5～11 mm。花序主轴扁平呈叶状，长10～15 cm，宽3～5 mm；穗状花序嵌生于主轴的凹穴内，长7～18 mm；小穗互生，卵状披针形，长4～4.5 mm，含2小花，仅第二小花结实；颖先端尖，脉间有小横脉，第一颖广卵形，长为小穗的1/2～2/3，第二颖约与小穗等长；第一小花雄性；第一外稃与小穗等长，内稃厚膜质，第二外稃革质，有被微毛的小尖头，边缘包卷内稃。花果期秋季。

生境与分布 喜热带气候，耐荫蔽。在湿润且荫蔽的生境下，叶色油绿，叶形宽阔，节间较长；干热条件下，叶片短小，节间短缩。多生于低海拔的湿润草地、林缘或疏林中。海南、广东及云南有分布。

利用价值 成坪性能好，通常用于建植绿化草坪。在饲用价值方面，其草质柔嫩，适口性好，各类家畜均喜食，但草层低矮，只适于放牧利用。其化学成分见下表。

钝叶草的化学成分（%）

样品情况	干物质	占干物质					钙	磷
		粗蛋白	粗脂肪	粗纤维	无氮浸出物	粗灰分		
营养期 鲜样	28.12	8.90	1.56	30.02	49.30	10.22	0.71	0.14

数据来源：中国热带农业科学院热带作物品种资源研究所

秆叶局部　　　　　　基部节着地生根　　　　　　花序

花序局部

株丛

小穗解剖

叶片

锥穗钝叶草 | *Stenotaphrum subulatum* Trin.

形态特征 多年生，匍匐草本。节部着地生根并抽出花枝，花枝高约35 cm。叶鞘松弛，长于节间，边缘一侧具毛；叶舌微小；叶片披针形，长4～8 cm，宽5～10 mm。花序主轴圆柱状，长6～14 cm，径2～3 mm；穗状花序嵌生于主轴的凹穴内，长5～10 mm，具3～4小穗，穗轴边缘及小穗基部有细毛，顶端延伸于顶生小穗之上而成一小尖头；小穗长圆状披针形，长约3 mm；两颖膜质，长为小穗的1/5～1/4；第一外稃厚纸质，与小穗等长，脊间扁平，主脉两侧具细纵沟，第二外稃与小穗等长，顶端尖而几无毛，平滑。花期春季。

生境与分布 生于海岸沙滩。海南省三沙市有分布。

利用价值 锥穗钝叶草的分布面积不大，海南省三沙市属各岛屿有零星分布，其饲用价值不高，但在海岛绿化或耐盐草坪草选育方面具有重要的研究和利用价值。

植株

匍匐茎

花序

生境

株丛

叶片

砂滨草属
Thuarea Pers.

蒭雷草 | *Thuarea involuta* (Forst.)
R. Br. ex Roem. et Schult.

形态特征　多年生，匍匐草本。秆节处向下生根，直立部分高4～10 cm。叶鞘松弛，长1～2.5 cm；叶舌极短；叶片披针形，长2～3.5 cm，宽3～8 mm，通常两面有细柔毛。穗状花序长约2 cm；佛焰苞长约2 cm；穗轴叶状，两面密被柔毛，下部具1两性小穗，上部具4～5雄小穗。两性小穗卵状披针形，长3.5～4.5 mm，含2小花；第一颖退化，第二颖与小穗几等长；第一外稃草质，内稃膜质，具2脉，第二外稃厚纸质，内稃具2脉。雄小穗长圆状披针形，长3～4 mm；第一颖缺，第二颖草质；第一外稃纸质，背面被毛，内稃膜质；雄蕊3枚，花药长约2.2 mm；第二外稃纸质，具5脉，内稃具2脉。成熟后雄小穗脱落，叶状穗轴内卷包围结实小穗。花果期4～12月。

生境与分布　生于海岸沙滩。海南、广东、广西及福建有分布。

饲用价值　常在海滩上形成匍匐生长的成片低矮草地，茎叶柔嫩，牛、羊喜食，适于放牧利用，属良等牧草。其化学成分见下表。

蒭雷草的化学成分（%）

样品情况		干物质	占干物质					钙	磷
			粗蛋白	粗脂肪	粗纤维	无氮浸出物	粗灰分		
营养期	干样	87.50	9.20	1.87	32.14	45.61	11.18	1.84	0.21

数据来源：中国热带农业科学院热带作物品种资源研究所

花序

株丛

叶片及叶鞘

秆节特征

左侧为两性小穗、右侧为雄小穗

鬣刺属
Spinifex L.

老鼠芳 | *Spinifex littoreus* (N. L. Burman) Merr.

形态特征 多年生，丛生刺状草本。秆粗壮，坚实，表面常被蜡质，节上生根。叶鞘松弛，常相互覆叠；叶舌极短，顶端被长2~3 cm的纤毛；叶片坚硬而厚，长5~20 cm，宽2~3 mm。雄穗轴长4~9 cm，着生数枚雄小穗；雄小穗长9~12 mm，含1或2小花；颖草质，广披针形，顶端尖，具7~9脉，第一颖长约为小穗的1/2，第二颖长约为小穗的2/3；外稃长8~10 mm，具5脉；内稃与外稃近等长。雌小穗单生于穗轴基部，长约12 mm；穗轴长芒状，长8~15 cm；颖草质，第一颖稍短于小穗；第一小花外稃具5脉，内稃缺；第二小花外稃厚纸质，具5脉，内稃与外稃近等长。

生境与分布 生于热带海边沙地。海南、广东、广西、福建有分布。

利用价值 常在海边形成优势群落，可作为海边固沙护堤植物。饲用价值不高，仅羊采食其幼嫩部分，为劣等牧草。其化学成分见下表。

老鼠芳的化学成分（%）

样品情况	占干物质					钙	磷
	粗蛋白	粗脂肪	粗纤维	无氮浸出物	粗灰分		
开花期 绝干	7.76	2.18	48.74	29.45	11.87	0.43	0.15

数据来源：中国热带农业科学院热带作物品种资源研究所

叶舌

鞘口

秆节

雄花序

雌花序

生境与植株

芒属
Miscanthus Andersson

芒 | *Miscanthus sinensis* Andersson

形态特征 多年生，丛生直立草本。秆高1～2 m。叶鞘无毛；叶舌膜质，长约3 mm；叶片线形，长20～50 cm，宽6～10 mm。圆锥花序直立，长15～40 cm；分枝较粗硬，长10～30 cm；小穗披针形，长约5 mm，黄色有光泽，基盘具等长于小穗的丝状毛；第一颖具3～4脉，背部无毛，第二颖具1脉，边缘具纤毛；第一外稃膜质，长约4 mm，第二外稃明显短于第一外稃，先端2裂，裂片间具1芒，第二内稃长约为其外稃的1/2；雄蕊3枚，花药长约2.5 mm；柱头羽状，长约2 mm，紫褐色。颖果长圆形。花果期7～12月。

生境与分布 生于热性山地、丘陵和荒坡原野中，常与野古草成为长江以南热性山地、草地的优势草种。长江以南均有分布。

饲用价值 幼嫩时牛喜食，但抽穗后秆叶变硬，草质粗糙，适口性差，为劣等牧草。其化学成分见下表。

芒的化学成分（%）

样品情况	占干物质					钙	磷
	粗蛋白	粗脂肪	粗纤维	无氮浸出物	粗灰分		
花前期　绝干	9.28	0.80	37.30	47.52	5.10	—	—

数据来源：四川农业大学

叶片　　　　　　　　秆叶局部　　　　　　　　花序

株丛

小花开放状态的花序

鞘口

小穗

五节芒 | *Miscanthus floridulus* (Lab.) Warb. ex Schum. et Laut.

花序局部

形态特征 多年生，丛生直立草本，具发达根状茎。秆高2～4 m，节下具白粉。叶舌长约2 mm；叶片披针状线形，长25～60 cm，宽1.5～3 cm。圆锥花序大型，长30～50 cm；分枝长15～20 cm，通常10多枚簇生于基部各节；总状花序轴的节间长3～5 mm，小穗柄无毛，短柄长约1.5 mm，长柄长约3 mm；小穗卵状披针形，长约3.5 mm，基盘具较长于小穗的丝状柔毛；第一颖无毛，顶端渐尖，第二颖等长于第一颖，具3脉，中脉成脊；第一外稃长圆状披针形，边缘具纤毛，第二外稃卵状披针形，长约2.5 mm；内稃微小；雄蕊3枚；花柱极短，柱头紫黑色，自小穗中部之两侧伸出。花果期5～10月。

生境与分布 生于低海拔撂荒地、丘陵潮湿谷地、山坡或草地上，是热性丘陵草地的优势草种。长江以南有分布。

饲用价值 幼嫩时牛喜食，抽穗后秆叶变硬，且叶缘锋利，适口性降低，属中等牧草。其化学成分见下表。

五节芒的化学成分（%）

样品情况	占干物质					钙	磷
	粗蛋白	粗脂肪	粗纤维	无氮浸出物	粗灰分		
营养期　绝干[1]	5.83	1.58	43.00	44.01	5.58	0.24	0.13
拔节期　绝干[2]	5.68	1.42	44.50	42.56	5.84	0.70	0.12

数据来源：1. 江苏省农业科学院；2. 贵州省草业研究所

花序局部

花序

叶舌

鞘口

株丛

生境

秆节

荻 | *Miscanthus sacchariflorus* (Maximowicz) Hackel

形态特征　多年生，直立草本。秆高约1.5 m。叶鞘无毛；叶舌短；叶片扁平，长20～50 cm，宽5～18 mm。圆锥花序，长10～20 cm，宽约10 cm；主轴无毛，具10～20枚分枝；小穗柄顶端稍膨大，基部腋间常生有柔毛；小穗线状披针形，长5～5.5 mm，基盘具丝状柔毛；第一颖边缘和背部具长柔毛，第二颖与第一颖近等长；第一外稃稍短于颖，第二外稃狭窄披针形，顶端尖，具小纤毛；第二内稃长约为外稃之半，具纤毛；雄蕊3枚，花药长约2.5 mm；柱头紫黑色，自小穗中部以下的两侧伸出。颖果长圆形，长1.5 mm。花果期8～10月。

生境与分布　生于山坡草地和河岸湿地。华东及华中有分布。

饲用价值　嫩叶营养价值较高，可供放牧利用。放牧后的再生草，夏秋之际尚可割下晒制干草。抽穗之后茎叶逐渐坚硬粗糙，适口性降低。其化学成分见下表。

荻的化学成分（%）

样品情况	占干物质					钙	磷
	粗蛋白	粗脂肪	粗纤维	无氮浸出物	粗灰分		
开花期　绝干	4.49	1.99	38.10	47.65	7.77	0.39	0.17

数据来源：江苏省农业科学院

群体

节部

花序局部（小穗）

鞘口

白茅属
Imperata Cyrillo

白 茅 | *Imperata cylindrica*
(L.) Beauv.

形态特征 多年生，直立草本，具长根状茎。秆丛生，高25～80 cm，具2～3节。叶片条形，长5～60 cm，宽2～8 mm。花序圆柱形，长5～20 cm，分枝短而紧密；小穗披针形，长3～4 mm，基部有长为小穗3～4倍的丝状柔毛；第一颖透明膜质，较狭，具3～4脉，第二颖透明膜质，较宽，具4～6脉；第一外稃卵圆形，第二外稃披针形，长约1.2 mm，先端尖或具齿；内稃与外稃略等长。花果期4～11月。

生境与分布 适应性较强，在热带、亚热带广泛分布，冷凉地区也偶见分布。长江以南低海拔荒坡草地的常见草种。

饲用价值 白茅是根状茎极其发达的丛生型草种，侵占性强，常形成株丛密集的单优种种群，早春恢复生长快，适宜放牧利用，水牛、黄牛均喜采食。其化学成分见下表。

白茅的化学成分（%）

样品情况		占干物质					钙	磷
		粗蛋白	粗脂肪	粗纤维	无氮浸出物	粗灰分		
抽穗期	绝干[1]	3.91	2.38	36.89	49.82	7.01	0.52	0.17
分蘖期	绝干[2]	5.81	1.10	43.00	43.59	6.50	—	—
拔节期	绝干[3]	11.04	1.80	38.56	41.25	7.35	0.89	0.22

数据来源：1.湖北省农业科学院畜牧兽医研究所；2.重庆市畜牧科学院；3.贵州省草业研究所

花序局部

叶鞘

花序

根系

植株局部（叶片）

株丛

黄穗茅 | *Imperata flavida*
Keng ex S. M. Phillips et S. L. Chen

形态特征 多年生，丛生草本，具发达根状茎。叶舌干膜质，长约1 mm；叶片线形，长20～50 cm，宽约13 mm。圆锥花序狭窄，呈圆柱状，长约13 cm；小穗披针形，长约4 mm，基部密生丝状柔毛；总状花序轴细弱，各节具1短柄和1长柄小穗，柄两侧疏生丝状柔毛；两颖几相等，背部及边缘密生长柔毛；第一外稃披针形，长约2.2 mm，第二外稃长圆形，长约1.2 mm，顶端具2～3浅裂；内稃长约0.8 mm，全缘，无毛；雄蕊2枚，花药黄棕色，长2.5～2.8 mm，柱头2枚，帚刷状，长约2.5 mm，黄棕色。花果期夏秋季。

生境与分布 生于林中山谷、溪边潮湿草地和河滩浅水处。特产于海南东方市、昌江黎族自治县、陵水黎族自治县、琼中黎族苗族自治县、定安县等。

饲用价值 叶量大，抽穗前适口性较好，黄牛、水牛喜采食，适于放牧利用，也可刈割青饲。其化学成分见下表。

黄穗茅的化学成分（%）

样品情况		干物质	占干物质					钙	磷
			粗蛋白	粗脂肪	粗纤维	无氮浸出物	粗灰分		
营养期	鲜样	32.60	6.58	1.42	41.23	43.63	7.14	0.68	0.08

数据来源：中国热带农业科学院热带作物品种资源研究所

株丛

花序

秆节

小穗

叶舌

甘蔗属
Saccharum L.

河八王 | *Saccharum narenga*
(Nees ex Steudel) Wallich ex Hack.

形态特征　多年生，高大直立草本。秆高1～3 m，直径5～8 mm，节具长髯毛，被白粉。叶鞘生疣基柔毛；叶舌厚膜质，钝圆，具纤毛；叶片长线形，边缘具锯齿状粗糙。圆锥花序紧缩，长20～30 cm，主轴被白色柔毛；总状花序轴节间与小穗边缘疏生纤毛，先端稍膨大；无柄小穗披针形，基盘具丝状毛；第一颖革质，具2脊，背部疏生少数柔毛，第二颖船形，具3脉。花果期8～11月。

生境与分布　生于山坡草地，耐旱，耐贫瘠。产广东、广西、四川和江苏等。

饲用价值　营养期草质中等，大型草食动物有采食，抽穗后适口性迅速降低，家畜极少采食。

花序

株丛

秆节

鞘口

叶舌

小穗

甜根子草 | *Saccharum spontaneum* L.

形态特征 多年生，直立草本，具发达根茎。秆高1～2 m，直径4～8 mm；节具短毛。鞘口具柔毛；叶舌膜质，长约2 mm；叶片线形，长30～70 cm，宽4～8 mm。圆锥花序长20～40 cm；总状花序轴节间长约5 mm，边缘与外侧疏生长丝状柔毛。无柄小穗披针形，长约4 mm，基盘具丝状毛；两颖近相等，第一颖上部边缘具纤毛，第二颖中脉成脊，边缘具纤毛；第一外稃卵状披针形，边缘具纤毛，第二外稃窄线形，长约3 mm；第二内稃微小；雄蕊3枚；柱头紫黑色，长约2 mm。有柄小穗与无柄者相似。花果期7～8月。

生境与分布 喜干热生境。生于干热山坡草地或砾石沙滩荒洲上，是海南西部干热灌丛草地的优势草种，同类型草地中也常见到斑茅（*Saccharum arundinaceum*）、红毛草（*Melinis repens*）等草种。长江以南低海拔地区常见分布，尤以华南分布最为广泛。

饲用价值 株型高大，产量高，但茎叶质地粗糙，适口性差，牛、马、羊仅中度采食，幼嫩时水牛喜食。为改善其适口性，可以调制成青贮饲料利用。其化学成分见下表。

甜根子草的化学成分（％）

样品情况		干物质	占干物质					钙	磷
			粗蛋白	粗脂肪	粗纤维	无氮浸出物	粗灰分		
营养期	干样	95.50	6.45	1.75	42.52	43.07	6.21	0.32	0.09

数据来源：中国热带农业科学院热带作物品种资源研究所

秆叶局部

花序

株丛

叶舌

小穗

叶鞘及秆节

甘 蔗 | *Saccharum officinarum* L.

形态特征　多年生，直立草本。秆高3～5 m，直径2～4 cm，具20～40节，下部节间较短而粗大，被白粉。叶鞘长于节间，除鞘口具柔毛外其余无毛；叶舌极短，具纤毛；叶片长达1 m，宽4～6 cm。圆锥花序大型，长约50 cm；总状花序多数轮生；总状花序轴节间与小穗柄无毛；小穗线状长圆形，长约4 mm；基盘具长于小穗2～3倍的丝状柔毛；第一颖脊间无脉，不具柔毛，顶端尖，边缘膜质，第二颖具3脉，中脉成脊，粗糙；第一外稃膜质，与颖近等长，第二外稃微小；第二内稃披针形。

生境与分布　喜热带气候，是世界主要的制糖经济作物。华南、西南、华中和华东均有栽培，主栽区为华南，以广西栽培面积最大。

饲用价值　甘蔗的饲用价值主要在其副产品上，蔗叶及蔗梢可用作反刍动物的饲料，牛较喜食。蔗渣经酶解发酵，可用作饲料，此外，脱水蔗汁、糖蜜、糖泥及糖泥制取乙醇后的副产品均可以添加到饲料中加以利用。其化学成分见下表。

甘蔗的化学成分（%）

样品情况		干物质	占干物质					钙	磷
			粗蛋白	粗脂肪	粗纤维	无氮浸出物	粗灰分		
全株	鲜样[1]	32.40	9.00	1.50	30.50	53.70	5.30	—	—
蔗秆	鲜样[1]	15.20	6.90	0.80	31.50	52.10	8.70	—	—
蔗渣	干样[1]	89.36	2.57	0.78	38.27	51.81	6.56	—	—
拔节期	干样[2]	89.29	7.83	1.28	39.47	44.40	7.02	0.92	0.12

数据来源：1. 中国热带农业科学院热带作物品种资源研究所；2. 贵州省草业研究所

小穗

叶舌

栽培群体

叶片　　　　　　　　　秆节　　　　　　　　　鞘口

斑茅 | *Saccharum arundinaceum* Retz.

形态特征 多年生，丛生直立草本。秆高2～4 m。叶鞘基部或上部边缘和鞘口具柔毛；叶舌膜质，长1～2 mm；叶片宽大，长1～2 m，宽2～5 cm。圆锥花序大型，长30～80 cm，宽5～10 cm；总状花序轴节间与小穗柄线形，长3～5 mm，被长丝状柔毛；无柄与有柄小穗狭披针形，长约4 mm；两颖近等长，第一颖沿脊微粗糙，背部具丝状柔毛，第二颖上部边缘具纤毛；第一外稃顶端尖，上部边缘具小纤毛；第二外稃披针形；第二内稃长圆形，顶端具纤毛；花药长约2 mm；柱头紫黑色，长约2 mm。颖果长圆形，长约3 mm。花果期8～12月。

生境与分布 喜热带气候，适应性较强。生于干热山坡、林缘、河岸或海边沙质草地。长江以南低海拔地区常见分布，是海南、广东及广西干热草丛草地或云南干热河谷灌丛草地的优势草种。

饲用价值 火烧后恢复生长时秆叶幼嫩，牛喜采食，适于放牧利用。生长后期植株纤维化程度高，适口性差，家畜不采食或偶有采食。其化学成分见下表。

斑茅的化学成分（%）

样品情况	占干物质					钙	磷
	粗蛋白	粗脂肪	粗纤维	无氮浸出物	粗灰分		
结实期　绝干	5.22	1.42	41.67	45.57	6.12	—	—

数据来源：重庆市畜牧科学院

群体

株丛

花序　　　　小穗　　　鞘口　　　叶鞘

蔗 茅 | *Saccharum rufipilum* Steudel

形态特征　多年生，丛生草本。秆直立，节具髭毛。叶鞘上部或边缘被柔毛；叶舌质厚，长约2 mm；叶片长20～60 cm，宽约2 cm。圆锥花序大型直立，长约30 cm，宽约3 cm，主轴密生丝状柔毛；分枝稠密；小穗长约3 mm，基盘具丝状毛；第一颖厚纸质，近边缘具丝状柔毛，第二颖稍长于第一颖，上部边缘具纤毛；第一外稃披针形，第二外稃长约1 mm，顶端延伸成芒，芒长约15 mm；第二内稃小；雄蕊3枚，花药长约1 mm；柱头羽毛状，自小穗顶端伸出。花果期6～10月。

生境与分布　适应性较强，耐旱、耐贫瘠。常生于西南各省份的向阳山坡谷地中。

饲用价值　生物量大，早春或初夏适口性中等，牛、马喜采食，可放牧利用或刈割晒制干草。秋冬季节抽穗后秆叶老化，适口性差，一般家养动物不喜采食，但大象喜采食。其化学成分见下表。

蔗茅的化学成分（%）

样品情况		占干物质					钙	磷
		粗蛋白	粗脂肪	粗纤维	无氮浸出物	粗灰分		
结实期	绝干	7.11	1.40	40.20	45.29	6.00	—	—

数据来源：重庆市畜牧科学院

秆叶局部

叶舌

鞘口

节部特征

株丛

花序

滇蔗茅 | *Saccharum longesetosum* (Andersson) V. Narayanaswami

形态特征　多年生，高大直立草本。秆高2 m左右，节下被白粉。叶鞘长于节间；叶舌质厚，长约3 mm；叶片线状披针形，长15～40 cm，宽25～40 mm。圆锥花序较密集，长可达50 cm；小穗披针形，长约5 mm；基盘具黄色丝状柔毛；第一颖顶端膜质，第二颖顶端渐尖，边缘具纤毛；第一外稃较颖短，第二外稃狭线形，长约3 mm，中脉延伸成芒，长约20 mm；内稃长约1 mm；雄蕊3枚，花药长约3 mm；柱头紫色，羽毛状，自小穗顶端之两侧伸出。花果期8～11月至翌年4月。

生境与分布　生于中低海拔的干燥山坡、林缘或山谷河流两岸。西南常见分布。

饲用价值　叶片宽阔而质脆，牛喜采食，抽穗开花后逐渐老化，适口性降低，在抽穗前放牧利用或刈割青饲，也可晒制过冬干草。其化学成分见下表。

滇蔗茅的化学成分（%）

样品情况		干物质	占干物质					钙	磷
			粗蛋白	粗脂肪	粗纤维	无氮浸出物	粗灰分		
叶片	干样	87.40	8.78	1.24	37.21	43.62	9.15	0.51	0.09

数据来源：中国热带农业科学院热带作物品种资源研究所

叶舌

抽穗末期花序

抽穗早期花序

叶鞘

基部秆节

株丛

大油芒属
Spodiopogon Trin.

箭叶大油芒 | *Spodiopogon sagittifolius* Rendle

形态特征 多年生，直立草本。秆高约60 cm。叶舌膜质，长约5 mm；叶具柄，下部柄可长达10 cm；叶片线状披针形，长约20 cm，宽约1.5 cm，基部2裂成箭镞形。圆锥花序长9~15 cm；分枝轮生；总状花序轴节间及小穗柄约等长于小穗；小穗长约6 mm，基部具短髯毛；两颖近相等，第一颖脉间具柔毛，顶端尖，第二颖具8~11脉；外稃与内稃近等长，透明膜质，边缘具纤毛，第一外稃先端浅裂；雄蕊3枚，花药长约3 mm；第二小花两性，第二外稃狭窄，下部具3脉，裂齿间伸出膝曲的芒，芒长约20 mm；内稃宽大，边缘具纤毛。花果期秋季。

生境与分布 喜热带、亚热带气候。生于海拔1500 m以下的山地疏林下。产云南和四川。

利用价值 牛、羊采食，属良等饲用植物。但该种分布狭窄，居群数量少，是《国家重点保护野生植物名录》收录的国家II级重点保护野生植物，以保护为主。

生境

叶片基部特征

株丛

花序

植株基部特征

叶鞘

节部

莠竹属
Microstegium Nees

刚莠竹 | *Microstegium ciliatum* (Trin.) A. Camus

形态特征 多年生，蔓生草本。秆高1 m以上。叶舌膜质，长约2 mm；叶片披针形，长10～20 cm，宽6～15 mm。总状花序5～15枚着生于短缩主轴上呈指状排列，长6～10 cm；总状花序轴节间长约4 mm。无柄小穗披针形，长约3.2 mm，基盘毛长1.5 mm；第一颖背部具凹沟，边缘具纤毛，第二颖舟形，上部具纤毛，顶端延伸成小尖头；第一外稃不存在；第一内稃长约1 mm；第二外稃狭长圆形；芒长8～10 mm；雄蕊3枚，花药长约1.5 mm。有柄小穗与无柄者同形，小穗柄长约3 mm，边缘密生纤毛。颖果长圆形，长约2 mm。花果期9～12月。

生境与分布 喜湿润的热带气候。生于低海拔的背阴山坡草地、杂木林间、林缘及沟边湿地。海南最常见分布于中部山区，与蔓生莠竹（*Microstegium fasciculatum*）构成湿润热性草丛类草地的优势草种。广东、广西、福建、江西、贵州及云南均有分布。

饲用价值 茎叶比低，生物量大，秆叶柔嫩，适口性好，家畜喜采食，属优等牧草。适宜放牧利用，也可刈割青饲。其化学成分见下表。

刚莠竹的化学成分（%）

样品情况	干物质	占干物质					钙	磷
		粗蛋白	粗脂肪	粗纤维	无氮浸出物	粗灰分		
营养期　干样	92.10	7.06	0.93	43.64	40.81	7.56	0.35	0.12

数据来源：贵州省草业研究所

叶舌　　基部秆节生根　　小穗

叶鞘及鞘口

节部特征

花序局部

花序

株丛

蔓生莠竹 | *Microstegium fasciculatum* (L.) Henrard

形态特征 多年生，丛生草本。秆高达1 m。叶片长12～15 cm，宽5～8 mm。总状花序3～5枚，带紫色，长约6 cm，着生于无毛的主轴上；总状花序轴节间呈棒状，稍短于小穗的1/3，边缘具短纤毛。无柄小穗长圆形，长约4 mm；基盘具长约1 mm的柔毛；第一颖纸质，先端钝，微凹缺，第二颖膜质；第一小花雄性，花药长约2 mm；第二外稃微小，长约0.5 mm，2裂，芒从裂齿间伸出，长约10 mm，中部膝曲；第二内稃卵形，顶端钝；雄蕊3枚，花药长约2.5 mm。有柄小穗与无柄小穗相似。花果期8～10月。

生境与分布 喜湿润的热带气候。生于低海拔的背阴山坡草地、杂木林间、林缘及沟边湿地，与刚莠竹构成湿润热性草丛类草地的优势草种。广东、广西、福建、江西及云南均有分布。

饲用价值 通常形成株丛密集的草地，利用价值高。其茎叶比低，生物量大，秆叶柔嫩，适口性好，家畜均喜采食，属优等牧草。适宜放牧利用，也可刈割青饲。其化学成分见下表。

蔓生莠竹的化学成分（%）

样品情况	干物质	占干物质					钙	磷
		粗蛋白	粗脂肪	粗纤维	无氮浸出物	粗灰分		
营养期　干样	92.00	10.88	2.52	31.12	47.96	7.42	0.51	0.10

数据来源：中国热带农业科学院热带作物品种资源研究所

花序局部

花序

秆叶局部

群体

柔枝莠竹 | *Microstegium vimineum*
(Trin.) A. Camus

形态特征　一年生，披散草本。秆下部匍匐地面，节上生根。叶鞘短于其节间，鞘口具柔毛；叶舌截形，长约0.5 mm；叶片长4～8 cm，宽5～8 mm。总状花序2～6枚，长约5 cm，近指状排列于长5～6 mm的主轴上。无柄小穗长约4.5 mm；第一颖披针形，背部有凹沟，贴生微毛，先端具网状横脉，沿脊有锯齿状粗糙，内折边缘具丝状毛，顶端尖，第二颖沿中脉粗糙，顶端渐尖，无芒；雄蕊3枚。有柄小穗与无柄小穗相似，小穗柄短于穗轴节间。颖果长圆形，长约2.5 mm。花果期8～11月。

生境与分布　喜生于潮湿的环境，最常见于阴湿草地或山涧河流冲积带。海南、广东、广西、福建等常见分布。

饲用价值　草质柔嫩，牛、羊、马喜食，特别为黄牛和水牛所喜食。长江以南夏秋季常刈割用来晒制干草，供冬季补饲耕牛。粗蛋白含量较高，为优等牧草。其化学成分见下表。

柔枝莠竹的化学成分（%）

样品情况		干物质	占干物质					钙	磷
			粗蛋白	粗脂肪	粗纤维	无氮浸出物	粗灰分		
抽穗期	干样[1]	94.72	11.83	2.24	34.57	40.94	10.42	0.48	0.09
营养期	干样[2]	95.36	9.70	1.28	38.14	41.00	9.88	0.49	0.24

数据来源：1.中国热带农业科学院热带作物品种资源研究所；2.湖北省农业科学院畜牧兽医研究所

群体（营养期）

花序

花序局部

小穗

植株

基部秆节

根系

节部特征

秆叶特写

竹叶茅 | *Microstegium nudum*
(Trin.) A. Camus

形态特征 一年生，蔓生草本。秆细弱，下部节上生根，高20～80 cm。叶鞘上部边缘及鞘口具纤毛；叶舌长约0.5 mm；叶片披针形，长3～8 cm，宽5～11 mm。总状花序长4～8 cm，3～5枚着生于主轴上；总状花序轴节间长5～10 mm，每节着生一有柄与一无柄小穗。无柄小穗长约4 mm；第一颖披针形，背部具一浅沟，第二颖背部近圆形，除脊粗糙外余无毛；第一外稃膜质，长约1.5 mm，第二外稃线形，长约2 mm，第二内稃短小；雄蕊2枚，花药长约1 mm。颖果长圆形，长2～3 mm。有柄小穗与无柄小穗相似，小穗柄长约3 mm。花果期8～10月。

生境与分布 喜荫蔽的潮湿环境。生于疏林下、山谷沟边或农田水沟边。华南、西南及华中林区草坡常见分布。

饲用价值 竹叶茅属低矮小草本，生物量小，但草质优良、适口性佳，山羊极喜采食，适于放牧利用。其化学成分见下表。

竹叶茅的化学成分（%）

样品情况	干物质	占干物质					钙	磷
		粗蛋白	粗脂肪	粗纤维	无氮浸出物	粗灰分		
营养期　干样	87.80	12.14	1.87	28.00	51.54	6.45	0.32	0.05

数据来源：中国热带农业科学院热带作物品种资源研究所

生境及群体

叶片

花序局部

花序

黄金茅属
Eulalia Kunth

金 茅 | *Eulalia speciosa* (Debeaux) Kuntze

形态特征 多年生，丛生直立草本。秆高70～120 cm，节常被白粉；叶鞘基部密生棕黄色绒毛；叶舌截平，长约1 mm；叶片长25～50 cm，宽4～7 mm。总状花序5～8枚，淡黄棕色至棕色；总状花序轴节间长约4 mm，边缘具白色纤毛。无柄小穗长圆形，长约5 mm；第一颖背部微凹，第二颖舟形，背具1脉成脊，在脊两旁常具柔毛；第一小花仅一外稃，长圆状披针形；第二外稃较狭，长约3 mm，先端2浅裂，裂齿间伸出长约15 mm的芒；第二内稃卵状长圆形；雄蕊3枚，花药长约3.5 mm。有柄小穗与无柄小穗相似。花果期8～11月。

生境与分布 喜干燥生境。常见于山坡草地。华南、华中、华东及西南有分布。

饲用价值 金茅多为丛生状，抽穗前基生叶适口性好，牛、羊有采食，抽穗后老化干枯和反卷，适口性变差。适于营养期放牧利用，属质量中等的牧草。其化学成分见下表。

金茅的化学成分（%）

样品情况		干物质	占干物质					钙	磷
			粗蛋白	粗脂肪	粗纤维	无氮浸出物	粗灰分		
营养期	干样[1]	91.07	7.29	1.59	49.47	33.22	7.41	0.59	0.43
营养期	干样[2]	88.10	6.39	1.88	40.11	41.29	10.33	0.17	0.11

数据来源：1.西南民族大学；2.湖北省农业科学院畜牧兽医研究所

叶鞘　　花序　　花序局部　　秆节

株丛

叶舌

小穗

拟金茅属
Eulaliopsis Honda

拟金茅 | *Eulaliopsis binata* (Retz.) C. E. Hubb.

形态特征 多年生，丛生直立草本。秆高30～80 cm，具3～5节。基生叶鞘密被白色绒毛；叶片狭线形，长10～30 cm，宽1～4 mm。总状花序密被淡黄褐色绒毛，2～4枚呈指状排列，长2～4.5 cm；小穗长3.8～6 mm，基盘具黄色丝状柔毛；第一颖具7～9脉，中部以下密生黄色丝状柔毛，第二颖稍长于第一颖，具5～9脉，先端具小尖头；第一外稃长圆形，与第一颖等长，第二外稃狭长圆形，先端有长2～9 mm的芒，芒具不明显一回膝曲；第二内稃宽卵形；花药长约2.5 mm，柱头帚刷状，黄褐色或紫黑色。

生境与分布 生于向阳山坡草地，在广东乳源瑶族自治县等的热性山坡草丛草地中为单优势草种，而在贵州兴义市等的石漠化矮灌丛草地中是主要的伴生种。

饲用价值 在广东及广西的亚热带山坡草地中拟金茅是主要的优势草种，有些区域也形成单优势草种，分布面积较大，利用价值较高，适于放牧利用。其化学成分见下表。

拟金茅的化学成分（%）

样品情况		干物质	占干物质					钙	磷
			粗蛋白	粗脂肪	粗纤维	无氮浸出物	粗灰分		
营养期	干样[1]	87.90	10.16	2.14	34.21	46.05	7.52	0.71	0.13
结实期	干样[2]	88.24	13.05	2.38	42.55	31.98	10.04	1.01	0.28

数据来源：1.中国热带农业科学院热带作物品种资源研究所；2.贵州省草业研究所

秆叶局部　　　　　　　花序

基生叶鞘密被白色绒毛

成熟期花序

株丛

单一优势种的山坡草地

金发草属
Pogonatherum P. Beauv.

金发草 | *Pogonatherum paniceum*
(Lam.) Hack.

形态特征　多年生，丛生草本。秆基硬，基部具被密毛的鳞片，高30～60 cm，具3～8节。叶鞘短于节间；叶舌长约0.4 mm，边缘具短纤毛，背部常具疏细毛；叶片线形，扁平，质较硬，长1.5～5.5 cm，宽1.5～4 mm。总状花序稍弯曲，长1.3～3 cm，宽约2 mm，总状花序轴节间与小穗柄几等长，长约为无柄小穗之半。无柄小穗长约3 mm，基盘毛长约1.5 mm。有柄小穗较小，第一小花缺，第二小花雄性。花果期4～10月。

生境与分布　生于半荫蔽的低海拔山坡草地、疏丛林下及路边。华南、西南常见分布，华中偶见分布。

饲用价值　广西、贵州及云南的中低海拔石漠化灌丛中的优势草种。金发草属密集丛生的低矮小草本，叶片密集，整个生育期茎叶柔软，牛、马、羊喜食，适于放牧利用，放牧后恢复生长快，属良等牧草。其化学成分见下表。

金发草的化学成分（%）

样品情况		干物质	占干物质					钙	磷
			粗蛋白	粗脂肪	粗纤维	无氮浸出物	粗灰分		
营养期	鲜样	23.61	6.25	1.99	34.12	53.46	4.18	1.24	0.05
结实期	干样	86.72	5.15	0.51	40.42	47.47	6.45	0.77	0.11

数据来源：贵州省草业研究所

花期株丛　　　　　鞘口

植株分枝

秆叶局部

花序

生境与株丛

金丝草 | *Pogonatherum crinitum* (Thunb.) Kunth

形态特征　一年生，丛生直立小草本。秆高10～30 cm。叶舌短，纤毛状；叶片线形，扁平，长1.5～5 cm，宽1～4 mm，顶端渐尖。穗形总状花序单生于秆顶，长1.5～3 cm；总状花序轴节间与小穗柄均压扁，长为无柄小穗的1/3～2/3，两侧具长短不一的纤毛。无柄小穗长不及2 mm；第一颖扁平，长约1.5 mm，第二颖与小穗等长，舟形，先端2裂，脉延伸成弯曲的芒；第一小花完全退化或仅存一外稃；第二小花外稃稍短于第一颖，先端2裂，裂齿间伸出细弱而弯曲的芒；内稃宽卵形；花柱自基部分离为2枚；柱头帚刷状，长约1 mm。有柄小穗与无柄小穗同形同性，但较小。花果期5～9月。

生境与分布　生于中低海拔地区的背阴山坡、路旁、石缝间或灌木林下阴湿地。长江以南均有分布。

饲用价值　草质细软，牛、羊、马喜食。其化学成分见下表。

金丝草的化学成分（%）

样品情况		干物质	占干物质					钙	磷
			粗蛋白	粗脂肪	粗纤维	无氮浸出物	粗灰分		
营养期	鲜样[1]	25.30	6.21	1.59	30.36	56.24	5.6	0.31	0.17
抽穗期	鲜样[1]	27.10	4.68	1.47	33.89	52.16	7.80	0.27	0.18
成熟期	干样[2]	94.22	10.38	2.07	34.75	35.52	17.28	0.66	0.18
分蘖期	鲜样[3]	26.84	7.94	0.90	42.60	41.66	6.90	—	—

数据来源：1.中国热带农业科学院热带作物品种资源研究所；2.湖北省农业科学院畜牧兽医研究所；3.重庆市畜牧科学院

节部特征　　花序　　鞘口　　株丛

花期株丛

高粱属
Sorghum Moench

高粱 | *Sorghum bicolor* (L.) Moench

形态特征 一年生，丛生直立草本。叶鞘稍有白粉；叶舌硬膜质；叶片线形，长40~70 cm，宽3~5 cm。圆锥花序疏松，长约30 cm；主轴具纵棱，分枝轮生。无柄小穗倒卵形，长约6 mm，宽约4.5 mm；两颖均革质；外稃透明膜质，第一外稃披针形，边缘有长纤毛，第二外稃顶端稍2裂，自裂齿间伸出一膝曲的芒；雄蕊3枚；子房倒卵形；花柱分离，柱头帚状。有柄小穗的柄长约2.5 mm，小穗线形至披针形，长约5 mm，雄性或中性，宿存，褐色至暗红棕色；第一颖9~12脉，第二颖7~10脉。颖果两面平凸，长约4 mm，淡红色至红棕色。花果期6~9月。

生境与分布 适应性较强，在南北气候条件下均可生长。长江以南均有栽培。

饲用价值 粮饲兼用型作物。作为粮食作物栽培时，其秸秆是调制干草的重要来源，收获的籽粒可作为精饲料利用。也可作牧草栽培，具有产量高、青绿期秆叶柔嫩、适口性佳等优点，通常作刈割青饲或在蜡熟期刈割后调制青贮饲料。其化学成分见下表。

高粱的化学成分（%）

样品情况	干物质	占干物质					钙	磷
		粗蛋白	粗脂肪	粗纤维	无氮浸出物	粗灰分		
营养期 鲜样[1]	31.50	9.18	2.21	24.81	57.35	6.45	0.27	0.11
秸秆 干样[1]	94.20	4.71	1.23	42.20	41.46	10.41	0.37	0.14
结实期 鲜样[2]	23.16	9.95	2.40	22.40	60.45	4.80	—	—

数据来源：1. 中国热带农业科学院热带作物品种资源研究所；2. 重庆市畜牧科学院

花序　　　　　　　　　　　　　　　　　　　茎秆特征

栽培群体

植株

鞘口

花序局部

颖果

孪生小穗

石 茅 | *Sorghum halepense* (L.) Pers.

形态特征　多年生，直立草本，具根状茎。秆高50～150 cm。叶鞘无毛；叶舌硬膜质；叶片线状披针形，长25～70 cm，宽约2 cm，中部最宽，中部以下渐狭。圆锥花序长20～40 cm。无柄小穗椭圆形，长约5 mm，宽约2 mm，具柔毛，成熟后淡棕黄色，基盘钝，被短柔毛；颖薄革质，第一颖具5～7脉，脉在上部明显，顶端两侧具脊，延伸成3小齿，第二颖上部具脊；第一外稃披针形，具2脉，第二外稃顶端多少2裂，有芒自裂齿间伸出。有柄小穗雄性，较无柄小穗狭窄，颜色较深，质地亦较薄。花果期夏秋季。

生境与分布　喜湿热生境。生于山谷河岸、河边冲积区或撂荒地。华南均有分布。

饲用价值　石茅生长初期，营养价值高，适口性好，牛、马喜食。孕穗期刈割可以晒制成优质干草，也可以调制成青贮饲料。其化学成分见下表。

石茅的化学成分（%）

样品情况		干物质	占干物质					钙	磷
			粗蛋白	粗脂肪	粗纤维	无氮浸出物	粗灰分		
营养期	干样	89.68	11.09	2.77	35.33	42.53	8.28	0.12	0.70

数据来源：中国热带农业科学院热带作物品种资源研究所

株丛

鞘口

叶舌

节部特征

花序

小穗

花序局部

光高粱 | *Sorghum nitidum* (Vahl) Pers.

形态特征　多年生，直立草本。秆高60～150 cm，节被环毛。叶舌较硬，长约1.5 mm；叶片线形，长10～40 cm，宽4～6 mm。圆锥花序松散，长15～45 cm，宽6～10 cm；分枝近轮生，长2～5 cm，基部裸露。无柄小穗卵状披针形，长约5 mm；颖革质，上部及边缘具棕色柔毛，第一颖背部略扁平，先端渐尖而钝，第二颖略呈舟形；第一外稃膜质，第二外稃透明膜质，自裂齿间伸出长10～15 mm的芒；第二内稃甚短小。有柄小穗为雄性，较无柄小穗略小而窄；颖革质，黑棕色。颖果长卵形。花果期夏秋季。

生境与分布　生于低海拔向阳山坡。江苏、安徽、浙江、江西、福建、湖北、湖南、广西、广东及海南均有分布。

饲用价值　叶可作家畜饲料。其化学成分见下表。

光高粱的化学成分（%）

样品情况	干物质	占干物质					钙	磷
		粗蛋白	粗脂肪	粗纤维	无氮浸出物	粗灰分		
结实期　干样	80.12	5.56	1.13	40.87	42.19	10.25	0.39	0.11

数据来源：湖北省农业科学院畜牧兽医研究所

株丛

花序

花序局部

花序分枝轮生

节部特征

叶鞘及叶舌

鞘口

苏丹草 | *Sorghum sudanense*
(Piper) Stapf

形态特征 一年生，直立草本。秆高约2.5 m。叶鞘基部长于节间，上部短于节间，基部及鞘口具柔毛；叶舌硬膜质，顶端具毛；叶片线形，长15～30 cm，宽约3 cm。圆锥花序狭长卵形至塔形，长约30 cm。主轴具棱，下部分枝长7～12 cm。无柄小穗长椭圆形，长约7 mm，宽2 mm；第一颖纸质，边缘内折，第二颖背部圆凸，具5～7脉，脉间具横脉；第一外稃椭圆状披针形，透明膜质，长约6 mm，第二外稃卵形，长约4 mm，顶端具裂缝，自裂缝间伸出长10～16 mm的芒；雄蕊3枚。颖果椭圆形，长3.5～4.5 mm。有柄小穗宿存。花果期7～9月。

生境与分布 喜湿润的热带、亚热带气候。原产非洲的苏丹高原，我国长江以南均引种栽培。

饲用价值 再生性强，产量高，适宜调制干草或刈割青饲，属优等牧草。其化学成分见下表。

苏丹草的化学成分（%）

样品情况	干物质	占干物质					钙	磷
		粗蛋白	粗脂肪	粗纤维	无氮浸出物	粗灰分		
营养期 干样	89.10	6.51	2.91	31.44	50.11	9.03	—	—
抽穗期 干样	90.00	7.04	1.58	37.91	43.57	9.90	—	—

数据来源：《中国饲用植物志》

鞘口

颖果

营养期株丛

花序

幼期植株

小穗（左为有柄，右为无柄）

栽培群体

金须茅属
Chrysopogon Trin.

金须茅 | *Chrysopogon orientalis* (Desvaux) A. Camus

形态特征　多年生，直立草本，具匍匐根茎。秆基部倾斜，高30～90 cm。叶舌短，膜质，边缘具纤毛；叶片线形，长3～10 cm，宽2～4 mm。圆锥花序稍开展，长5～20 cm；分枝纤细，通常4～9枚轮生于主轴各节上，穗轴节间顶端稍膨大，与无柄小穗的基盘和有柄小穗的柄愈合，形成长约2 mm的斜面，斜面有一圈长达4 mm的黄棕色柔毛。无柄小穗近圆柱状，长约6 mm，有长约3 mm被锈色柔毛的下延基盘；第一颖革质，第二颖近革质，顶端具长约2 cm的直芒；第一外稃稍短于颖；第一内稃缺；第二外稃顶生二回膝曲扭转的芒，芒长约5 cm。有柄小穗长6～7 mm，具长约1 cm的芒，小穗柄被锈色柔毛。

生境与分布　生于海滨沙地上。华南沿海干热沙质灌丛草地或沙滩上常见分布。

饲用价值　早春恢复生长快，基生叶密集，抽穗前适口性较好，属良等牧草。耐火烧，烧后恢复的秆叶柔嫩，羊尤其喜采食。其化学成分见下表。

金须茅的化学成分（%）

样品情况		干物质	占干物质					钙	磷
			粗蛋白	粗脂肪	粗纤维	无氮浸出物	粗灰分		
营养期	干样	92.70	7.09	1.51	36.80	44.49	10.11	0.58	0.11

数据来源：中国热带农业科学院热带作物品种资源研究所

植株基部　　　　　秆节特征

小穗

鞘口

秆叶局部

花序

棵丛

竹节草 | *Chrysopogon aciculatus*
(Retz.) Trin.

形态特征　多年生，匍匐草本，具根状茎。秆基部膝曲，直立部分高20～50 cm。叶鞘跨覆状生于匍匐茎和秆基部；叶舌短小；叶片披针形，长3～5 cm，宽4～6 mm。圆锥花序直立，长5～9 cm；分枝细弱，数枚轮生于主轴各节上。无柄小穗长约4 mm，具一尖锐而下延的基盘，初时与穗轴顶端愈合，基盘顶端被锈色柔毛；颖革质，第一颖披针形，具7脉，上部具2脊，其上具小刺毛，第二颖舟形，背面及脊的上部具小刺毛；第一外稃稍短于颖，第二外稃等长于第一外稃，先端全缘，具长约6 mm的直芒。有柄小穗长约6 mm；颖纸质，具3脉；花药长约2.5 mm。花果期6～10月。

生境与分布　喜湿热的热带气候。生于向阳贫瘠山坡草地、路旁或荒野中。主要分布于华南。

饲用价值　竹节草是华南低海拔热性草丛草地的优势草种，适宜放牧利用。其化学成分见下表。

竹节草的化学成分（%）

样品情况		干物质	占干物质					钙	磷
			粗蛋白	粗脂肪	粗纤维	无氮浸出物	粗灰分		
拔节期	干样	89.15	11.98	0.90	33.17	44.41	9.54	1.04	0.95

数据来源：贵州省草业研究所

植株

秆叶局部

根状茎

花序

小穗

株丛

双花草属
Dichanthium Willemet

双花草 | *Dichanthium annulatum* (Forssk.) Stapf

形态特征 多年生，丛生直立草本。秆高30～100 cm，节密生髯毛。叶舌膜质；叶片线形，长8～30 cm，宽2.5～4 mm。总状花序2～8枚指状着生于秆顶，长约5 cm；小穗对覆瓦状排列，总状花序轴节间与有柄小穗柄长约2.5 mm，基部1～6对小穗对同为雄性或中性。无柄小穗两性，长3～5 mm；第一颖卵状长圆形，第二颖狭披针形，中脊压扁，脊的上部及边缘被纤毛；第一小花不育，外稃线状长圆形，长2.8～3.3 mm；第二小花两性，外稃狭，退化为芒的基部，芒长16～24 mm；雄蕊3枚；子房无毛。有柄小穗与无柄小穗几等长。颖果倒卵状长圆形。花果期6～11月。

生境与分布 生于海拔500～1800 m的山坡草地。产湖北、广东、广西、四川、贵州、云南等。

饲用价值 营养期秆叶柔软，适口性好，牛、羊喜食，但抽穗后茎秆增多，逐渐老化，适口性降低。其化学成分见下表。

双花草的化学成分（%）

样品情况		干物质	占干物质					钙	磷
			粗蛋白	粗脂肪	粗纤维	无氮浸出物	粗灰分		
结实期	干样	94.00	6.25	1.17	39.24	42.82	11.52	—	—

数据来源：中国热带农业科学院热带作物品种资源研究所

秆节特征　　叶舌　　鞘口

花序

孪生小穗对

株丛

毛梗双花草 | *Dichanthium aristatum* (Poir.) C. E. Hubb.

形态特征 多年生，丛生直立草本。秆高20～60 cm。叶鞘基部松弛，长于节间；叶舌短，膜质；叶片线状披针形，长1.5～8 cm，宽3～6 mm，两面疏被瘤基毛。总状花序单生或2～4枚生于秆顶，长2～5 cm；小穗对覆瓦状着生于总状花序轴上；无柄小穗两性，第一颖长椭圆形，具8～10脉，下部边缘内卷，上半部具2脊，沿脊被纤毛，边缘具纤毛，第二颖椭圆形，边缘内卷成撕裂状，背部具2沟；第二小花外稃线形，具1脉，顶端延伸成长约15 mm的芒；内稃膜质透明，披针形，边缘内卷，无脉。花果期6～11月。

生境与分布 喜干热生境。为海南三亚市、乐东黎族自治县及云南干热河谷区山坡草地的主要伴生草种。

饲用价值 毛梗双花草是干热河谷区重要的放牧型草种，牛、山羊喜采食。

秆节特征

鞘口

叶舌

基部秆节生根

花序

花序局部

花序轴

抽穗期群体

孔颖草属
Bothriochloa Kuntze

白羊草 | *Bothriochloa ischaemum* (L.) Keng

形态特征 多年生，丛生草本。秆基部倾斜，节上具白色髯毛。叶鞘无毛，多密集于基部而相互跨覆；叶舌膜质，长约1 mm；叶片线形，长5～15 cm，宽约3.5 mm。总状花序指状着生于秆顶，长3～7 cm。无柄小穗长圆状披针形，长约5 mm；第一颖背部中央略下凹，第二颖舟形，中部以上具纤毛；第一外稃长圆状披针形，长约3 mm，第二外稃退化成线形，先端延伸成一膝曲扭转的芒；第一内稃长圆状披针形，第二内稃退化；雄蕊3枚，长约2 mm。有柄小穗雄性；第一颖具9脉，第二颖具5脉，背部扁平，两侧内折，边缘具纤毛。花果期秋季。

生境与分布 生于山坡草地和荒地。长江以南均有分布，是低海拔干燥山坡草地的优势草种。

饲用价值 秆叶柔嫩，适口性好，牛、羊喜食，适于放牧利用。其化学成分见下表。

白羊草的化学成分（%）

样品情况		干物质	占干物质					钙	磷
			粗蛋白	粗脂肪	粗纤维	无氮浸出物	粗灰分		
营养期	干样[1]	92.97	15.16	2.74	44.22	24.64	13.24	0.54	0.31
抽穗期	干样[2]	94.00	8.41	2.54	29.98	49.14	9.34	0.35	0.21

数据来源：1. 贵州省草业研究所；2. 湖北省农业科学院畜牧兽医研究所

花序

花序局部

鞘口

秆节特征

株丛

臭根子草 | *Bothriochloa bladhii*
(Retz.) S. T. Blake

形态特征 多年生，疏丛直立草本。秆基部倾斜，高50～100 cm，节被白色短髯毛。叶舌膜质，长约1 mm；叶片线形，长10～25 cm，宽1～4 mm。圆锥花序长9～11 cm，每节具1～3枚总状花序；总状花序轴节间与小穗柄两侧具丝状纤毛。无柄小穗两性，长圆状披针形，长约4 mm，灰绿色，基盘具白色髯毛；第一颖具5～7脉，背部稍下凹，中部以下疏生白色柔毛，第二颖舟形，与第一颖等长；第一外稃卵形，长约3 mm，边缘及顶端有时疏生纤毛，第二外稃退化成线形，先端具一膝曲的芒，芒长10～16 mm。有柄小穗中性，稀为雄性，较无柄小穗狭窄；第一颖具7～9脉，第二颖扁平，质较薄。花果期7～10月。

生境与分布 喜热带、亚热带气候，是热性草丛类草地的优势草种，常生于山坡草地。华南、西南及华中有分布。

饲用价值 叶片柔软，适口性良好，牛、羊、马喜食，返青早，是春夏之交的重要青草料。开花后老化较快，适口性也随之下降，但其再生草一年四季均为家畜所喜食。通常在2月下旬或3月上旬即可放牧利用，也可刈割青饲，孕穗期后以晒制干草为主。

抽穗期株丛

花序

秆叶局部

叶舌

花序（未展开）

细柄草属
Capillipedium Stapf

细柄草 | *Capillipedium parviflorum* (R. Br.) Stapf

形态特征 多年生，簇生草本。秆直立，高50～100 cm。叶鞘无毛；叶舌干膜质，长约1 mm，边缘具短纤毛；叶片线形，长15～30 cm，宽3～8 mm。圆锥花序长圆形，长7～10 cm，分枝簇生，具一至二回小枝。无柄小穗长约4 mm，基部具髯毛；第一颖先端钝，背面稍下凹，第二颖舟形，与第一颖等长，具3脉，脊上稍粗糙，上部边缘具纤毛；第一外稃长为颖的1/4～1/3，先端钝或呈钝齿状，第二外稃线形，先端具一膝曲的芒，芒长12～15 mm。有柄小穗中性或雄性，等长或短于无柄小穗。花果期8～12月。

生境与分布 生于山坡草地、河边或灌丛中。华东、华南、西南及华中均有分布。

饲用价值 营养期茎叶柔软，叶量大，牛、羊、马喜食。孕穗期适宜刈割晒制青干草作为牲畜的冬春饲料。其化学成分见下表。

细柄草的化学成分（%）

样品情况		干物质	占干物质					钙	磷
			粗蛋白	粗脂肪	粗纤维	无氮浸出物	粗灰分		
孕穗期	干样[1]	91.13	8.04	1.74	34.17	46.30	9.74	0.31	0.22
盛花期	干样[2]	89.17	5.31	1.90	41.32	41.87	9.60	0.79	0.20

数据来源：1.湖北省农业科学院畜牧兽医研究所；2.贵州省草业研究所

花序

花序局部

小穗

鞘口

叶舌

叶鞘

节部特征

株丛

竹枝细柄草 | *Capillipedium assimile*
(Steud.) A. Camus

形态特征 多年生，亚灌木状草本。秆坚硬，高1～3 m。叶片线状披针形，长6～15 cm，宽3～6 mm。圆锥花序长5～12 cm，宽约4 cm，分枝簇生，枝腋内有柔毛，顶端有2～5节总状花序。无柄小穗长圆形，长2～3.5 mm，背腹压扁，淡绿色，有被毛的基盘；第一颖顶端窄而截平，背部粗糙乃至疏被小糙毛，具2脊，脊上被硬纤毛，脊间有不明显的2～4脉，第二颖与第一颖等长，顶端钝；第一外稃长圆形，长为颖的2/3；芒膝曲扭转，长6～12 mm。有柄小穗线状披针形，常较无柄小穗长。花果期8～12月。

生境与分布 生于河边、林缘和背阴山坡，是热性草丛草地的主要伴生种。长江以南均有分布，以广西、贵州及云南的石漠化丘陵山坡草地中最常见。

饲用价值 茎秆分枝多，分枝部分叶量大，适口性佳，牛、羊极喜采食，在广西、贵州及云南的石漠化山区是放牧利用的重要草种。其化学成分见下表。

竹枝细柄草的化学成分（%）

样品情况	干物质	占干物质					钙	磷
		粗蛋白	粗脂肪	粗纤维	无氮浸出物	粗灰分		
营养期 干样	88.70	10.25	2.21	29.54	51.22	6.78	0.22	0.06

株丛

秆叶局部

叶鞘

圆锥花序

基部秆节

叶舌

秆节

总状花序

鸭嘴草属
Ischaemum L.

纤毛鸭嘴草 | *Ischaemum ciliare* Retz.

形态特征　多年生，丛生草本。秆基部平卧至斜升，直立部分高40～50 cm，节上密被髯毛。叶鞘疏生疣毛；叶舌膜质，长约1 mm；叶片线形，长可达12 cm。总状花序2枚孪生于秆顶，长5～7 cm。无柄小穗倒卵状矩圆形；第一颖革质，长约5 mm，先端具2齿，背面上部具5～7脉，下部光滑无毛，第二颖较薄，舟形，等长于第一颖，下部光滑，上部具脊和窄翅，先端渐尖，边缘有纤毛；第一小花雄性，外稃纸质；第二小花两性，外稃较短，裂齿间着生芒；芒在中部膝曲；子房无毛，柱头紫色，长约2 mm。有柄小穗具膝曲芒。花果期夏秋季。

生境与分布　生于山坡草丛、路旁及旷野草地，是热性草丛草地的代表性草种。华南低海拔地区有分布。

饲用价值　秆叶柔嫩，适口性好，牛、羊喜食，为良等牧草。再生力强，耐践踏，可供放牧利用或刈割青饲。其化学成分见下表。

纤毛鸭嘴草的化学成分（%）

样品情况		干物质	占干物质					钙	磷
			粗蛋白	粗脂肪	粗纤维	无氮浸出物	粗灰分		
营养期	鲜样	20.00	6.29	3.25	25.81	58.25	6.40	0.30	0.25
孕穗期	鲜样	27.90	6.04	2.25	25.95	59.86	5.90	0.29	0.24
抽穗期	鲜样	32.80	4.31	1.40	27.41	60.88	6.00	0.27	0.19

数据来源：中国热带农业科学院热带作物品种资源研究所

株丛（本种叶片常见锈斑）

花序

小穗

节部

基部秆节分枝

根系

叶鞘

粗毛鸭嘴草 | *Ischaemum barbatum* Retz.

形态特征 多年生，直立草本。秆高达100 cm，节上被髯毛。叶鞘被柔毛；叶舌长约2 mm；叶片线状披针形，长达20 cm。总状花序孪生于秆顶，长5～10 cm；总状花序轴节间三棱柱形。无柄小穗长约7 mm；第一颖无毛，下部背面有2～4横皱纹，第二颖等长于第一颖；第一小花雄性，外稃舟形，长约4 mm；内稃稍长；雄蕊3枚，花药长约2 mm；第二小花两性，外稃透明膜质，先端2深裂至稃体中部，裂齿间伸出膝曲芒；内稃稍短于外稃。有柄小穗较无柄小穗稍短；第一颖半阔卵形，第二颖舟形。颖果卵形。花果期夏秋季。

生境与分布 喜湿热生境。不耐干旱。在土壤湿润的低海拔山坡草地或农田周边常见分布。华东、华中、华南及西南有分布。

饲用价值 叶量大，株丛密集，可饲用比例高，营养期适口性好，适于放牧利用或刈割青饲。其化学成分见下表。

粗毛鸭嘴草的化学成分（%）

样品情况		干物质	占干物质					钙	磷
			粗蛋白	粗脂肪	粗纤维	无氮浸出物	粗灰分		
抽穗期	干样	87.20	7.60	1.02	34.94	46.36	10.08	0.21	0.09
开花期	干样	88.10	5.64	1.00	34.30	50.83	8.23	0.16	0.06
成熟期	干样	88.40	3.57	1.05	36.59	52.12	6.67	0.13	0.04

数据来源：《中国饲用植物》

株丛　叶舌　叶鞘　秆节　花序

田间鸭嘴草 | *Ischaemum rugosum* Salisb.

形态特征 多年生，丛生草本。秆具2～7节，节有髯毛，高10～120 cm。叶鞘疏松抱茎，疏生瘤基柔毛；叶舌长2～5 mm；叶片线状披针形，长5～30 cm，宽3～20 mm。总状花序孪生，长3～10 cm。无柄小穗卵状长圆形，长4～6 mm；第一颖两侧内折成脊，有4～5条清晰连续的横纹，第二颖舟形，边缘稍内卷，上部对折成脊；第一小花雄性，雄蕊3枚，内稃和外稃与颖等长；第二小花两性，外稃卵状长圆形，与第二颖等长，顶端深2裂，由裂口伸出一膝曲扭转的芒，芒长10～20 mm；内稃卵状披针形，短于外稃；雄蕊3枚，花药长2 mm。

生境与分布 喜湿热生境，是热性草丛草地的优势草种。在土壤湿润的低海拔山坡草地或农田周边常见分布。华东、华中、华南及西南有分布。

饲用价值 叶量大，株丛密集，营养期秆叶柔嫩，适口性好，牛、羊喜食，可放牧利用，也可刈割青饲。与同属的其他种相比，产量更高，进入抽穗期后草品质也较好，不影响家畜采食。其化学成分见下表。

田间鸭嘴草的化学成分（%）

样品情况		干物质	占干物质					钙	磷
			粗蛋白	粗脂肪	粗纤维	无氮浸出物	粗灰分		
抽穗期	干样	94.20	5.56	1.42	35.25	50.63	7.14	0.21	0.05

数据来源：中国热带农业科学院热带作物品种资源研究所

花序

群体

花序局部

无柄小穗解剖

有芒鸭嘴草 | *Ischaemum aristatum* L.

形态特征　多年生，丛生草本。叶鞘疏生疣基毛；叶舌长约2 mm；叶片线状披针形，先端渐尖，基部楔形。总状花序互相紧贴成圆柱形，长约5 cm；总状花序轴节间和小穗均呈三棱形，外侧棱上有白色纤毛。无柄小穗披针形，长约7 mm；第一颖上部具5～7脉，边缘内折，第二颖等长于第一颖，先端渐尖，背部具脊；第一小花雄性，稍短于颖；外稃纸质，先端尖，背面微粗糙，具不明显的3脉；内稃膜质，具2脊；第二小花两性，外稃长约5 mm；齿间伸出长约10 mm的芒；芒于中部以下膝曲，芒柱通常不伸出小穗之外；雄蕊3枚；花柱分离。有柄小穗较无柄小穗短小，第二小花外稃有时具短直芒。花果期夏秋季。

生境与分布　生于山坡路旁。华东、华中、华南及西南有分布。

饲用价值　营养期秆叶柔嫩，适口性好，牛、羊喜食，可放牧利用，也可刈割青饲。

基部茎秆平卧，节部生根

秆叶局部

叶鞘

生境

成熟期花序局部

株丛

沟颖草属
Sehima Forssk.

沟颖草 | *Sehima nervosum* (Rottler) Stapf

形态特征　多年生，披散草本。秆高30～100 cm。叶片线形，长10～45 cm，宽2～7 mm。总状花序单生，长3～12 cm；穗轴节间及小穗柄长约为无柄小穗的1/2，腹面扁平而内凹成槽。无柄小穗长圆状披针形，长7～9 mm；第一颖长圆状披针形，中央下凹成纵沟，第二颖质较薄，有3脉，主脉延伸成长10～13 mm的细长芒；第一小花雄性，外稃膜质，边缘有细纤毛；内稃比外稃稍短，雄蕊3枚，花药长3 mm；第二小花两性，外稃披针形，长3～5 mm，顶端2裂，裂齿间有芒，芒长17～35 cm。有柄小穗披针形，长7～9 mm；第一颖草质，背部有5条隆起的脉，第二颖厚膜质，两小花均为雄性，各具雄蕊3枚。夏季抽穗。

生境与分布　生于海边，是海南、广东等海边岩石山坡上的优势草种，也是南海岛屿上的常见种。

饲用价值　海边岩石山坡上的优势草种，通常山坡底层有仙人掌（*Opuntia dillenii*）、细穗草（*Lepturus repens*）、真穗草（*Eustachys tenera*）等成分，而上层是覆盖度较高的沟颖草，适宜放牧山羊。其化学成分见下表。

沟颖草的化学成分（%）

样品情况	干物质	占干物质					钙	磷
		粗蛋白	粗脂肪	粗纤维	无氮浸出物	粗灰分		
营养期　干样	89.50	9.78	2.11	30.15	48.74	9.22	0.57	0.09

数据来源：中国热带农业科学院热带作物品种资源研究所

株丛

花序局部

鞘口

叶舌

小穗

水蔗草属
Apluda L.

水蔗草 | *Apluda mutica* L.

形态特征　多年生，丛生草本。叶舌膜质，长约2 mm；叶片扁平，长10～30 cm，宽约12 mm。圆锥花序由许多总状花序组成；每1总状花序包裹在1舟形总苞内。退化有柄小穗仅存长约1 mm的外颖。无柄小穗两性，第一颖长3～5 mm，第二颖等长于第一颖；第一小花雄性；第二小花两性，外稃舟形，具1～3脉，先端2齿裂。正常有柄小穗含2小花，第一小花雄性，外稃长约4 mm，内稃稍短，雄蕊3枚，花药黄色，长约1.5 mm；第二小花内稃卵形。颖果成熟时蜡黄色，长约1.5 mm。花果期夏秋季。

生境与分布　生于海拔2000 m以下的田边或潮湿山坡草丛中。华南、西南常见分布，华中偶见分布。

饲用价值　抽穗前秆叶柔软，牛、羊喜食，叶可割回喂兔、火鸡或鹅，抽穗后草质粗老，适口性下降。其化学成分见下表。

水蔗草的化学成分（%）

样品情况		干物质	占干物质					钙	磷
			粗蛋白	粗脂肪	粗纤维	无氮浸出物	粗灰分		
营养期	鲜样[1]	20.15	8.03	2.73	17.03	61.21	11.00	0.50	0.32
抽穗期	鲜样[1]	26.92	7.76	2.44	17.76	63.04	9.00	0.42	0.32
成熟期	鲜样[1]	35.42	7.37	1.96	19.75	63.42	7.50	0.41	0.23
成熟期	干样[2]	95.03	2.85	1.98	42.08	45.22	7.86	0.46	0.15

数据来源：1. 中国热带农业科学院热带作物品种资源研究所；2. 湖北省农业科学院畜牧兽医研究所

株丛

花序

花序局部

小穗

叶舌

叶片基部成柄状

基部秆节

须芒草属
Andropogon L.

华须芒草 | *Andropogon chinensis* (Nees) Merr.

形态特征 多年生，直立草本。叶舌膜质，长约2 mm；叶片线形，长5～20 cm，宽约3 mm。总状花序孪生，长约3 cm，小穗柄与总状花序轴节间近等长。无柄小穗长约5 mm，第一颖背部具2脊，第二颖舟形，顶端2齿裂，裂齿间具1芒；第一外稃线状长圆形，长约4 mm，第二外稃与第一外稃同质，长约3 mm，顶端2裂，芒自裂片间伸出，长2～3 cm；内稃长为第一颖之半；雄蕊3枚，花药长约3 mm。有柄小穗长圆状披针形，长约4 mm；第一颖背部扁平，边缘偶有纤毛，顶端具长约7 mm的细直芒，第二颖较窄短，顶端具1短芒；稃与雄蕊存在或常缺。花果期8～12月。

生境与分布 生于干热的低海拔山坡草地或灌丛中。海南、广东、广西、云南、四川等有分布，云南和四川主要分布于元谋县至攀枝花一带的干热灌丛草地中。

饲用价值 抽穗前较幼嫩，牛、羊喜食，抽穗后茎秆老化，粗纤维含量增加，且小穗含纤毛过多，影响适口性，所以抽穗后家畜一般不采食，为良等野生牧草。其化学成分见下表。

华须芒草的化学成分（%）

样品情况		干物质	占干物质					钙	磷
			粗蛋白	粗脂肪	粗纤维	无氮浸出物	粗灰分		
生长3周再生草	鲜样	28.60	8.34	1.66	27.61	55.99	6.40	0.25	0.09
生长6周再生草	鲜样	33.60	8.22	1.39	30.29	55.29	4.81	0.20	0.09

数据来源：中国热带农业科学院热带作物品种资源研究所

株丛　叶鞘　节部　叶舌　根系

花序

总状花序

孪生总状花序

甘巴草 | *Andropogon gayanus* Kunth

形态特征 多年生，丛生高大草本。秆圆柱形，具分枝，高1～3 m。叶片长披针形，长30～100 cm，宽1～3 cm，两面被毛，幼嫩时尤为明显。花序为佛焰苞状圆锥花序，由成对的总状花序组成，花序轴节间和花梗棒状。总状花序黄色，长4～9 cm，含17对小穗，每对小穗中一个无柄，一个具柄。无柄小穗长8 mm，具长1 mm的长椭圆形颖托；有柄小穗长椭圆形，长5～8 mm，下部颖具芒。无柄小穗上部小花为两性花，下部小花不育，退化成一透明的外稃；有柄小穗上部小花为雄花，下部小花不育。颖果纺锤状，长2～3 mm。秋季抽穗。

生境与分布 原产非洲西部的热带地区。1982年引种到海南儋州，目前海南、广东及广西等有栽培，在酸性土壤上生长良好。

饲用价值 产量高，叶质柔软，冬春干旱季节不枯死，牛可全年采食，但叶片柔毛过多，稍影响适口性，属良等牧草。其化学成分见下表。

甘巴草的化学成分（%）

样品情况		干物质	占干物质					钙	磷
			粗蛋白	粗脂肪	粗纤维	无氮浸出物	粗灰分		
生长3周再生草	鲜样	25.30	13.80	2.81	29.20	47.07	7.12	0.33	0.12
生长6周再生草	鲜样	27.40	10.79	2.65	30.41	49.48	6.67	0.29	0.12
生长9周再生草	鲜样	28.10	10.63	2.44	32.83	48.65	5.45	0.32	0.11
生长12周再生草	鲜样	28.90	8.10	1.62	33.09	51.13	6.06	0.29	0.09

数据来源：中国热带农业科学院热带作物品种资源研究所

株丛

花序

成对总状花序

花序局部特写

幼期秆叶特征

节部特征

叶鞘

香茅属
Cymbopogon Spreng.

香茅 | *Cymbopogon citratus* (DC.) Stapf

形态特征　多年生，丛生草本。秆粗壮，节上具蜡质。叶鞘圆形，近革质，无毛；叶舌鳞片状，长圆形；叶片扁平，长可达100 cm，宽约13 mm。伪圆锥花序疏散，长约50 cm；多回复出，分枝纤细，顶端的稍下垂，总状花序成对；穗轴节间和小穗柄窄棒状，长约为无柄小穗之半；小佛焰苞淡红色。小穗均无芒；无柄小穗线形至披针状线形，长约5 mm，基盘钝，被短毛；第一颖披针状线形，常有不规则裂齿，第二颖舟形，背稍弯，中部以上有脊；第一外稃膜质，长圆形，有短缘毛，第二外稃线形。有柄小穗中性或雄性，与无柄小穗近等长。

生境与分布　喜湿润的热带、亚热带气候。生于山坡草地、灌丛及路旁，华南及西南亦有栽培。海南于20世纪80年代大量种植，用于提取精油，现乐东黎族自治县、东方市、临高县等常见逸为野生的种群。

饲用价值　株丛高大，生物量大，但叶片富含精油，气味过于浓郁，家养动物一般不采食。抽穗前刈割晒制干草，降低芳香气味后牛有采食。其化学成分见下表。

香茅的化学成分（%）

样品情况	干物质	占干物质					钙	磷
		粗蛋白	粗脂肪	粗纤维	无氮浸出物	粗灰分		
抽穗期　干样 [1]	89.22	9.13	3.78	33.68	42.55	10.86	0.51	0.14
开花期　干样 [2]	91.67	7.18	3.32	41.57	38.37	9.52	0.39	0.15

数据来源：1. 贵州省草业研究所；2. 西南民族大学

节部　秆基部　叶舌　根系

花序

株丛

橘 草 | *Cymbopogon goeringii* (Steud.) A. Camus

形态特征　多年生，丛生直立草本。叶鞘无毛，下部者聚集秆基；叶舌长约2 mm；叶片线形，长10～30 cm，宽约5 mm。伪圆锥花序长15～30 cm，具一至二回分枝；佛焰苞长约2 cm；总状花序长约1.5 cm。无柄小穗长圆状披针形，长约5.5 mm，中部宽约1.5 mm；第一颖背部扁平，下部稍窄，略凹陷，上部具宽翼，脊间常具不明显的2～4脉，第二外稃长约3 mm，芒从先端2裂齿间伸出，长约12 mm，中部膝曲。有柄小穗长约5 mm，花序上部的较短，披针形；第一颖背部较圆，具7～9脉，上部侧脉与翼缘微粗糙，边缘具纤毛。

生境与分布　生于海拔1500 m以下的丘陵山坡草地、荒野和平原路旁。江苏、安徽、浙江、江西、福建、湖北、湖南等长江以南有分布。

饲用价值　嫩时牛、马、羊喜食，属良等牧草。其化学成分见下表。

橘草的化学成分（%）

样品情况		干物质	占干物质					钙	磷
			粗蛋白	粗脂肪	粗纤维	无氮浸出物	粗灰分		
抽穗期	干样[1]	93.42	9.56	4.71	29.42	46.10	10.21	0.76	0.36
营养期	干样[2]	90.17	9.02	2.41	29.05	52.31	7.22	0.39	0.07

数据来源：1. 湖北省农业科学院畜牧兽医研究所；2. 江西省农业科学院畜牧兽医研究所

花序局部　　　　　　　鞘口

株丛

叶片

小穗

植株基部及根系

扭鞘香茅 | *Cymbopogon tortilis* (J. Presl) A. Camus

形态特征　多年生，密丛直立草本。叶鞘无毛，秆生者短于其节间，基生者枯老后破裂向外反卷；叶舌膜质，长约2 mm；叶片线形，长30～60 cm，宽约4 mm。伪圆锥花序较狭窄，长20～35 cm，具少数上举的分枝；佛焰苞长约1.5 cm；总状花序较短，长8～12 mm，成熟时总状花序叉开并向下反折。无柄小穗长约4 mm；第一颖中部宽约1 mm，第二外稃长约1.5 mm，2裂片间伸出长约7 mm的芒；芒柱短，芒针钩状反曲，长约4 mm。有柄小穗长约3.5 mm，第一颖具7脉。花果期7～10月。

生境与分布　生于海拔600 m以下的草地。产广东、海南、台湾。

饲用价值　嫩时牛、马、羊喜食，属良等牧草。其化学成分见下表。

扭鞘香茅的化学成分（%）

样品情况		干物质	占干物质					钙	磷
			粗蛋白	粗脂肪	粗纤维	无氮浸出物	粗灰分		
抽穗期	干样	89.31	8.87	2.21	33.19	47.74	7.99	0.73	0.14

数据来源：湖北省农业科学院畜牧兽医研究所

株丛

基部秆节分枝

植株基部叶鞘反卷

花序

鞘口 植株基部 叶舌

裂稃草属
Schizachyrium Nees

裂稃草 | *Schizachyrium brevifolium* (Swartz) Nees ex Buse

形态特征 一年生，细弱草本。秆多分枝，基部平卧，节上生根，高10～70 cm。叶鞘无毛，背部具脊；叶舌膜质，长约1 mm；叶片线形，长约4 cm，宽约5 mm。总状花序细弱，单生于分枝顶端；穗轴节间扁平，顶端膨大倾斜成杯状，常具2齿。无柄小穗线状披针形，基盘具短髯毛；第一颖近革质，背部扁平，边缘稍内折，具3～5脉，顶端2齿裂，第二颖厚膜质；第一外稃透明膜质，线状披针形，略短于颖，顶端急尖，第二外稃深裂至近基部，裂片线形，裂齿间有芒，芒细弱，长约1 cm；雄蕊3枚；花药黄色，长约0.8 mm。有柄小穗退化，仅具1颖，顶端具长约3 mm的细直芒。

生境与分布 生于湿润草地，海南主要分布于中部山区潮湿草坡、林缘或路旁。华南、西南、华中及华东均有分布。

饲用价值 植株细弱，全草柔嫩，适口性好，牛、羊喜食，夏秋季节放牧后恢复生长快，属放牧利用型优良草种。其化学成分见下表。

裂稃草的化学成分（%）

样品情况		干物质	占干物质					钙	磷
			粗蛋白	粗脂肪	粗纤维	无氮浸出物	粗灰分		
营养期	干样	88.30	10.51	1.23	27.86	52.99	7.41	0.12	—

数据来源：中国热带农业科学院热带作物品种资源研究所

群体

株丛

花序

小穗对

秆叶局部

秆节特征

红裂稃草 | *Schizachyrium sanguineum* (Retz.) Alston

形态特征　多年生，直立草本。秆坚硬，稍压扁，紫红色。叶鞘光滑；叶舌膜质，长约1 mm；叶片线形，长5～25 cm。总状花序单生，纤细，其下托以鞘状苞片；穗轴节间粗厚，背部隆起。无柄小穗线状披针形，长6～8 mm；第一颖窄披针形，背部圆形，具细点状粗糙，顶端2齿裂，第二颖舟形，中脉成脊，脊中上部有窄翼；第一外稃紫红色，线状披针形，第二外稃透明膜质，深裂几达基部，裂片长约4 mm，芒自裂片间伸出，长约1.5 cm，膝曲，芒柱扭转。有柄小穗雄性；第一颖有短芒；柄扁平，稍短于穗轴节间，边缘被纤毛。秋季抽穗。

生境与分布　喜干热的生境，耐贫瘠。生于干燥山坡或石山上，是干热矮丛草地和矮灌丛草地的标志性草种。华南、华中较常见分布。

饲用价值　抽穗之前植株柔嫩，基生叶密集，山羊和黄牛极喜采食，抽穗后秆部粗糙坚硬且分枝多，适口性明显下降，家畜不喜食，适于定期放牧利用。其化学成分见下表。

红裂稃草的化学成分（%）

样品情况		干物质	占干物质					钙	磷
			粗蛋白	粗脂肪	粗纤维	无氮浸出物	粗灰分		
营养期	鲜样	29.50	9.45	1.56	29.51	49.27	10.21	0.51	0.11

数据来源：中国热带农业科学院热带作物品种资源研究所

株丛

孪生小穗

叶舌

秆叶局部

植株基部叶鞘

花序局部

荩草属
Arthraxon P. Beauv.

荩 草 | *Arthraxon hispidus*
(Thunb.) Makino

形态特征 一年生，细弱草本。秆基部倾斜。叶鞘短于节间，生短硬疣毛；叶舌膜质，长约 1 mm；叶片卵状披针形，长约3 cm，宽约1.5 cm，基部心形。总状花序细弱，长1.5～4 cm，2～10枚簇生于秆顶；总状花序轴节间无毛。无柄小穗卵状披针形，呈两侧压扁，长3～5 mm；第一颖草质，边缘膜质，包住第二颖2/3，具7～9脉，第二颖近膜质，与第一颖等长；第一外稃长圆形，透明膜质，先端尖，长为第一颖的2/3，第二外稃与第一外稃等长，近基部伸出一膝曲的芒。有柄小穗退化为针状刺。颖果长圆形。花果期9～11月。

生境与分布 喜潮湿环境。生于山坡草地阴湿处或背阴山坡荒地。华东、华南、华中及西南均有分布。

饲用价值 叶量丰富，牛、马、羊均喜采食。在西南的沙质荒坡草地或撂荒山坡旱地中常成片生长，并伴生有金荞麦（*Fagopyrum dibotrys*）、牛膝菊（*Galinsoga parviflora*）等优良牧草，当地常刈割青饲。其化学成分见下表。

荩草的化学成分（%）

样品情况		干物质	占干物质					钙	磷
			粗蛋白	粗脂肪	粗纤维	无氮浸出物	粗灰分		
抽穗期	干样[1]	91.50	8.29	2.55	33.29	45.34	10.52	0.71	0.39
成熟期	绝干[2]	100.00	8.60	2.39	29.71	52.23	7.07	—	—

数据来源：1. 湖北省农业科学院畜牧兽医研究所；2. 四川农业大学

鞘口

叶片

花序

成熟期花序

节部

叶鞘

冬季株丛

抽穗期株丛

小叶荩草 | *Arthraxon lancifolius*
(Trin.) Hochst.

形态特征　一年生，纤细草本，基部匍匐地面。叶鞘松弛，通常短于节间；叶舌甚短，具长约1 mm的纤毛；叶片卵状披针形，长约2 cm，宽约6 mm。总状花序长1～3 cm，2～6枚呈指状排列。无柄小穗线形，长约3 mm；第一颖线状披针形，先端尾尖，第二颖两侧压扁；第一外稃长圆状披针形，第二外稃稍长于第一外稃，先端具2短尖，自近基部处生一芒。有柄小穗较小，卵状披针形，长约2.5 mm，背腹压扁，退化而仅存两颖；第一颖具不明显5脉，膜质，第二颖很薄；小穗柄长为总状花序轴节间之半，具丝状纤毛。颖果线形，长约2.5 mm。

生境与分布　喜热带、亚热带湿润气候。生于山坡疏林下或潮湿草地。产四川、云南。

饲用价值　牛、马、羊均喜食，属良等牧草。其化学成分见下表。

小叶荩草的化学成分（%）

样品情况		干物质	占干物质					钙	磷
			粗蛋白	粗脂肪	粗纤维	无氮浸出物	粗灰分		
抽穗期	干样	91.95	7.96	2.76	30.65	49.11	9.52	0.54	0.21

数据来源：湖北省农业科学院畜牧兽医研究所

群体

花序

秆叶局部

株丛整体

鞘口

秆叶局部

植株基部及根系

矛叶荩草 | *Arthraxon lanceolatus* (Roxb.) Hochst.

形态特征 多年生，直立草本。秆高40～60 cm。叶鞘短于节间，疏生疣基毛；叶舌膜质，长约1 mm；叶片卵状披针形，长2～7 cm，宽5～15 mm，基部心形，两边生短毛。总状花序2至数枚呈指状排列于枝顶。无柄小穗长圆状披针形，长约7 mm；第一颖长约6 mm，第二颖与第一颖等长；第一外稃长圆形，长约2 mm，透明膜质，第二外稃长约4 mm，背面近基部处生一膝曲的芒。有柄小穗披针形；第一颖草质，具6～7脉，第二颖质较薄，与第一颖等长，边缘近膜质而内折成脊；第一外稃与第二外稃均透明膜质。花果期7～10月。

生境与分布 喜湿润和透气性良好的土壤。生于山坡、旷野及沟边阴湿处，常形成单优种群落。华东、华南、华中及西南的中低海拔湿润区常见。

饲用价值 夏秋季节生长旺盛，能够形成繁茂的营养枝和大量的叶片，草质柔软，草食牲畜喜食，四川雅安、乐山等喜刈割青饲或晒制干草作牛的冬季草料。其化学成分见下表。

矛叶荩草的化学成分（%）

样品情况		干物质	占干物质					钙	磷
			粗蛋白	粗脂肪	粗纤维	无氮浸出物	粗灰分		
抽穗期	干样[1]	91.57	8.28	3.22	29.42	48.87	10.21	0.68	0.27
拔节期	干样[2]	87.98	5.58	1.42	41.31	45.63	6.06	1.11	0.12

数据来源：1. 湖北省农业科学院畜牧兽医研究所；2. 贵州省草业研究所

株丛

群体

花序局部

花序

节部特征

鞘口

叶舌

叶片

黄茅属
Heteropogon Pers.

黄 茅 | *Heteropogon contortus*
(L.) P. Beauv. ex Roem. et Schult.

形态特征 多年生，丛生直立草本。秆高20～100 cm。叶鞘压扁具脊，鞘口具柔毛；叶舌短，膜质；叶片线形，长10～20 cm，宽3～6 mm。总状花序单生于秆顶，长3～7 cm；花序基部具3～10对同性小穗，上部小穗对异性。无柄小穗线形，长6～8 mm；第一颖狭长圆形，背部圆形，边缘包卷同质的第二颖，第二颖较窄，顶端钝，脉间被短硬毛；第一小花外稃长圆形，第二小花外稃极窄，向上延伸成二回膝曲的芒，芒长6～10 cm；内稃常缺；雄蕊3；子房线形，花柱2。有柄小穗长圆状披针形，常偏斜扭转覆盖无柄小穗；第一颖长圆状披针形，背部被疣基毛。花果期4～12月。

生境与分布 喜干热生境。生于中低海拔干燥的山坡草地，是热性草丛草地、干热灌丛草地的标志性草种。长江以南均有分布。

饲用价值 抽穗前植株幼嫩，适口性好，牛、羊喜食，是云南干热河谷区春夏季节放牧利用的主要牧草。抽穗后小穗的芒脱落聚集形成针状物，不利于家畜采食。其化学成分见下表。

黄茅的化学成分（%）

样品情况		干物质	占干物质					钙	磷
			粗蛋白	粗脂肪	粗纤维	无氮浸出物	粗灰分		
营养期	鲜样[1]	25.60	7.87	2.25	30.91	50.10	8.87	0.23	0.09
结实期	绝干[2]	100.00	5.67	1.31	38.16	46.57	8.29	—	—
盛花期	干样[3]	89.14	3.68	2.05	45.76	42.31	6.20	0.97	0.11

数据来源：1. 中国热带农业科学院热带作物品种资源研究所；2. 四川农业大学；3. 贵州省草业研究所

冬季秆叶局部　　　叶鞘　　　鞘口　　　节部特征

花序

春季恢复生长的幼株

植株

株丛

麦黄茅 | *Heteropogon triticeus*
(R. Br.) Stapf ex Craib.

形态特征 多年生，高大粗壮草本。叶鞘松弛，压扁成脊；叶舌极短；叶片线形，扁平，长20～80 cm，宽约10 mm。花序单生于秆，长8～15 cm；基部具12～15对中性的同性小穗对；上部为异性小穗对；基盘长约6 mm，密生褐色髯毛；第一颖革质，长6～10 mm，顶端钝，背部具2深沟，边缘包卷同质之第二颖，第二颖线状长圆形，长5～7 mm；第一外稃长圆形，长5～10 mm，第二外稃退化为芒的基部，芒粗壮，长9～16 cm；第二内稃微小。有柄小穗与下部同性小穗对同形，均为雄性或中性，长圆状披针形，长约15 mm，基盘短。冬春季抽穗。

生境与分布 喜湿热生境。只分布于海南三亚市、陵水黎族自治县等近海的山坡草地。

饲用价值 海南三亚市、陵水黎族自治县等山坡草地的常见草种，叶量大，抽穗前牛、羊有采食，进入抽穗期后草质粗糙，牛偶有采食，属品质中等的牧草。其化学成分见下表。

麦黄茅的化学成分（%）

样品情况		干物质	占干物质					钙	磷
			粗蛋白	粗脂肪	粗纤维	无氮浸出物	粗灰分		
营养期	干样	94.70	6.56	2.47	32.15	47.55	11.27	0.56	0.24

数据来源：中国热带农业科学院热带作物品种资源研究所

鞘口

基部叶鞘呈扇状

根系

成熟期花序

秆节特征

花序局部

株丛

黑果黄茅 | *Heteropogon melanocarpus*
(Ell.) Benth.

形态特征　一年生，直立草本。秆基常膝曲，下部节生根，叶鞘及叶片常染紫色。叶鞘松弛抱茎，下部的长于节间；鞘口具长柔毛；叶舌膜质；叶片线状披针形，长10～40 cm，宽5～10 mm。总状花序着生于分枝顶端，长2～4 cm，小穗对着生于花序轴，下部1～3对为同性，上部小穗对为异性。无柄小穗长6～8 mm，密被棕褐色有光泽的柔毛；芒粗壮，膝曲，长6～8 cm，基盘尖锐，被髯毛。有柄小穗长圆状披针形，常偏斜扭转，覆盖无柄小穗；颖草质，第一颖中脉粗，具1列腺体。花果期6～11月。

生境与分布　喜干热生境。生于云南元谋县至四川攀枝花一带的干热河谷山坡草地，是干热稀树草丛草地的重要草种。

饲用价值　黑果黄茅是西南干热河谷区放牧利用的常见草种，该种相较于本属的其他种具有更高的饲用价值，进入抽穗期后其秆部仍然含有较多的水分、质脆，牛、羊喜采食。其化学成分见下表。

黑果黄茅的化学成分（%）

样品情况		干物质	占干物质					钙	磷
			粗蛋白	粗脂肪	粗纤维	无氮浸出物	粗灰分		
营养期	干样	91.50	7.15	2.41	31.28	49.42	9.74	0.46	0.17

数据来源：中国热带农业科学院热带作物品种资源研究所

成熟期株丛　　营养期株丛

叶舌

节部

鞘口

秆叶局部

总状花序

植株基部

花序

菅属
Themeda Forssk.

菅 | *Themeda villosa*
(Poir.) A. Camus

形态特征 多年生，大型簇生草本。秆粗壮，高2～3 m。叶舌短，膜质，长约2 mm；叶片线形，长20～100 cm，宽约1.5 cm。伪圆锥花序大型；总状花序长约3 cm，集生在佛焰苞内；佛焰苞长约4 cm；每一总状花序有9～11小穗；总苞状2对小穗披针形；第一颖钻形，背部有微柔毛，边缘内折成脊。无柄小穗两性，2～3个，长约1 cm，被锈色柔毛；第一外稃膜质透明，比第一颖短，第二外稃常退化成芒的基部；芒长2～8 cm，有柔毛，芒柱粗壮而扭转。有柄小穗狭窄，长13～20 mm，雄性。冬春季抽穗。

生境与分布 喜湿热的热带气候。华南及西南有分布。

饲用价值 菅是热性草丛草地的重要草种，植株高大，生物量大，但饲用价值一般，只在翌年刚恢复生长的幼嫩期牛有采食，进入旺盛生长期后叶质粗糙，家畜不采食。其化学成分见下表。

菅的化学成分（%）

样品情况		干物质	占干物质					钙	磷
			粗蛋白	粗脂肪	粗纤维	无氮浸出物	粗灰分		
营养期	鲜样[1]	35.00	5.12	1.08	38.23	41.10	14.47	0.67	0.08
开花期	绝干[2]	100.00	8.74	1.10	38.20	44.36	7.60	—	—

数据来源：1.中国热带农业科学院热带作物品种资源研究所；2.重庆市畜牧科学院

株丛

花序

小穗

叶片

叶舌

秆节

鞘口

苞子草 | *Themeda caudata*
(Nees) A. Camus

形态特征 多年生，大型丛生草本。秆高2~4 m。叶鞘光滑无毛；叶舌长约1 mm；叶片长达1 m，宽约1 cm。伪圆锥花序大型，由带佛焰苞的总状花序组成；总状花序有9~11小穗；总苞状小穗线状披针形，长约1.5 cm，第一颖背部通常无毛。无柄小穗圆柱形，长约1 cm，颖背部常密被金黄色柔毛；第一颖革质，几全包被同质的第二颖；第一外稃披针形，边缘具睫毛，第二外稃退化为芒基，芒长2~8 cm，其内稃长圆形，长约2 mm。颖果长圆形，坚硬，长约5 mm。有柄小穗形似总苞状小穗，且同为雄性或中性。花果期7~12月。

生境与分布 喜湿热的热带气候，是低海拔地区热性草丛草地的重要草种。华南及西南有分布。

饲用价值 植株高大，生物量大，但饲用价值一般，只在头年生育期结束、翌年刚恢复生长的幼嫩期牛有采食，进入旺盛生长期后叶质粗糙，家畜不采食。其化学成分见下表。

苞子草的化学成分（%）

样品情况		占干物质					钙	磷
		粗蛋白	粗脂肪	粗纤维	无氮浸出物	粗灰分		
营养期	绝干	6.91	0.65	37.11	46.32	9.04	0.21	0.08

数据来源：重庆市畜牧科学院

株丛

伪圆锥花序

总状花序

叶舌

鞘口

秆节

黄背草 | *Themeda triandra* Forssk.

形态特征　多年生，丛生草本。秆高约90 cm。叶鞘压扁具脊，具瘤基柔毛；叶片线形，长10～30 cm，宽3～5 mm。伪圆锥花序狭窄，长20～30 cm，由具线形佛焰苞的总状花序组成，佛焰苞长约3 cm；总状花序长约1.5 cm，由7个小穗组成。无柄小穗两性，纺锤状圆柱形，长约8 mm，基盘具长约2 mm的棕色糙毛；第一颖革质，上部粗糙，第二颖与第一颖同质等长；第二外稃具长约4 cm的芒，一至二回膝曲，芒柱粗糙。有柄小穗雄性，长约9 mm；第一颖草质，疏生瘤基刚毛，无膜质边缘。花果期6～9月。

生境与分布　黄背草是干热灌丛草地的常见草种，喜向阳干燥的生境。生于沙质干燥山坡草地，是典型的热性草种，长江以南低海拔稀树向阳的干燥山坡上有分布，也会形成单优种种群。

饲用价值　黄背草是菅属中饲用价值较高的草种，一方面，该种在长江以南分布较广，特别是在安徽、浙江、江苏等的山坡草地上有大面积的单优种种群，可供放牧利用；另一方面，该种在抽穗前草质较好，草食家畜均喜采食，进入抽穗期后其基部的叶片仍有较高的饲用价值。其化学成分见下表。

黄背草的化学成分（%）

样品情况		干物质	占干物质					钙	磷
			粗蛋白	粗脂肪	粗纤维	无氮浸出物	粗灰分		
营养期	干样[1]	90.45	6.83	2.25	28.14	56.31	6.47	0.48	0.16
成熟期	干样[2]	94.90	3.85	2.06	37.66	51.42	5.01	0.33	0.12
拔节期	干样[3]	87.88	5.10	1.01	46.49	40.19	7.21	0.72	0.09

数据来源：1.中国热带农业科学院热带作物品种资源研究所；2.湖北省农业科学院畜牧兽医研究所；3.贵州省草业研究所

株丛及生境

秆叶局部

鞘口

叶舌

总状花序

伪圆锥花序

小穗

牛鞭草属
Hemarthria R. Br.

扁穗牛鞭草 | *Hemarthria compressa* (L. f.) R. Br.

形态特征 多年生，匍匐草本。叶片线形，长可达10 cm，宽约5 mm。总状花序长约5 cm。无柄小穗陷入总状花序轴凹穴中，长约5 mm；第一颖近革质，具5~9脉，两侧具脊；第一小花仅存外稃；第二小花两性，外稃透明膜质；内稃长约为外稃的2/3，顶端圆钝。有柄小穗披针形；第一颖草质，卵状披针形，两侧具脊，第二颖舟形，先端渐尖，完全与总状花序轴的凹穴愈合；第一小花中性，仅存膜质外稃，长约3.5 mm；第二小花两性，内外稃均为透明膜质；雄蕊3枚，花药长约2 mm。颖果长卵形，长约2 mm。花果期夏秋季。

生境与分布 喜潮湿生境。生于田边、路旁湿润处或湿地边。长江以南均有分布。

饲用价值 茎叶柔嫩，适口性好，牛极喜食，而且耐放牧。其化学成分见下表。

扁穗牛鞭草的化学成分（%）

样品情况		干物质	占干物质					钙	磷
			粗蛋白	粗脂肪	粗纤维	无氮浸出物	粗灰分		
营养期	鲜样 [1]	15.70	10.70	1.98	31.02	49.42	6.88	—	—
孕穗期	干样 [2]	94.91	7.86	9.47	3.71	26.51	52.44	0.55	0.20
拔节期	干样 [2]	87.80	12.24	16.80	4.45	30.27	36.24	0.44	0.24
结实期	干样 [2]	62.50	6.43	3.99	2.07	33.16	54.35	0.39	0.10

数据来源：1. 中国热带农业科学院热带作物品种资源研究所；2. 四川农业大学

叶鞘

节部

孪生小穗

花序

重高扁穗牛鞭草 | *Hemarthria compressa* (L. f.) R. Br. 'Chonggao'

品种来源　四川农业大学申报，1987年通过全国草品种审定委员会审定；登记为野生栽培品种，品种登记号为010；申报者为杜逸、张世勇、王天群。

形态特征　多年生，披散草本，具匍匐茎。秆高60～150 cm，直径2～3 mm。叶片线形，长5～13 cm，宽3～8 mm。总状花序长5～10 cm。无柄小穗陷入总状花序轴凹穴中；第一颖近革质，背面扁平，具5～9脉，第二颖纸质；第一小花仅存外稃；第二小花两性；内稃长约为外稃的2/3。有柄小穗披针形；第一颖草质，卵状披针形，两侧具脊，第二颖舟形；第一小花中性，仅存膜质外稃，长约3.5 mm；第二小花两性；雄蕊3枚，花药长约2 mm。颖果长卵形，长约2 mm。

生物学特性　喜温暖湿润气候，在亚热带冬季也能保持青绿。播种出苗快，出苗15天开始分蘖，夏季生长快，7月日生长量达3.6 cm，在四川7月中旬抽穗，8月开花，9月初结实，10月种子成熟，结实率较低，种子小，不易收获。

饲用价值　植株高大、叶量丰富、草质柔嫩、适口性好、营养丰富，是牛、羊、兔的优质饲料。青饲较好，各种家畜喜食，属优等牧草。其化学成分见下表。

栽培要点　采用无性繁殖，定植前开沟，沟深10～15 cm，行距20 cm，将切好的种茎靠沟一侧排好，芽朝上，间距10 cm，然后覆土，留一个芽露出地面，种植后及时浇水。恢复生长后及时中耕除草。生长高度达35 cm时，施尿素15～40 kg/hm²。生长高度达50～60 cm时即可进行刈割利用，刈割留茬高度2～5 cm，年可刈割6～7次，每次刈割后追施尿素75～120 kg/hm²，最后一次刈割应在10月下旬至11月初。

重高扁穗牛鞭草的化学成分（%）

样品情况		干物质	占干物质					钙	磷
			粗蛋白	粗脂肪	粗纤维	无氮浸出物	粗灰分		
营养期	干样	91.12	10.40	3.86	27.61	8.19	49.94	—	—

数据来源：四川农业大学

花序　　匍匐茎

叶片

秆节特征

栽培草地

广益扁穗牛鞭草 | *Hemarthria compressa*
(L. f.) R. Br. 'Guangyi'

品种来源 四川农业大学申报，1987年通过全国草品种审定委员会审定；登记为野生栽培品种，品种登记号为011；申报者为杜逸、黄华强、李天华、张世勇、王天群。

形态特征 多年生，披散草本，具根茎和匍匐茎。匍匐茎具分枝，节上生不定根；直立枝高100～140 cm，植株呈灰绿色。叶鞘短，多数叶鞘呈紫红色，鞘背明显；叶片长。茎梢在抽穗开花期各节长出分枝4～12枝，顶端抽出穗形总状花序。无柄小穗可育，长5～6 mm。9～10月种子成熟，种子很小，不易收获。

生物学特性 具优异的抗逆性和优良的生产性能。抗寒性强，在绝对低温–9℃下能顺利越冬；耐酸碱，在pH 5～7生长良好，以pH 6生长最快。适于在长江以南海拔1500 m以下地区种植。

饲用价值 草品质好、适口性佳，马、牛、羊、兔等均喜食。草产量高，在四川洪雅县种植，其年干草产量可达38 100 kg/hm²，在坡荒地种植达18 000 kg/hm²。其化学成分见下表。

栽培要点 采用无性繁殖。定植前开沟，沟深10～15 cm，行距20 cm，将切好的种茎靠沟一侧排好，芽朝上，间距10 cm，然后覆土，留一个芽露出地面，种植后及时浇水。定植恢复生长后及时中耕除草，尤其是春季和秋季，杂草开花结实以前进行除杂可有效控制杂草。定植后长至35 cm时，施尿素15～40 kg/hm²。生长高度达50～60 cm时即可进行刈割利用，留茬高度2～5 cm。年可刈割6～7次，每次刈割后追施尿素75～120 kg/hm²，最后一次刈割应在10月下旬至11月初。

广益扁穗牛鞭草的化学成分（%）

样品情况	干物质	占干物质					钙	磷
		粗蛋白	粗脂肪	粗纤维	无氮浸出物	粗灰分		
营养期　干样	93.60	17.28	3.78	31.64	11.72	35.58	—	—

数据来源：四川农业大学

花序

叶鞘

节部

叶片腹面

叶片背面

栽培基地

雅安扁穗牛鞭草 | *Hemarthria compressa*
(L. f.) R. Br. 'Yaan'

品种来源 四川农业大学和重庆市畜牧科学院联合申报，2009年通过全国草品种审定委员会审定；登记为野生栽培品种，品种登记号为364；申报者为张新全、杨春华、范彦、马啸、何丕阳。

形态特征 多年生，披散草本，具横走根茎和匍匐茎。开花期株高150～170 cm，节间长9～13 cm。叶片长21～27 cm，宽6～8 mm。穗形总状花序长5～10 cm，呈压扁状，直立，深绿色，节间几等长于无柄小穗。无柄小穗陷入总状花序轴凹穴中，长卵形，长4～6 mm。有柄小穗披针形，等长或稍长于无柄小穗。颖果蜡黄色，长卵形，长约2 mm。种子千粒重约0.19 g。

生物学特性 抗寒性较强，能忍受–4℃的低温，再生力强。适宜在长江流域海拔500～2500 m的亚热带温暖湿润地区栽培。在长江流域及以南地区全年均可保持青绿。

饲用价值 产量高，年均鲜草产量高达190 000 kg/hm²，年均干草产量达50 000 kg/hm²。草品质好，适口性佳，牛、马、羊、兔等均喜食；拔节期刈割，其茎叶较嫩，也为猪、禽、鱼等所喜食。其化学成分见下表。

栽培要点 定植前开沟，沟深10～15 cm，行距20 cm，将切好的种茎靠沟一侧排好，芽朝上，间距10 cm，然后覆土，留一个芽露出地面，种植后及时浇水。定植恢复生长后及时中耕除草。定植后长至高度35 cm时，施尿素15～40 kg/hm²。生长高度达50～60 cm时即可进行刈割利用，留茬高度2～5 cm。年可刈割6～7次，每次刈割后追施尿素75～120 kg/hm²，最后一次刈割应在10月下旬至11月初。

雅安扁穗牛鞭草的化学成分（%）

样品情况		干物质	占干物质					钙	磷
			粗蛋白	粗脂肪	粗纤维	无氮浸出物	粗灰分		
营养期	干样	94.25	14.37	3.88	32.32	9.87	39.54	—	—

数据来源：四川农业大学

秆节

栽培草地

叶片背面

叶片腹面

花序

简轴茅属
Rottboellia L. f.

简轴茅 | *Rottboellia cochinchinensis* (Lour.) Clayt.

形态特征 一年生，丛生直立草本。秆高可达2 m。叶鞘具硬刺毛；叶舌长约2 mm；叶片线形，长可达50 cm，宽可达2 cm。总状花序粗壮直立，长达15 cm；总状花序轴节间肥厚，长约5 mm，易逐节断落。无柄小穗嵌生于凹穴中，第一颖质厚，卵形，多脉，边缘具极窄的翅，第二颖质较薄；第一小花雄性；第二小花两性，花药黄色，长约2 mm。有柄小穗之小穗柄与总状花序轴节间愈合，绿色，卵状长圆形，含2雄性小花或退化。颖果长圆状卵形。

生境与分布 喜湿热生境。常生于田野、旷地或路旁草丛。华南低海拔丘陵地带常见分布。

饲用价值 生物量大，幼嫩期草质较好，草食家畜喜采食，进入生长旺盛期后叶片及叶鞘部位的纤毛坚硬发达，适口性明显下降，家畜一般不采食，属中等牧草。其化学成分见下表。

简轴茅的化学成分（%）

样品情况		干物质	占干物质					钙	磷
			粗蛋白	粗脂肪	粗纤维	无氮浸出物	粗灰分		
幼嫩期	鲜样[1]	24.90	7.89	2.27	28.60	51.69	9.54	0.51	0.14
结实期	干样[2]	94.78	9.51	3.49	36.13	38.55	12.31	0.45	0.37

数据来源：1. 中国热带农业科学院热带作物品种资源研究所；2. 湖北省农业科学院畜牧兽医研究所

花序　　　　　　　　　　　　　　　鞘口

植株

叶鞘

节部特征

叶舌

蜈蚣草属
Eremochloa Buse

蜈蚣草 | *Eremochloa ciliaris*
(L.) Merr.

形态特征 多年生，披散草本。秆密丛生，纤细直立，高40～60 cm。叶鞘压扁，鞘口具纤毛；叶舌膜质；叶片常直立，长2～5 cm，宽2～3 mm。总状花序单生，长2～4 cm，宽约3 mm。无柄小穗卵形；第一颖厚纸质，长约3 mm，宽约1.5 mm，两侧具长约3 mm的刺，刺微粗糙，背面密生柔毛，第二颖厚膜质；第一小花雄性，外稃先端钝，内稃较窄；第二小花两性或雌性。有柄小穗完全退化，仅存有长尖的小穗柄，基部着生处具柔毛。颖果长圆形，长约2 mm。花果期夏秋季。

生境与分布 喜干燥的环境。生于山坡、路旁草丛。华南、西南低海拔干燥的山坡草地常见分布。

饲用价值 蜈蚣草植株虽然低矮，但叶量丰富、质脆嫩，牛、马、羊喜食，可供放牧利用。其化学成分见下表。

蜈蚣草的化学成分（%）

样品情况	干物质	占干物质					钙	磷
		粗蛋白	粗脂肪	粗纤维	无氮浸出物	粗灰分		
结实期　干样	91.00	3.82	1.62	45.80	40.64	8.12	0.11	0.06

数据来源：《中国饲用植物化学成分及营养价值表》

株丛

花序

叶鞘

根

假俭草 | *Eremochloa ophiuroides* (Munro) Hack.

形态特征 多年生，匍匐草本。秆斜升，高约20 cm。叶鞘压扁，多密集跨生于秆基；叶片条形，长3～8 cm，宽2～4 mm。总状花序顶生，长4～6 cm，宽约2 mm，总状花序轴节间具短柔毛。无柄小穗长圆形，覆瓦状排列于总状花序轴一侧，长约3.5 mm，宽约1.5 mm；第一颖硬纸质，无毛，具5～7脉，第二颖舟形，厚膜质，3脉；第一外稃膜质；第二小花两性，外稃顶端钝；花药长约2 mm。有柄小穗退化，长约3 mm，与总状花序轴贴生。花果期夏秋季。

生境与分布 适应性强，湿润草地或海边沙质草地常有分布。华东、华南、华中及西南的低海拔地区有分布。

饲用价值 秆叶柔嫩，牛、羊喜食，极耐践踏，为优良放牧草种。其也是重要的坪用草种资源。其化学成分见下表。

假俭草的化学成分（%）

样品情况		干物质	占干物质					钙	磷
			粗蛋白	粗脂肪	粗纤维	无氮浸出物	粗灰分		
结实期	干样	94.45	9.35	2.55	39.83	38.99	9.27	0.33	0.34

数据来源：贵州省草业研究所

栽培草地

匍匐茎

无柄小穗

匍匐茎节部生根

花序

秆叶特写

野生株丛

球穗草属
Hackelochloa Kuntze

球穗草 | *Hackelochloa granularis*
(L.) Kuntze

形态特征　一年生，丛生直立草本。秆多分枝，高20～100 cm，直径2～3 mm。叶鞘被疣基糙毛；叶舌短；叶片线状披针形，长5～15 cm，两面被疣基毛。总状花序纤弱，下部常藏于顶生叶鞘中；有柄小穗与无柄小穗分别交互排列于序轴一侧而成两行。无柄小穗半球形，成熟后黄绿色；第一颖背面具方格状凹穴，第二颖厚膜质，具3脉，嵌入第一颖腹面的凹槽；第一小花仅存膜质外稃；第二小花两性。有柄小穗卵形，长约2 mm；第一颖纸质，背部扁平，两侧之翅约等宽，第二颖舟形，5脉，脊上具翅。花果期自夏季至初冬。

生境与分布　喜干燥环境。生于路边草丛和山坡上。产云南、四川、贵州、广西、广东、福建、台湾等。

饲用价值　草质柔嫩，适口性好，牛、羊采食，但产量低，一般不形成单优种种群，饲用价值较低。

营养期植株

颖果

花序

总状花序

秆叶局部

抽穗期株丛

叶鞘

毛俭草属
Mnesithea Kunth

毛俭草 | *Mnesithea mollicoma* (Hance) A. Camus

形态特征　多年生，丛生直立草本。秆高可达1.5 m，直径达5 mm，全体被柔毛。叶鞘在秆基部者略压扁；叶舌硬膜质，长约1 mm；叶片扁平，线状披针形，两面密被毛。总状花序圆柱形，单生于秆顶，长5～10 cm，序轴节间长约3 mm，顶端凹陷，基部周围生短柔毛；每节间的凹穴中并生2无柄和1有柄小穗。无柄小穗第一颖背面布满凹穴和细毛，脊的外侧有翅，第二颖厚膜质，具5脉，先端亦具极窄之翅；第一小花常退化，外稃膜质，具3脉，内稃短小；第二小花两性，内、外稃等长。有柄小穗退化。花果期秋季。

生境与分布　喜干热生境。生于干旱贫瘠的山坡草地或疏林间，属典型的热性草种。在海南，生于西北部、北部的干热沙质灌丛草地；广东在雷州半岛常见分布。

饲用价值　毛俭草是干热灌丛草地中的主要伴生种，在海南、广东以放牧利用，其草质柔软，极似糖蜜草，属牛喜采食的优良草种。其化学成分见下表。

毛俭草的化学成分（%）

样品情况		干物质	占干物质					钙	磷
			粗蛋白	粗脂肪	粗纤维	无氮浸出物	粗灰分		
营养期	鲜样	27.60	9.89	2.45	32.14	47.11	8.41	0.58	0.15

数据来源：中国热带农业科学院热带作物品种资源研究所

株丛

植株基部

花序

花序局部

叶舌

秆叶局部

节部

多裔草属
Polytoca R. Br.

多裔草 | *Polytoca digitata*
(L. f.) Druce

形态特征　多年生，直立草本。秆高达1.5 m，节密生髭毛。叶鞘疏生疣基硬毛；叶舌质硬，长2～5 mm；叶片线状披针形，长20～80 cm，宽约2 cm。总状花序通常2～4枚呈指状排列于主秆顶。雌小穗长圆状披针形，长8～11 mm；第一颖草质，第二颖嵌生于第一颖内，长6～8 mm；第一小花仅具外稃；第二外稃长圆状披针形，常具3脉。颖果橙黄色，扁长圆形。雌穗部分的有柄小穗退化。无柄雄小穗长圆状披针形，长约8 mm；第一颖草质，边缘内折。有柄雄小穗与无柄者相似，小穗柄上部与序轴节间分离。花果期7～9月。

生境与分布　生于丘陵山坡草地。在海南、广东等分布于热性草丛草地中，常与麦黄茅（*Heteropogon triticeus*）、黄茅（*H. contortus*）、白茅（*Imperata cylindrica*）等草种伴生。

饲用价值　植株较大，基生叶丰富，质较脆嫩，为适口性较好的优质草种。海南、广东等多以放牧利用。其化学成分见下表。

多裔草的化学成分（%）

样品情况		干物质	占干物质					钙	磷
			粗蛋白	粗脂肪	粗纤维	无氮浸出物	粗灰分		
营养期	干样	92.50	10.81	3.12	31.25	47.79	7.03	0.51	0.22

数据来源：中国热带农业科学院热带作物品种资源研究所

孪生同性小穗对　　　叶舌

顶生雄性花序

节部

株丛

腋生花序

孪生异性小穗对

葫芦草属
Chionachne R. Br.

葫芦草 | *Chionachne massiei*
(Balansa) Schenck ex Henrard

形态特征 一年生，披散草本。秆具分枝，高30～50 cm，节密生白色髯毛。叶鞘松弛，疏生疣基毛；叶舌膜质，长约1 mm；叶片披针形，长约20 cm，宽8～14 mm。总状花序2～4枚，位于主秆，长2～8 cm。雌小穗长约1 cm；第一颖革质，中部缢缩形似葫芦，第二颖嵌生于第一颖内；外稃厚膜质，卵状披针形，长约5 mm；内稃较窄小，雌蕊具2枚柱头。雌穗部分的有柄小穗退化。无柄雄小穗长约5 mm，含2小花；第一颖草质，具10脉及少数横脉，顶端钝，第二颖具7脉；第一小花及第二小花之外稃与内稃均为膜质，先端尖。有柄雄小穗大都发育，与无柄者相似。

生境与分布 喜干热生境。生于近海沙质稀树草丛草地中。分布于海南儋州市、东方市等。

饲用价值 草质优良，但在海南也属偶见种，饲用价值不高，属分布极为狭窄的草种资源，予以收录。

株丛

小穗（左侧为雄性小穗对）

雌小穗背腹面

花序

叶舌

节部

叶鞘

类蜀黍属
Euchlaena Schrad.

类蜀黍 | *Euchlaena mexicana* Schrad.

形态特征 一年生，高大草本。秆多分蘖，直立，高2~3 m。叶舌截形，顶端不规则齿裂；叶片宽大，长约50 cm，宽达8 cm。花序单性；雌花序腋生，雌小穗长约7.5 mm，着生于肥厚序轴之凹穴内而成圆柱状雌花序，全部为数枚苞鞘所包藏；雄花序组成大型顶生圆锥花序，雄小穗长约8 mm，孪生于延续的序轴的一侧；第一颖具10多条脉纹，顶端尖，第二颖具5脉；鳞被2枚，顶端截形有齿，具数脉。花果期秋冬季。

生境与分布 喜热带、亚热带湿润气候，不耐干旱。原产墨西哥，我国长江以南有引种栽培。

饲用价值 草产量高，草质脆嫩、多汁、甘甜，适口性好，青饲、青贮均为牛、羊、马、兔、鹅所喜食，也是淡水鱼类的优良青饲料。再生性强，每年可刈割4~5次，属刈割型优等牧草。其化学成分见下表。

类蜀黍的化学成分（%）

样品情况		干物质	占干物质					钙	磷
			粗蛋白	粗脂肪	粗纤维	无氮浸出物	粗灰分		
营养期	干样	86.20	9.83	1.89	27.09	52.00	9.19	0.36	0.47

数据来源：中国热带农业科学院热带作物品种资源研究所

栽培群体

植株局部

雄花序

雌花序

叶舌

腋生雌小穗

秆节

孪生雄小穗

雌小穗局部

玉蜀黍属
Zea L.

玉 米 | *Zea mays* L.

形态特征　一年生，高大草本。秆直立，通常不分枝，高1～4 m，基部各节具气生支柱根。叶鞘具横脉；叶舌膜质，长约2 mm；叶片扁平宽大，线状披针形，基部圆形呈耳状。顶生雄性圆锥花序大型，主轴与总状花序轴及其腋间均被细柔毛；雄小穗孪生，小穗柄一长一短；两颖近等长，约具10脉；外稃及内稃透明膜质。雌花序被多数宽大的鞘状苞片所包藏；雌小穗孪生，成16～30纵行排列于粗壮之序轴上；外稃及内稃透明膜质，雌蕊具极长而细弱的线形花柱。颖果球形或扁球形，成熟后露出颖片和稃片之外。花果期秋季。

生境与分布　适应性较强的栽培作物，全国均有栽培。

饲用价值　产量高，适应性强，并且全株均可供饲用，为牛、羊、马、猪、禽最为重要的饲料。其籽粒营养丰富，是各类畜禽重要的能量饲料。其副产物如秸秆、苞叶、穗轴等都是优良的粗饲料。

栽培群体

雄花序

雄小穗

雌花序雌蕊花柱

雌小穗

叶舌

节部

华农1号青贮玉米

Zea mays var. *rugosa*
Bonaf × *Euchlaena mexicana*
Schrad. 'Huanong No. 1'

品种来源 华南农业大学申报，1993年通过全国草品种审定委员会审定；登记为育成品种，品种登记号为126；申报者为卢小良、张德华、陈德新、李贵明、梁伟德。

形态特征 一年生，高大草本。秆直立，高2.1～2.3 m，基部各节具支柱根。叶鞘具横脉；叶舌膜质，长约2 mm；叶片扁平宽大，线状披针形，长0.5～1.6 m，宽3～7 cm，基部圆形呈耳状。顶生雄性圆锥花序大型；雄小穗孪生，长1 cm，小穗柄一长一短，分别长2～4 mm及1～2 mm，被细柔毛；两颖近等长，膜质，约具10脉；外稃及内稃透明膜质，稍短于颖；花药橙黄色；长约5 mm。雌花序被鞘状苞片所包藏；雌小穗孪生，成16～30纵行排列于粗壮之序轴上，两颖等长，宽大，无脉，具纤毛；外稃及内稃透明膜质，雌蕊具极长而细弱的线形花柱。

生物学特性 喜光、耐高温，在32℃的高温条件下仍能正常生长，不会出现早花减产的现象。播种后3～5天出苗，90天吐丝，120天蜡熟，生育期约130天。

饲用价值 茎叶柔嫩，含糖量高，适口性好，适宜饲喂各种家畜。适宜刈割青饲或调制青贮饲料。其化学成分见下表。

栽培要点 种子直播或育苗移栽。广东种植播种期4～6月，年可播2季。单播株行距以50 cm×60 cm为宜，也可与豆科牧草间作。播种后3～5天及时查苗补苗。拔节期与抽穗期应追施尿素450～750 kg/hm²。吐丝期或蜡熟期可一次性收割利用。

华农1号青贮玉米的化学成分（%）

样品情况	占干物质					钙	磷
	粗蛋白	粗脂肪	粗纤维	无氮浸出物	粗灰分		
吐丝期 绝干	14.90	2.60	27.20	47.50	7.80	0.45	0.27

数据来源：华南农业大学

雄花序　　　　　根系及茎秆　　　　　叶片背腹面

植株

耀青 2 号玉米 | *Zea mays* L. 'Yaoqing No. 2'

品种来源　广西壮族自治区南宁耀洲种子有限责任公司申报，2005年通过全国草品种审定委员会审定；登记为育成品种，品种登记号为318；申报者为赵维肖等。

形态特征　一年生，高大草本。秆直立，株高2～3 m，基部各节具支柱根。叶鞘具横脉；叶舌膜质，长约2 mm；主茎叶片扁平宽大，长0.8～1.8 m，宽4～8 cm，基部圆形呈耳状，中脉粗壮，边缘微粗糙。顶生雄性圆锥花序大型，主轴与总状花序轴及其腋间均被细柔毛；雄小穗孪生，被细柔毛；两颖近等长，约具10脉，被纤毛；外稃及内稃透明膜质，稍短于颖；花药橙黄色。雌花序被鞘状苞片包藏；雌小穗孪生，穗行数约15行。

生物学特性　苗势较强，根系发达、适应性强。播种后3～5天出苗，90天吐丝，120天蜡熟，生育期约130天。

饲用价值　草质优，适口性佳，适宜青贮饲喂牛、羊，也可打浆饲喂猪等牲畜。其化学成分见下表。

栽培要点　种子直播，长江中下游地区3～4月春播，7月下旬播种二茬。春播种植密度为6万～6.75万株/hm²，秋播则7万～8万株/hm²。播种后3～5天应及时查苗补苗，并增施磷肥50～60 kg/hm²。拔节期应追施尿素450～750 kg/hm²。吐丝期或蜡熟期一次性收割利用。

耀青2号玉米的化学成分（%）

样品情况	占干物质					钙	磷
	粗蛋白	粗脂肪	粗纤维	无氮浸出物	粗灰分		
乳熟期　绝干	11.40	2.19	25.98	50.48	9.93	—	—

数据来源：广西壮族自治区畜牧研究所

雄花序

叶片背腹面

根系及秆节

花期植株

雌花序

雄小穗整体

乳熟期雌小穗

薏苡属
Coix L.

薏 苡 | *Coix lacryma-jobi* L.

形态特征　一年生，粗壮草本。秆高1～2 m，具10多节，节多分枝。叶舌干膜质，长约1 mm；叶片长10～40 cm，宽1.5～3 cm。总状花序腋生成束，长4～10 cm。雌小穗位于花序下部，外面包以骨质念珠状总苞，总苞卵圆形，长7～10 mm，直径6～8 mm，珐琅质；第一颖卵圆形，包围着第二颖及第一外稃；第二外稃短于颖；第二内稃较小；雄蕊常退化；雌蕊具细长柱头。颖果小，常不饱满。雄小穗2～3对，着生于总状花序上部；无柄雄小穗长6～7 mm；第一颖草质，边缘内折成脊，第二颖舟形；外稃与内稃膜质；第一小花及第二小花常具雄蕊3枚，花药橘黄色，长4～5 mm；有柄雄小穗与无柄小穗相似。花果期6～12月。

生境与分布　生于低海拔的河沟、山谷、溪涧等潮湿区域。江苏、安徽、浙江、江西、湖北、湖南、福建、台湾、广东、广西、海南、四川、贵州和云南均有分布。

饲用价值　青绿期茎叶脆嫩，并带有清香气味，家畜及草食性鱼类均喜食，其营养成分也较其他一般的禾本科植物要高，适宜刈割青饲。抽穗结实后仍具有较高的饲用价值，可调制干草，牛喜食。其化学成分见下表。

薏苡的化学成分（%）

样品情况		干物质	占干物质					钙	磷
			粗蛋白	粗脂肪	粗纤维	无氮浸出物	粗灰分		
营养期	鲜样[1]	23.12	10.17	1.75	27.61	50.33	10.14	0.51	0.10
结实期	绝干[2]	100.00	9.15	0.94	45.10	24.94	19.87	0.24	0.13
孕穗期	干样[3]	89.85	14.68	1.01	26.91	44.73	12.66	0.41	0.15
结实期	绝干[4]	100.00	12.12	0.89	30.31	38.68	18.01	—	—
拔节期	绝干[5]	100.00	12.71	3.07	27.00	47.91	9.31	—	—
抽穗期	绝干[5]	100.00	10.34	2.76	25.32	50.24	11.34	—	—
结实期	绝干[5]	100.00	7.93	1.60	29.85	51.31	9.31	—	—

数据来源：1. 中国热带农业科学院热带作物品种资源研究所；2. 江苏省农业科学院；3. 湖北省农业科学院畜牧兽医研究所；4. 湖南农业大学；5. 重庆市畜牧科学院

花序

小穗

成熟颖果

株丛

叶片局部

叶鞘

节部

薏　米
Coix lacryma-jobi var. *ma-yuen*
(Romanet du Caillaud) Stapf

形态特征　一年生，直立草本。秆高1~1.5 m，具6~10节，多分枝。叶片宽大开展。总状花序腋生，雄花序位于雌花序上部，具5~6对雄小穗。雌小穗位于花序下部，为甲壳质的总苞所包；总苞椭圆形，先端成颈状之喙，基部短收缩，长8~12 mm，宽4~7 mm，有纵长直条纹，质地较薄，暗褐色。雄小穗长约9 mm，宽约5 mm；雄蕊3枚，花药长3~4 mm。颖果大，长圆形，长5~8 mm，宽4~6 mm，腹面具宽沟，基部有棕色种脐，质地粉性坚实，白色。花果期7~12月。

生境与分布　喜湿润的亚热带气候。江苏、安徽、浙江、江西、湖北、福建、广东、广西、四川、云南等有栽培。

饲用价值　秆叶为家畜的优良饲料。

栽培群体

颖果

鞘口

果序

节部

磨擦草属
Tripsacum L.

盈江危地马拉草 | *Tripsacum laxum* Nash 'Yingjiang'

品种来源 云南省草地动物科学研究院、云南省盈江县畜牧兽医局联合申报，2009年通过全国草品种审定委员会审定；登记为地方品种，品种登记号为402；申报者为钟声、罗在仁、薛世明、匡崇义、许艳芬。

形态特征 多年生，高大草本，须根发达。秆直立丛生，高3～4 m；节间长5～10 cm。叶鞘压扁具脊，长于节间；叶舌膜质，长约1 mm；叶片长披针形，长1～1.5 m，宽5～10 cm。圆锥花序顶生，由数枚细弱的总状花序组成；小穗单性，雌雄同序，雌花序位于总状花序基部，轴脆弱，成熟时逐节断落；雄花序伸长，其轴延续，成熟后整体脱落。雌小穗单生穗轴各节；第一颖质硬，包藏着小花，第一小花中性，第二小花雌性，可育外稃薄膜质，无芒。雄小穗孪生于穗轴各节，含2雄性小花。

生物学特性 喜高湿气候，不耐水渍。喜肥，土壤氮肥不足时，会出现株型变小、叶片黄化及早枯现象。高温且干旱时，植株生长缓慢，叶片卷缩，恢复水分供给后，很快恢复生长。栽种后约2个月进入分蘖期，约4个月后进入拔节期，6个月后生长速度达到最快，大约8个月后进入抽穗期。

饲用价值 年均鲜草产量大，适口性优良，适宜青饲或调制青贮饲料。营养物质及干物质体外消化率可在较长时间内保持相对稳定。其化学成分见下表。

栽培要点 生产上常用种茎扦插。种植前应翻耕土壤并施足基肥，基肥以腐熟的农家肥为主。扦插时选择生长状况良好、茎较粗壮的作种茎，株行距60 cm×45 cm，定植时将种茎斜放于穴内，使芽点位于侧面，并至少有一个节露出土。种植20天左右及时中耕除草。植株长至1 m高左右时即可刈割利用，刈割后及时追施氮肥有利于恢复生长。

盈江危地马拉草的化学成分（%）

样品情况	干物质	占干物质					钙	磷
		粗蛋白	粗脂肪	粗纤维	无氮浸出物	粗灰分		
营养期 鲜样	16.80	10.45	1.90	31.89	40.60	15.16	0.17	0.29
孕穗期 鲜样	24.53	8.38	2.82	35.19	47.80	5.81	0.16	0.11

数据来源：云南省草地动物科学研究院

叶鞘及节部

根系

营养期株丛

开花期株丛局部

株丛基部支撑根

花序特写

主要参考文献

陈灵芝, 孙航, 郭柯. 2014. 中国植物区系与植被地理 [M]. 北京：科学出版社

陈默君, 贾慎修. 2002. 中国饲用植物 [M]. 北京：中国农业出版社

陈咸吉. 1982. 中国气候区划新探 [J]. 气象学报, 40(1): 35-48

戴声佩, 李海亮, 刘海清, 刘恩平. 2012. 中国热区划分研究综述 [J]. 广东农业科学, 39(23): 205-208

国家林业局野生动植物保护和自然保护区管理司, 中国科学院植物研究所. 2013. 中国珍稀濒危植物图鉴 [M]. 北京：中国林业出版社

国家牧草产业技术体系. 2015. 中国栽培草地 [M]. 北京：科学出版社

胡自治. 1997. 草原分类学概述 [M]. 北京：中国科学技术出版社

皇甫江云, 毛凤显, 卢欣石. 2012. 中国西南地区的草地资源分析 [J]. 草业学报, 21(1): 75-82

廖国藩, 贾幼陵. 1996. 中国草地资源 [M]. 北京：中国科学技术出版社

刘国道. 2010. 海南禾草志 [M]. 北京：科学出版社

刘起. 1999. 中国草地资源生态经济价值的探讨 [J]. 四川草原, (4): 1-4

刘起. 2015. 中国自然资源通典. 草地卷 [M]. 呼和浩特：内蒙古教育出版社

全国畜牧总站. 2017. 中国草种质资源重点保护名录 [M]. 北京：中国农业出版社

任继周. 2008. 草业大辞典 [M]. 北京：中国农业出版社

沈海花, 朱言坤, 赵霞, 耿晓庆, 高树琴, 方精云. 2016. 中国草地资源的现状分析 [J]. 科学通报, 61(2):139-154

苏大学. 1994. 中国草地资源的区域分布与生产力结构 [J]. 草地学报, 2(1): 71-77

苏大学. 2013. 中国草地资源调查与地图编制 [M]. 北京：中国农业出版社

吴征镒. 1965. 中国植物区系的热带亲缘 [J]. 科学通报, (1): 25-33

吴征镒. 1980. 中国植被 [M]. 北京：科学出版社

吴征镒, 孙航, 周浙昆, 李德铢, 彭华. 2011. 中国种子植物区系地理 [J]. 生物多样性, (1):124

吴征镒, 孙航, 周浙昆, 彭华, 李德铢. 2005. 中国植物区系中的特有性及其起源和分化 [J]. 云南植物研究, 27(6): 577-604

徐柱. 1998. 面向 21 世纪的中国草地资源 [J]. 中国草地, (5): 2-9

杨勤业, 郑度, 吴绍洪. 2006. 关于中国的亚热带 [J]. 亚热带资源与环境学报, 1(1): 1-10

郑景云, 尹云鹤, 李炳元. 2010. 中国气候区划新方案 [J]. 地理学报, 65(1): 3-12

郑景云, 卞娟娟, 葛全胜, 郝志新, 尹云鹤, 廖要明. 2013. 1981～2010 年中国气候区划 [J]. 科学通报, 58(30): 3088-3099

中国科学院中国植物志编辑委员会 . 1987. 中国植物志 第 9 卷 [M]. 北京：科学出版社

中国科学院中国植物志编辑委员会 . 1990. 中国植物志 第 10 卷 [M]. 北京：科学出版社

中国科学院中国植物志编辑委员会 . 1994. 中国植物志 第 40 卷 [M]. 北京：科学出版社

中国南方草地牧草资源调查项目组 . 2019. 中国南方草地牧草资源调查执行规范（2017—2022）[M]. 北京：科学出版社

中国饲用植物志编辑委员会 . 1987 ～ 1997. 中国饲用植物志（第一卷～第六卷）[M]. 北京：农业出版社

中国自然资源丛书编撰委员会 . 1995. 中国自然资源丛书：草地卷 [M]. 北京：中国环境科学出版社

中文名索引

拉丁名索引

www.sciencep.com
(S-2050.01)

ISBN 978-7-03-070761-1

定价：828.00元